Adriano Oprandi
Angewandte Differentialgleichungen
De Gruyter Studium

Weitere empfehlenswerte Titel

Angewandte Differentialgleichungen
Adriano Oprandi, 2021

Band 1: Kinetik, Biomathematische Modelle
ISBN 978-3-11-068379-0, e-ISBN (PDF) 978-3-11-068380-6,
e-ISBN (EPUB) 978-3-11-068406-3

Band 2: Elastostatik, Schwingungen
ISBN 978-3-11-068381-3, e-ISBN (PDF) 978-3-11-068382-0,
e-ISBN (EPUB) 978-3-11-068407-0

Band 4: Wärmetransporte
ISBN 978-3-11-068445-2, e-ISBN (PDF) 978-3-11-068446-9,
e-ISBN (EPUB) 978-3-11-068474-2

Band 5: Fluiddynamik 1
ISBN 978-3-11-068451-3, e-ISBN (PDF) 978-3-11-068452-0,
e-ISBN (EPUB) 978-3-11-068475-9

Band 6: Fluiddynamik 2
ISBN 978-3-11-068453-7, e-ISBN (PDF) 978-3-11-068454-4,
e-ISBN (EPUB) 978-3-11-068471-1

Differentialgleichungen und mathematische Modellbildung
Eine praxisnahe Einführung unter Berücksichtigung
der Symmetrie-Analyse
Nail H. Ibragimov, 2017
ISBN 978-3-11-049532-4, e-ISBN (PDF) 978-3-11-049552-2,
e-ISBN (EPUB) 978-3-11-049284-2

Numerik gewöhnlicher Differentialgleichungen
Band 1: Anfangswertprobleme und lineare Randwertprobleme
Martin Hermann, 2017
ISBN 978-3-11-050036-3, e-ISBN (PDF) 978-3-11-049888-2,
e-ISBN (EPUB) 978-3-11-049773-1

Numerik gewöhnlicher Differentialgleichungen
Band 2: Nichtlineare Randwertprobleme
Martin Hermann, 2018
ISBN 978-3-11-051488-9, e-ISBN (PDF) 978-3-11-051558-9,
e-ISBN (EPUB) 978-3-11-051496-4
Band 1 und 2 als Set erhältlich (Set-ISBN: 978-3-11-055582-0)

Adriano Oprandi
Angewandte Differentialgleichungen

Band 3: Baudynamik

DE GRUYTER

Mathematics Subject Classification 2010
65L10

Author
Adriano Oprandi
Bartenheimerstr. 10
4055 Basel
Schweiz
spideradri@bluewin.ch

ISBN 978-3-11-068413-1
e-ISBN (PDF) 978-3-11-068414-8
e-ISBN (EPUB) 978-3-11-068423-0

Library of Congress Control Number: 2020938220

Bibliografische Information der Deutschen Nationalbibliothek
Die Deutsche Nationalbibliothek verzeichnet diese Publikation in der Deutschen
Nationalbibliografie; detaillierte bibliografische Daten sind im Internet über
http://dnb.dnb.de abrufbar.

© 2020 Walter de Gruyter GmbH, Berlin/Boston
Umschlaggestaltung: dianaarturovna / iStock / Getty Images Plus
Satz: le-tex publishing services GmbH, Leipzig
Druck und Bindung: CPI books GmbH, Leck

www.degruyter.com

Inhalt

1	**Wellen** —— 1	
1.1	Darstellung von (eindimensionalen) Wellen —— 2	
2	**Die Wellengleichung der ungedämpft schwingenden Saite** —— 4	
2.1	Die Lösung der Wellengleichung —— 6	
2.2	Kugelwellen —— 8	
3	**Erzwungene Saitenschwingungen** —— 10	
3.1	Die Energien der gespannten Saite —— 16	
3.2	Die verschiedenen Moden der schwingenden Saite —— 19	
4	**Die Wellengleichung der gedämpft schwingenden Saite** —— 20	
5	**Die Wellengleichung für Longitudinalschwingungen eines Stabs** —— 22	
5.1	Die Energien bei Longitudinalschwingungen —— 23	
6	**Die Wellengleichung des gedämpft schwingenden Stabs** —— 24	
7	**Freie Longitudinalschwingungen eines Stabs** —— 25	
8	**Erzwungene Longitudinalschwingungen eines Stabs** —— 28	
9	**Die Wellengleichung für Torsionsschwingungen eines kreisrunden Stabs** —— 34	
9.1	Die Energien bei Torsionsschwingungen —— 35	
10	**Die Wellengleichung für Schubschwingungen eines Balkens** —— 36	
11	**Die Wellengleichung für Druckschwingungen von Gassäulen** —— 39	
12	**Die Wellengleichung für den ungedämpft schwingenden Balken** —— 42	
12.1	Die Euler'sche DGL des Knickens —— 43	
12.2	Die Energie beim Knickstab —— 48	
12.3	Die DGL für freie Biegeschwingungen des homogenen Balkens —— 49	
12.4	Die Energien bei freien Biegeschwingungen des Balkens —— 57	
12.5	Die DGL für Biegeschwingungen des homogenen Balkens unter Normalkraft —— 58	
13	**Die Wellengleichung für den gedämpft schwingenden Balken** —— 60	

14 Die Wellengleichung für den schwingenden Balken mit Streckenlast — 62
- 14.1 Die DGL für Biegelinien aufgrund von Eigen- oder Zusatzlast — 62
- 14.2 Die DGL der schwingenden Saite mit Streckenlast — 63
- 14.3 Die DGL für freie Biegeschwingungen mit Streckenlast — 65
- 14.4 Die DGL für gedämpfte Biegeschwingungen unter Normalkraft mit Streckenlast — 67

15 Erzwungene Biegeschwingungen des Balkens — 69

16 Übersicht Energien bei Biegeschwingungen — 78
- 16.1 Vergleich Energien bei Anregung – Saite, Stab, Balken — 79

17 Konzentrierte und verteilte Massen — 80
- 17.1 Konzentrierte Massen — 80
- 17.2 Verteilte Massen — 80
- 17.3 Übersicht modale Masse und modale Steifigkeit für die n-te Eigenfrequenz — 82
- 17.4 Übersicht modale Masse und modale Steifigkeit bei Einzelkraft (mittig oder Rand) — 87

18 Die allgemeine Lösung der Balkengleichung mit Anregungskraft — 92

19 Personeninduzierte Schwingungen von Fußgängerbrücken — 94
- 19.1 Abschätzung der Amplitude — 97
- 19.2 Gehen und Laufen — 98
- 19.3 Hüpfen — 101
- 19.4 Die Antwort des Systems bei statischer Last — 102
- 19.5 Die Antwort des Systems bei bewegter Last — 104
- 19.6 Einwirkung mehrerer Personen — 107
- 19.7 Abklärung für einen eventuellen Tilgereinbau bei Fußgängerbrücken — 110

20 Windinduzierte Schwingungen von Brücken — 112

21 Dynamische Belastungen von Eisenbahnbrücken — 116
- 21.1 Die Brückenantwort bei dynamischer Belastung mit einer Lokomotive — 117
- 21.2 Die Brückenantwort bei dynamischer Belastung mit modernen Zügen — 119
- 21.3 Bemessung von Eisenbahnbrücken — 121

22 Unebenheiten von Fahrbahnen — 123
- 22.1 Bemessung von Fahrbahnen — 126
- 22.2 Der konkrete Fall der Messung von Unebenheiten — 128

23 Zweidimensionale partielle Differenzialgleichungen — 133
- 23.1 Freie Schwingungen der Rechtecksmembran — 133
- 23.2 Erzwungene Schwingungen der Rechtecksmembran — 135
- 23.3 Freie Schwingungen der Kreismembran — 138
- 23.4 Erzwungene Schwingungen der Kreismembran — 148

24 Biegeflächen einer dünnen Rechtecksplatte — 151

25 Lösung der Plattengleichung für Rechtecke, Biegeflächen — 157
- 25.1 Biegeflächen von Rechtecksplatten mit Randbedingungen auf zwei Seiten — 158
- 25.2 Biegelinien bzw. Biegeflächen als Sinus-Entwicklung — 160

26 Biegeflächen von Rechtecksplatten mit Randbedingungen auf drei Seiten — 163

27 Biegeflächen von Rechtecksplatten mit Randbedingungen auf allen Seiten — 169
- 27.1 Allgemeiner Ansatz für die Biegefläche von Rechtecksplatten mit Randbedingungen auf allen Seiten — 171

28 Biegeflächen runder Platten — 177
- 28.1 Die Biegefläche der fest eingespannten Ellipse und Kreisplatte — 177
- 28.2 Die Biegefläche der gelenkig gestützten Kreisplatte — 182

29 Biegeschwingungen der Platte — 184
- 29.1 Freie Biegeschwingungen der Platte — 184
- 29.2 Erzwungene Biegeschwingungen der Rechtecksplatte — 191

30 Chladni'sche Klangfiguren — 193

Übungen — 195

Weiterführende Literatur — 205

Stichwortverzeichnis — 207

1 Wellen

Eine Differenzialgleichung, die partielle Ableitungen enthält, heißt partielle DGL, kurz PDGL. Solche Gleichungen dienen der mathematischen Modellierung von physikalischen Prozessen, bei denen die Veränderung einer betrachteten Größe bezüglich mehrerer *voneinander unabhängiger* Variablen abhängig ist.

Fällt beispielsweise in regelmäßigen Abständen ein Wassertropfen auf eine Wasseroberfläche, so entsteht eine Kugelwelle (Abb. 1.1 links). Die entstehende Welle hängt sowohl von der Zeitableitung, welche die Geschwindigkeit der Welle angibt, als auch von der Raumableitung in alle drei Richtungen, welche das Profil der Welle beschreibt, ab. Für partielle Ableitungen wird ein kursives ∂ verwendet.

Ist die Funktion u von x und t abhängig, also $u(x, t)$, dann ist sowohl die Ableitung nach x als auch nach t möglich: $\frac{\partial u}{\partial x}$ und $\frac{\partial u}{\partial t}$.

Höhere Ableitungen notiert man folgendermaßen:

$$\frac{\partial}{\partial x}\left(\frac{\partial u}{\partial x}\right) = \frac{\partial^2 u}{\partial x^2}.$$

Unter einer Welle versteht man eine sich in einem kontinuierlichen Medium ausbreitende Störung. Bei einer Wasserwelle ist das kontinuierliche Medium offensichtlich die Flüssigkeit und die Störung ist eine lokale Verschiebung von Flüssigkeitsschichten, die sich über die Oberfläche hinweg ausbreitet.

Bei einer Seilwelle, die wir z. B. durch einen kräftigen Schlag auf ein Stück Seil erzeugen können, besteht die Störung in einer örtlich begrenzten Auslenkung von Seilelementen aus ihrer normalen Position. Eine solche Störung wandert das kontinuierliche Medium, also hier das Seil, entlang.

Die zu einer Schallwelle gehörende Störung besteht aus einer Verschiebung von Atomen, Gruppen von Atomen oder auch von makroskopischen Schichten.

Dies gilt auch für Schallwellen in Gasen. Mit der Verschiebung von Gasschichten geht auch eine wandernde Druckwelle, eine lokale Erhöhung oder Erniedrigung des Drucks, einher.

Bei elektrischen Wellen in Kabeln, bei Licht und anderen elektromagnetischen Wellen besteht die Störung in zeitlich und örtlich veränderlichen elektrischen und magnetischen Feldern. Wichtige Begriffe für die Beschreibung von Wellen sind die Ausbreitungsgeschwindigkeit, die Größe der Störung, auch Erregung genannt, und die Richtung der Störung relativ zur Ausbreitungsgeschwindigkeit. Stehen Ausbreitungsgeschwindigkeit und Richtung der Störung senkrecht aufeinander, so spricht man von transversalen Wellen. Sind beide parallel zueinander, so nennt man diese longitudinale Wellen. Beispiele für rein transversale Wellen sind Licht, Radiowellen, Röntgenstrahlen usw. Schallwellen in Gasen sind rein longitudinal, Schallwellen in festen Körpern können transversal, longitudinal oder beides gemeinsam sein.

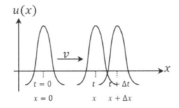

Abb. 1.1: Skizzen zu den Wellen

1.1 Darstellung von (eindimensionalen) Wellen

Wir betrachten eine Welle, die zum Zeitpunkt $t = 0$ erzeugt wird (Abb. 1.1 rechts). Die eingenommene Form sei durch $u(x, 0) =: g(x)$ beschrieben. Dann ist $u(x, t)$ die Deformation zur Zeit t und am Ort x senkrecht zur Seilrichtung. Die Welle sei ungedämpft, d. h., Höhe und Form bleiben erhalten. Im Gegensatz dazu wird die schwingende Saite mit der Zeit ihre Form ändern. Trotzdem sind für jede Welle, auch für die schwingende Saite, wenn man die Ausbreitung in x-Richtung mit der Zeit betrachtet, die Ausbreitungsrichtung x und Zeit t verknüpft mit der Ausbreitungsgeschwindigkeit $c = \frac{\Delta x}{\Delta t}$.

Da nun die Form der Welle für alle Zeiten erhalten bleibt, folgt $u(x, t) = u(x \pm \Delta x, t \pm \Delta t)$, je nachdem, in welche Richtung die Welle fortschreitet.

Daraus ergibt sich zwangsweise $u(x, t) = \tilde{u}(x \pm ct, 0) =: f(x \pm ct)$.

Speziell für harmonische Wellen ist dann $u(x, t) = u_0 \cdot \sin(kx \pm kct)$.

Dabei ist u_0 die Amplitude. Der Faktor k, die sogenannte Wellenzahl mit der Einheit $[\frac{1}{m}]$, ist notwendig, damit kx bzw. kct dimensionslos werden.

Man kann die harmonische Welle in zwei Bildern wiedergeben. Im Orts- oder Momentanbild wird die Deformation u als Funktion von x für festes t und im Zeitbild wird u als Funktion von t für festes x aufgetragen. Beide Graphen ergeben Sinus-Funktionen, aber die physikalische Bedeutung ist verschieden.

Ortsbild $u(x, t_0) = u_0 \cdot \sin(kx - kct_0)$ (Abb. 1.2 links)

Die Welle wiederholt sich nach der Strecke λ. Diese heißt Wellenlänge. Aufgrund der Formtreue $u(x, t) = u(x + \lambda, t)$ folgt $u_0 \cdot \sin(kx - kct) = u_0 \cdot \sin(kx + k\lambda - kct)$, woraus $k\lambda = 2\pi$ resultiert (eigentlich sogar $k\lambda = 2\pi \cdot n$). Daraus wird $\lambda = \frac{2\pi}{k}$. Die Einheit von λ ist also [m].

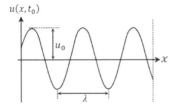 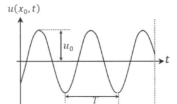

Abb. 1.2: Ortsbild und Zeitbild einer Welle

Zeitbild $u(x_0, t) = u_0 \cdot \sin(kx_0 - kct)$ (Abb. 1.2 rechts)

Die Welle wiederholt sich nach der Zeit T. Diese heißt zeitliche Periode. Aufgrund der Formtreue $u(x, t) = u(x, t + T)$ folgt $u_0 \cdot \sin(kx - kct) = u_0 \cdot \sin(kx - kct - kcT)$, woraus $kcT = 2\pi$ resultiert. Daraus wird $T = \frac{2\pi}{kc}$. Die Einheit von T ist somit [s]. Weiter definieren wir $kc = \frac{2\pi}{T} =: \omega$, die Kreisfrequenz. Für die harmonische Welle erhält man mit den obigen Bezeichnungen schließlich $u(x, t) = u_0 \cdot \sin(kx - \omega t)$.

Bemerkung. Das dreidimensionale Bild von $u(x, t)$ ergäbe dann eine „Verpackung", wie wir sie von Eiern her kennen. Die Funktion wäre dann $u(x, y, t)$.

2 Die Wellengleichung der ungedämpft schwingenden Saite

Diese Wellengleichung, die eine PDGL sein wird, bildet das Kernstück für die Beschreibung von Schwingungsvorgängen, die sowohl zeitlich als auch örtlich abhängig sind. Alle weiteren Wellengleichungen werden dieselbe Form wie die der schwingenden Saite besitzen.

Wir betrachten eine Saite der Länge l mit einer konstanten Dichte ρ, die vollkommen elastisch und biegsam ist (im Gegensatz zu einem Balken mit Biegesteifigkeit $E \cdot I$, den wir uns später vornehmen) (Abb. 2.1). Die Saite sei in den Endpunkten $x = 0$ und $x = l$ fest eingespannt. Ihre konstante Spannung sei σ. Wir kommen später auf die Bedeutung der Spannung zurück.

Nun wird die Saite senkrecht nach oben ein wenig ausgelenkt (die Art der Auslenkung wird, wie wir später sehen werden, eine Rolle spielen). Dann treten Rückstellkräfte auf, die jeden Punkt der Saite in die Ruhelage zurücktreiben wollen. Nach dem Newton'schen Gesetz ist die auf ein kurzes Stück Δx der Saite wirkende Kraft gegeben durch $\Delta F = \Delta m \cdot a = \rho \cdot A \cdot \Delta x \cdot \frac{\partial^2 u}{\partial t^2}$. Für diesen Fall schwinge die Saite noch ungedämpft.

Die Kraft F muss nun mit der Spannung σ ausgedrückt werden.

$\sigma(x)$ und $\sigma(x+\Delta x)$ seien die tangentialen Spannungskomponenten im linken bzw. rechten Endpunkt des Saitenstücks.

Andererseits ist

$$\Delta F = A \cdot \Delta \sigma = A \cdot (\sigma(x + \Delta x) \sin \beta - \sigma(x) \sin \alpha) .$$

Für die horizontalen Komponenten gilt

$$\sigma(x + \Delta x) \cos \beta = \sigma(x) \cos \alpha = \sigma .$$

Dann folgt

$$\Delta F = A \cdot \frac{\sigma}{\sigma}(\sigma(x + \Delta x) \sin \beta - \sigma(x) \sin \alpha)$$
$$= A \cdot \sigma \cdot \frac{\sigma(x + \Delta x) \sin \beta}{\sigma(x + \Delta x) \cos \beta} - \frac{\sigma(x) \sin \alpha}{\sigma(x) \cos \alpha} = A \cdot \sigma (\tan \beta - \tan \alpha) .$$

Da

$$\tan \beta = \underbrace{\frac{\partial u}{\partial x}(x + \Delta x)}_{\text{Steigung der Kurve } z(x) \text{ an der Stelle } (x + \Delta x)} \quad \text{und} \quad \tan \alpha = \underbrace{\frac{\partial u}{\partial x}(x)}_{\text{Steigung der Kurve } z(x) \text{ an der Stelle } x}$$

gilt, folgt

$$A \cdot \sigma \left(\frac{\frac{\partial u}{\partial x}(x + \Delta x) - \frac{\partial u}{\partial x}(x)}{\Delta x} \right) = \rho \cdot A \frac{\partial^2 u}{\partial t^2} .$$

Nach dem Mittelwertsatz der Differenzialrechnung gibt es ein

$$\xi \in [x, x + \Delta x] \quad \text{mit} \quad \frac{\partial u}{\partial x}(x + \Delta x) - \frac{\partial u}{\partial x}(x) = \frac{\partial^2 u}{\partial x^2}(\xi) \cdot \Delta x .$$

Für $\Delta x \to 0$ ist dann $\xi \to x$, woraus

$$A \cdot \sigma \frac{\partial^2 u}{\partial x^2} = \rho \cdot A \frac{\partial^2 u}{\partial t^2}$$

folgt. Damit erhalten wir die DGL der schwingenden Saite

$$\boxed{\frac{\partial^2 u}{\partial t^2} = c^2 \cdot \frac{\partial^2 u}{\partial x^2} \Delta u \quad \text{mit} \quad c := \sqrt{\frac{\sigma}{\rho}}} \quad \text{(D'Alembert 1746)}$$

$$\left(\Delta = \frac{\partial^2}{\partial x^2} + \frac{\partial^2}{\partial y^2} + \frac{\partial^2}{\partial z^2} \text{ Laplace-Operator}\right)$$

Bedeutung von c: Aus $\frac{\partial^2 u}{\partial t^2} = c^2 \cdot \frac{\partial^2 u}{\partial x^2}$ folgt $c^2 = \frac{\partial^2 u}{\partial t^2} \cdot \frac{\partial^2 x}{\partial u^2} = \frac{\partial^2 x}{\partial t^2}$ und somit $c = \frac{\partial x}{\partial t}$, was einer Geschwindigkeit entspricht.

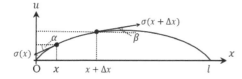

Abb. 2.1: Skizze zur ungedämpft schwingenden Saite

Bei der Saite bildet sich zwangsläufig eine stehende Welle, weil die Enden eingespannt sind. Die Schwingungsenergie wird in der Saite hin und her transportiert. Über den Steg wird der Klangkörper zum Schwingen angeregt, bis die Energie aufgrund der Dämpfung verebbt.

Jede Funktion der Form $f(x \pm ct)$ erfüllt die Wellengleichung.

Dazu setzt man ein:

$$\frac{\partial^2 f(x \pm ct)}{\partial t^2} = c^2 \cdot f(x \pm ct) = c^2 \cdot \frac{\partial^2 f(x \pm ct)}{\partial x^2}.$$

Bevor wir in Kapitel 2.1 eine Darstellung für die Lösung der Wellengleichung finden, wollen wir diejenige von D'Alembert angeben, die eine Interpretation der stehenden Welle zulässt. Die allgemeine Darstellung der Lösung ist nach D'Alembert $u(x, t) = f_1(x + ct) + f_2(x - ct)$.

Damit kann man die stehende Welle als Überlagerung von einer nach links und einer nach rechts laufende Welle auffassen.

Ist also $u(x, t) = f_1(x + ct) + f_2(x - ct)$, dann haben wir folgende Anfangsbedingungen:

$$u(x, 0) = f_1(x) + f_2(x) =: g(x) \quad \text{und} \quad \dot{u}(x, 0) = cf_1(x) - cf_2(x) =: h(x).$$

Die Integration der 2. Gleichung ergibt

$$f_1(x) - f_2(x) = \frac{1}{c} \int_{x_0}^{x} h(\xi) \, d\xi \quad \text{mit} \quad x_0 \neq x \text{ beliebig.}$$

Dann folgt

$$f_1(x) = \frac{1}{2}\left(g(x) + \frac{1}{c}\int_{x_0}^{x} h(\xi)\,d\xi\right) \quad \text{und} \quad f_2(x) = \frac{1}{2}\left(g(x) + \frac{1}{c}\int_{x}^{x_0} h(\xi)\,d\xi\right).$$

Für $f_1(x)$ ersetzen wir x durch $x + ct$ und für $f_2(x)$ ersetzen wir x durch $x - ct$:

$$\Longrightarrow f_1(x+ct) = \frac{1}{2}\left(g(x+ct) + \frac{1}{c}\int_{x_0}^{x+ct} h(\xi)\,d\xi\right)$$

$$f_2(x-ct) = \frac{1}{2}\left(g(x-ct) + \frac{1}{c}\int_{x-ct}^{x_0} h(\xi)\,d\xi\right).$$

Zusammen ist schließlich

$$u(x,t) = \frac{1}{2}\left(g(x+ct) + g(x-ct) + \frac{1}{c}\int_{x-ct}^{x+ct} h(\xi)\,d\xi\right).$$

Speziell für eine anfangs ruhende Saite mit $\dot{u}(x,0) = h(x) = 0$ gilt

$$u(x,t) = \frac{1}{2}(g(x+ct) + g(x-ct)).$$

Die Auslenkung an der Stelle x zur Zeit t kann bestimmt werden als Summe der *Anfangsauslenkungen* an den Stellen $x + ct$ und $x - ct$. Wir kommen später auf dieses Ergebnis zurück.

2.1 Die Lösung der Wellengleichung

Um die Gleichung $\frac{\partial^2 u}{\partial t^2} = c^2 \cdot \frac{\partial^2 u}{\partial x^2}$ zu lösen, benutzen wir den Separationsansatz von D'Alembert: $u(x,t) = v(x) \cdot w(t)$.

Dann ist

$$\frac{\partial^2 u}{\partial t^2} = v(x) \cdot \ddot{w}(t) \quad \text{und} \quad \frac{\partial^2 u}{\partial x^2} = w(t) \cdot v''(x).$$

Eingesetzt erhält man $v(x) \cdot \ddot{w}(t) = c^2 \cdot w(t) \cdot v''(x)$ oder schließlich

$$\frac{\ddot{w}(t)}{w(t)} = c^2 \cdot \frac{v''(x)}{v(x)}.$$

Die linke Seite hängt nur von t, die rechte Seite nur von x ab, trotzdem müssen beide für alle x und t übereinstimmen, also müssen sie konstant sein:

$$\frac{v''(x)}{v(x)} = -\frac{\lambda^2}{c^2} \quad \text{und} \quad \frac{\ddot{w}(t)}{w(t)} = -\lambda^2$$

(λ hat hier nichts mit der Wellenlänge zu tun).

Man muss also das DGL-System $v'' + \frac{\lambda^2}{c^2}v = 0$ und $\ddot{w} + \lambda^2 w = 0$ lösen.

Ansatz für v: $v(x) = C_1 \cdot \sin(\frac{\lambda}{c}x) + C_2 \cdot \cos(\frac{\lambda}{c}x)$

Randbedingungen: Die Saite ist in $x = 0$ und $x = l$ eingespannt, also muss $u(0, t) = u(l, t) = 0$ für alle t, somit auch $v(0) = v(l) = 0$ sein.

$$\implies \quad 0 = C_1 \cdot 0 + C_2 \cdot 1 \implies C_2 = 0 \quad \text{und} \quad 0 = C_1 \cdot \sin\left(\frac{\lambda}{c}l\right)$$

$$\implies \quad \sin\left(\frac{\lambda}{c}l\right) = 0 \iff \frac{\lambda}{c} \cdot l = n \cdot \pi, n \in \mathbb{N}.$$

Somit erhalten wir $\lambda_n = \frac{n \cdot c \cdot \pi}{l}$.

λ_n nennt man die Eigenwerte der Aufgabe und $v_n(x) = \sin(\frac{n \cdot \pi}{l}x)$ sind die Eigenfunktionen. In der Musik heißen diese die n-ten Obertöne oder n-ten Harmonischen.

Die Lösung der Gleichung $\ddot{w} + \lambda^2 w = 0$ lautet dann

$$w(t) = C_1^* \cdot \sin(\lambda \cdot t) + C_2^* \cdot \cos(\lambda \cdot t).$$

Für jedes $n \in \mathbb{N}$ ist

$$u_n(x, t) = \sin\left(\frac{n \cdot \pi}{l}x\right) \cdot \left(a_n \cdot \sin\left(\frac{nc\pi}{l}t\right) + b_n \cdot \cos\left(\frac{nc\pi}{l}t\right)\right)$$

eine Lösung der Saitengleichung.

Somit bescheibt jedes $u_n(x, t)$ eine mögliche Schwingungsform der Saite, die sogenannte n-te Oberschwingung. Die Saite ist also zu unendlich vielen Schwingungen fähig. Die Periode T_n des n-ten Obertons ist gegeben durch $\frac{nc\pi}{l} \cdot t = 2\pi \implies T_n = \frac{2l}{nc}$. Daraus entstehen die Frequenzen

$$f_n = \frac{cn}{2l} = \frac{n}{2l} \cdot \sqrt{\frac{\sigma}{\rho}}.$$

Insgesamt erhalten wir die Lösung der Saitengleichung ohne Einbezug der Anfangsbedingungen

$$u(x, t) = \sum_{n=1}^{\infty} u_n(x, t) = \sum_{n=1}^{\infty} \sin\left(\frac{n\pi}{l}x\right) \cdot \left(a_n \cdot \sin\left(\frac{nc\pi}{l}t\right) + b_n \cdot \cos\left(\frac{nc\pi}{l}t\right)\right).$$

Speziell für die zur Zeit $t = 0$ ruhende Saite bedeutet das $\frac{\partial u}{\partial t}(x, 0) = 0$. Dies führt auf

$$\frac{\partial u}{\partial t}(x, 0) = \sum_{n=1}^{\infty} \sin\left(\frac{n\pi}{l}x\right) \cdot a_n \cdot \frac{nc\pi}{l} = 0,$$

was nur möglich ist, wenn $a_n = 0$ für alle n gilt.

Somit haben wir die Lösung für die beidseitig eingespannte und anfangs ruhende Saite

$$u(x,t) = \sum_{n=1}^{\infty} b_n \cdot \sin\left(\frac{n\pi}{l}x\right) \cdot \cos\left(\frac{nc\pi}{l}t\right).$$

Dies kann man aufgrund von $2\sin\alpha \cdot \cos\beta = \sin(\alpha+\beta) + \sin(\alpha-\beta)$ auch schreiben als

$$\begin{aligned}
u(x,t) &= \sum_{n=1}^{\infty} b_n \cdot \sin\left(\frac{n\pi}{l}x\right) \cdot \cos\left(\frac{nc\pi}{l}t\right) \\
&= \sum_{n=1}^{\infty} b_n \cdot \frac{1}{2}\left(\sin\left(\frac{n\pi}{l}x + \frac{nc\pi}{l}t\right) + \sin\left(\frac{n\pi}{l}x - \frac{nc\pi}{l}t\right)\right) \\
&= \sum_{n=1}^{\infty} b_n \cdot \frac{1}{2}(\sin(k_n x + \omega_n t) + \sin(k_n x - \omega_n t)) \quad \text{(siehe dortige Notation).}
\end{aligned}$$

Wir erhalten die Form $u(x,t) = \sum_{n=1}^{\infty} \frac{1}{2}(g_n(x+ct) + g_n(x-ct))$.

2.2 Kugelwellen

Wie schon weiter oben gesagt, erfüllt jede zweimal stetig differenzierbare Funktion der Form $u(x,t) = f(x \pm ct)$ die Wellengleichung $\frac{\partial^2 u}{\partial t^2} = c^2 \cdot \frac{\partial^2 u}{\partial x^2}$. Speziell gilt dies auch für die harmonischen Wellen $u(x,t) = u_0 \cdot \sin(kx - \omega t)$.

Wir können das Ergebnis auf Kugelwellen erweitern. Diese entstehen, wenn man eine punktförmige Anregung vornimmt. Ein ins Wasser geworfener Stein z. B. löst freilich keine Kugelwelle, aber auf der Oberfläche eine Kreiswelle aus. Eine zylinderförmige Welle würde übrigens entstehen, wenn man eine ebene Welle durch einen langen, schmalen Spalt schickt.

Für die Kugelwelle sind Polarkoordinaten angebracht:

$$x = r \cdot \sin\varphi \cdot \cos\theta, \quad y = r \cdot \sin\varphi \cdot \sin\theta, \quad z = r \cdot \cos\theta \quad \text{mit} \quad x^2 + y^2 + z^2 = r^2.$$

Die Kugelwelle soll nicht von der Richtung, sondern nur vom Radius abhängen, also

$$u(\vec{r}, t) = u(r, t).$$

Zuerst muss der Laplace-Operator $\Delta = \frac{\partial^2}{\partial x^2} + \frac{\partial^2}{\partial y^2} + \frac{\partial^2}{\partial z^2}$ in Kugelkoordinaten umgeschrieben werden. Hinge dieser nebst von r auch noch von φ und θ ab, wäre die Herleitung wesentlich komplizierter. In unserem Fall schreiben wir für die x-Koordinate $\frac{\partial u}{\partial x} = \frac{\partial u}{\partial r} \cdot \frac{\partial r}{\partial x}$.

Die 2. Ableitung ist

$$\frac{\partial^2 u}{\partial x^2} = \frac{\partial}{\partial x}\left(\frac{\partial u}{\partial r} \cdot \frac{\partial r}{\partial x}\right) = \frac{\partial}{\partial x}\left(\frac{\partial u}{\partial r}\right) \cdot \frac{\partial r}{\partial x} + \frac{\partial u}{\partial r} \cdot \frac{\partial^2 r}{\partial x^2}$$

$$= \frac{\partial\left(\frac{\partial u}{\partial r}\right)}{\partial r} \cdot \frac{\partial r}{\partial x} \cdot \frac{\partial r}{\partial x} + \frac{\partial u}{\partial r} \cdot \frac{\partial^2 r}{\partial x^2} = \frac{\partial^2 u}{\partial r^2} \cdot \left(\frac{\partial r}{\partial x}\right)^2 + \frac{\partial u}{\partial r} \cdot \frac{\partial^2 r}{\partial x^2}.$$

Weiter ist

$$\frac{\partial r}{\partial x} = \frac{2x}{2r} = \frac{x}{r} \quad \text{und} \quad \frac{\partial^2 r}{\partial x^2} = \frac{\partial}{\partial x}\left(\frac{1}{r} \cdot x\right) = \frac{\partial\left(\frac{1}{r}\right)}{\partial x} \cdot x + \frac{1}{r} \cdot \frac{\partial x}{\partial x} = -\frac{1}{r^2} \cdot \frac{\partial r}{\partial x} \cdot x + \frac{1}{r}$$

$$= -\frac{1}{r^2} \cdot \frac{x}{r} \cdot x + \frac{1}{r} = \frac{1}{r} \cdot \left(1 - \frac{x^2}{r^2}\right).$$

Somit erhält man

$$\frac{\partial^2 u}{\partial x^2} = \frac{\partial^2 u}{\partial r^2} \cdot \frac{x^2}{r^2} + \frac{\partial u}{\partial r} \cdot \frac{1}{r} \cdot \left(1 - \frac{x^2}{r^2}\right).$$

Für die Ableitungen nach y und z gilt Analoges. Zusammen ist dann

$$\Delta u = \frac{\partial^2 u}{\partial r^2} \cdot \frac{x^2 + y^2 + z^2}{r^2} + \frac{\partial u}{\partial r} \cdot \frac{1}{r} \cdot \left(3 - \frac{x^2 + y^2 + z^2}{r^2}\right)$$

$$= \frac{\partial^2 u}{\partial r^2} \cdot \frac{r^2}{r^2} + \frac{\partial u}{\partial r} \cdot \frac{1}{r} \cdot \left(3 - \frac{r^2}{r^2}\right) = \frac{\partial^2 u}{\partial r^2} + \frac{2}{r} \cdot \frac{\partial u}{\partial r} = \frac{1}{r} \cdot \frac{\partial^2 (ru)}{\partial r^2}.$$

Die zugehörige Wellengleichung lautet dann

$$\frac{\partial^2 u}{\partial t^2} = c^2 \cdot \frac{1}{r} \cdot \frac{\partial^2 (ru)}{\partial r^2}.$$

Multiplikation mit r liefert schließlich

$$\frac{\partial^2 (ru)}{\partial t^2} = c^2 \cdot \frac{\partial^2 (ru)}{\partial r^2}.$$

Vergleicht man die DGL mit derjenigen der ebenen Welle, so lautet die Lösung schlicht

$$u(x,t) = \frac{f_1(x+ct)}{r} + \frac{f_2(x-ct)}{r}$$

(Überlagerung einer vom Zentrum hin und einer vom Zentrum weg laufenden Welle). Speziell für eine harmonische Welle ist

$$u(x,t) = u_0 \cdot \frac{\sin(kx - \omega t)}{r}.$$

Der Radius im Nenner beschreibt die Tatsache, dass die Energie der Welle entlang des gesamten Umfangs bzw. der gesamten Oberfläche gleichmäßig aufgeteilt wird. Mit wachsendem Radius wird die Amplitude zwangsweise kleiner.

3 Erzwungene Saitenschwingungen

Das nächste Ziel ist es, die Koeffizienten a_n und b_n zu bestimmen. Diese ergeben sich aber erst aus der Form der Auslenkung. Damit wird die Saite zu Schwingungen erzwungen. Mit $g(x) := u(x, 0)$ bezeichnen wir die Auslenkung zur Zeit $t = 0$.

Vorbereitung. Wir zeigen zuerst, dass

$$\int_0^l \sin\left(\frac{n\cdot\pi}{l}x\right)\cdot\sin\left(\frac{m\cdot\pi}{l}x\right)\,dx = \begin{cases} = 0, & \text{für } m \neq n \\ \neq 0, & \text{für } m = n \end{cases}$$

gilt.

Beispiel.

$$l = \pi, \quad n = m = 1 \quad \Longrightarrow \quad \int_0^\pi \sin^2(x)\,dx = \frac{\pi}{2},$$

$$l = \pi, \quad n = 1, m = 2 \quad \Longrightarrow \quad \int_0^\pi \sin(x)\sin(2x)\,dx = 0.$$

Benutzen wir $\cos a - \cos b = -2\sin(\frac{a+b}{2})\cdot\sin(\frac{a-b}{2})$ und nehmen $a = (n+m)\frac{\pi}{l}$ und $b = (n-m)\frac{\pi}{l}$, dann ist

$$\frac{a+b}{2} = \frac{n\cdot\pi}{l} \quad \text{und} \quad \frac{a-b}{2} = \frac{m\cdot\pi}{l}.$$

Es folgt

$$\sin\left(\frac{n\cdot\pi}{l}\right)\cdot\sin\left(\frac{m\cdot\pi}{l}\right) = \frac{1}{2}\left(\sin\left(\frac{a+b}{2}\right)\cdot\sin\left(\frac{a-b}{2}\right)\right)$$

$$= \frac{1}{2}(\cos b - \cos a) = \frac{1}{2}\left(\cos(n-m)\frac{\pi}{l} - \cos(n+m)\frac{\pi}{l}\right)$$

und daraus

$$\int_0^l \sin\left(\frac{n\cdot\pi}{l}x\right)\cdot\sin\left(\frac{m\cdot\pi}{l}x\right)\,dx = \frac{1}{2}\int_0^l \left(\cos(n-m)\frac{\pi}{l}x - \cos(n+m)\frac{\pi}{l}x\right)\,dx.$$

Für $n = m$ haben wir

$$= \frac{1}{2}\int_0^l \left(1 - \cos(2n)\frac{\pi}{l}x\right)\,dx$$

$$= \frac{1}{2}\left[x - \frac{l}{2n\pi}\sin\left(2n\frac{\pi}{l}x\right)\right]_0^l$$

$$= \frac{1}{2}\left(l - \frac{l}{2n\pi}\sin(2n\pi)\right)$$

$$= \frac{1}{2}l$$

und für $n \neq m$

$$= \frac{1}{2}\left[\frac{l}{\pi(n-m)}\sin(n-m)\frac{\pi}{l}x - \frac{l}{\pi(n+m)}\sin(n+m)\frac{\pi}{l}x\right]_0^l$$

$$= \frac{l}{2\pi}\left(\frac{\sin(n-m)\pi}{(n-m)} - \frac{\sin(n+m)\pi}{(n+m)}\right)$$

$$= \frac{l}{2\pi}(0-0)$$

$$= 0$$

Nun sollen die Koeffizienten a_n und b_n bei gegebener Auslenkung $g(x)$ bestimmt werden.

Dazu müssen wir einen kurzen Exkurs über Fourierreihen einschieben: Als Fourierreihe (nach Joseph Fourier) bezeichnet man die Reihenentwicklung einer periodischen, abschnittsweise stetigen Funktion in eine Funktionenreihe aus Sinus- und Kosinusfunktionen.

Bereits im 18. Jahrhundert kannten Mathematiker wie Euler, Lagrange oder die Bernoullis Fourierreihen für einige Funktionen. Zu Beginn des 19. Jahrhunderts behauptete nun Fourier, dass es für alle Funktionen, insbesondere für periodische, solche Reihenentwicklungen gäbe.

Wir springen ohne Beweis direkt zum Kriterium von Dirichlet:

Punktweise Konvergenz. Ist $g(x)$ 2π-periodisch und entweder an der Stelle x differenzierbar oder in x stetig und es existieren der linksseitige und der rechtsseitige Grenzwert, dann konvergiert die Fourierreihe (punktweise) gegen $g(x)$.

Gleichmässige Konvergenz. Ist $g(x)$ 2π-periodisch und an der Stelle x stetig differenzierbar, dann konvergiert die Fourierreihe gleichmäßig gegen $g(x)$.

$g(x)$ hat dann die Darstellung

$$g(x) = \sum_{n=1}^{\infty}(c_n \cdot \sin(kx) + d_n \cdot \cos(kx)) \ .$$

Die Auslenkung zur Zeit $t = 0$ ist gegeben durch

$$g(x) = u(x,0) = \sum_{n=1}^{\infty} \sin\left(\frac{n\cdot\pi}{l}x\right) \cdot \left(a_n \cdot \sin\left(\frac{nc\pi}{l}\cdot 0\right) + b_n \cdot \cos\left(\frac{nc\pi}{l}\cdot 0\right)\right)$$

$$= \sum_{n=1}^{\infty} b_n \cdot \sin\left(\frac{n\cdot\pi}{l}x\right) \ .$$

Nehmen wir an, dass die Saite zur Zeit $t = 0$ in Ruhe ist, dann bedeutet das $\frac{\partial u}{\partial t}(x,0) = 0$.

Dies führt auf $a_n = 0$ für alle n.

Aus $g(x) = \sum_{n=1}^{\infty} d_n \cdot \sin(\frac{n\cdot\pi}{l}x)$ folgt

$$g(x) \cdot \sin\left(\frac{m\cdot\pi}{l}x\right) = \sum_{n=1}^{\infty} d_n \cdot \sin\left(\frac{n\cdot\pi}{l}x\right) \cdot \sin\left(\frac{m\cdot\pi}{l}x\right) \ .$$

Mit gliedweiser Integration erhält man

$$\int_0^l g(x) \cdot \sin\left(\frac{m \cdot \pi}{l} x\right) dx = \sum_{n=1}^\infty \int_0^l d_n \cdot \sin\left(\frac{n \cdot \pi}{l} x\right) \cdot \sin\left(\frac{m \cdot \pi}{l} x\right) dx .$$

Aufgrund der Vorbereitung ist dann

$$\int_0^l g(x) \cdot \sin\left(\frac{n \cdot \pi}{l} x\right) dx = d_n \cdot \int_0^l \sin^2\left(\frac{n \cdot \pi}{l} x\right) dx = d_n \cdot \frac{l}{2}$$

und schließlich

$$d_n = \frac{2}{l} \cdot \int_0^l g(x) \cdot \sin\left(\frac{n \cdot \pi}{l} x\right) dx .$$

Schlussergebnis. Die Gleichung der schwingenden Saite $\frac{\partial^2 u}{\partial t^2} = c^2 \cdot \frac{\partial^2 u}{\partial x^2}$ mit der Ausbreitungsgeschwindigkeit $c = \sqrt{\frac{\sigma}{\rho}}$ (σ: Spannung, ρ: Dichte), die in $x = 0$ und $x = l$ eingespannt ist, zur Zeit $t = 0$ die Form $g(x) = u(x, 0)$ besitzt und die Anfangsgeschwindigkeit Null hat, besitzt die Lösung

$$u(x, t) = \sum_{n=1}^\infty d_n \cdot \sin\left(\frac{n \cdot \pi}{l} x\right) \cdot \cos\left(\frac{n c \pi}{l} t\right) \quad \text{mit} \quad d_n = \frac{2}{l} \cdot \int_0^l g(x) \cdot \sin\left(\frac{n \cdot \pi}{l} x\right) dx .$$

Die Eigenfrequenzen sind $f_n = \frac{n}{2l} \cdot \sqrt{\frac{\sigma}{\rho}}$.

Eine typische Auslenkung einer Saite ist das „Zupfen".

Beispiel 1 (Abb. 3.1 links). Es gilt

$$g(x) = \begin{cases} \frac{2h}{l} x , & \text{für } 0 \le x \le \frac{l}{2} \\ \frac{2h}{l}(l - x) , & \text{für } \frac{l}{2} \le x \le l \end{cases}$$

$$\Rightarrow \quad d_n = \begin{cases} d_{n_1} = \frac{2}{l} \cdot \int_0^{\frac{l}{2}} \frac{2h}{l} x \cdot \sin\left(\frac{n\pi}{l} x\right) dx = \frac{4h}{l^2} \cdot \int_0^{\frac{l}{2}} x \cdot \sin\left(\frac{n\pi}{l} x\right) dx \\ \qquad = -\frac{2h}{\pi^2} \cdot \left(\frac{n \cos\left(\frac{n\pi}{2}\right) \pi - 2 \sin\left(\frac{n\pi}{2}\right)}{n^2}\right) \\ d_{n_2} = \frac{2}{l} \cdot \int_{\frac{l}{2}}^l \frac{2h}{l}(l-x) \cdot \sin\left(\frac{n\pi}{l} x\right) dx = \frac{4h}{l^2} \cdot \int_{\frac{l}{2}}^l (l-x) \cdot \sin\left(\frac{n\pi}{l} x\right) dx \\ \qquad = \frac{2h}{\pi^2} \cdot \left(\frac{n \cos\left(\frac{n\pi}{2}\right) \pi + 2 \sin\left(\frac{n\pi}{2}\right)}{n^2}\right) \end{cases}$$

Nehmen wir nun $h = 1, l = \pi, c = 1$. Die Addition ergibt $d_n = \frac{8}{\pi^2} \cdot (\frac{\sin(\frac{n\pi}{2})}{n^2})$.
Es folgt

$$g(x) = \frac{8}{\pi^2} \cdot \sum_{n=1}^{\infty} \left(\frac{\sin\left(\frac{n\pi}{2}\right)}{n^2} \right) \cdot \sin(nx)$$

(mit $x = \frac{\pi}{2}$ folgt insbesondere $\frac{\pi^2}{8} = 1 + \frac{1}{9} + \frac{1}{25} + \frac{1}{49} + \cdots$) und schließlich

$$u(x, t) = \frac{8}{\pi^2} \cdot \sum_{n=1}^{\infty} \left(\frac{\sin\left(\frac{n\pi}{2}\right)}{n^2} \right) \cdot \sin(nx) \cos(nt).$$

Die Frequenzen für $n = 2k, k \in \mathbb{N}$ werden nicht erzwungen!

Wir können diese Lösung mit der Darstellung $u(x, t) = \frac{1}{2}(g(x+ct) + g(x-ct))$ von D'Alembert vergleichen: Zuerst ist $c = h = 1$ und

$$g(x) = \begin{cases} \frac{2}{\pi} x, & \text{für } 0 \leq x \leq \frac{\pi}{2} \\ \frac{2}{\pi}(\pi - x), & \text{für } \frac{\pi}{2} \leq x \leq \pi. \end{cases}$$

Dann wird $u(x, t) = \frac{1}{2}(g(x+t) + g(x-t))$, wobei man in dieser Darstellung immer hin und her springen muss, je nachdem, ob das Argument $x \pm ct$ entweder zwischen 0 und $\frac{\pi}{2}$ oder zwischen $\frac{\pi}{2}$ und π liegt. Für zwei Werte von x und t wollen wir die Gleichheit der beiden Darstellungen überprüfen, z. B. für $x = \frac{\pi}{4}$ und $t = \frac{\pi}{8}$.

Man erhält

$$u\left(\frac{\pi}{4}, \frac{\pi}{8}\right) = \frac{1}{2}\left(g\left(\frac{\pi}{4} + \frac{\pi}{8}\right) + g\left(\frac{\pi}{4} - \frac{\pi}{8}\right)\right) = \frac{1}{2}\left(g\left(\frac{3\pi}{8}\right) + g\left(\frac{\pi}{8}\right)\right)$$
$$= \frac{1}{2}\left(\frac{2}{\pi}\frac{3\pi}{8} + \frac{2}{\pi}\frac{\pi}{8}\right) = \frac{1}{\pi}\frac{\pi}{2} = \frac{1}{2}.$$

Für $x = \frac{\pi}{3}$ und $t = \frac{\pi}{5}$ folgt

$$u\left(\frac{\pi}{3}, \frac{\pi}{5}\right) = \frac{1}{2}\left(g\left(\frac{\pi}{3} + \frac{\pi}{5}\right) + g\left(\frac{\pi}{3} - \frac{\pi}{5}\right)\right) = \frac{1}{2}\left(g\left(\frac{8\pi}{15}\right) + g\left(\frac{2\pi}{15}\right)\right)$$
$$= \frac{1}{2}\left(\frac{2}{\pi}\left(\pi - \frac{8\pi}{15}\right) + \frac{2}{\pi}\frac{2\pi}{15}\right) = \frac{1}{\pi}\left(\frac{7\pi}{15} + \frac{2\pi}{15}\right) = \frac{3}{5}.$$

Im Vergleich zu

$$u(x, t) = \frac{8}{\pi^2} \cdot \sum_{n=1}^{\infty} \left(\frac{\sin\left(\frac{n\pi}{2}\right)}{n^2} \right) \cdot \sin(nx) \cos(nt)$$

erhält man dieselben Werte.

3 Erzwungene Saitenschwingungen

Beispiel 2 (Abb. 3.1 rechts). Jetzt wählen wir den Auslenkpunkt nicht in der Mitte, sondern in einem beliebigen Abstand zum Ursprung. Dann gilt

$$g(x) = \begin{cases} \dfrac{h}{a}x, & \text{für } 0 \leq x \leq a \\ \dfrac{h}{l-a}(l-x), & \text{für } a \leq x \leq l \end{cases}$$

$$\implies d_n = \begin{cases} d_{n_1} = \dfrac{2}{l}\int_0^a \dfrac{h}{a}x\sin\left(\dfrac{n\pi}{l}x\right)dx = \dfrac{2h}{la}\int_0^a x\sin\left(\dfrac{n\pi}{l}x\right)dx \\ \quad = -\dfrac{2h}{a\pi^2}\left(\dfrac{an\cos\left(\frac{an\pi}{l}\right)\pi - \sin\left(\frac{an\pi}{l}\right)l}{n^2}\right) \\ d_{n_2} = \dfrac{2}{l}\int_a^l \dfrac{h}{l-a}(l-x)\sin\left(\dfrac{n\pi}{l}x\right)dx = \dfrac{2h}{l(l-a)}\int_a^l (l-x)\sin\left(\dfrac{n\pi}{l}x\right)dx \\ \quad = \dfrac{2h}{(a-l)\pi^2}\left(\dfrac{(a-l)n\cos\left(\frac{an\pi}{l}\right)\pi + 2\sin\left(\frac{an\pi}{l}\right)}{n^2}\right) \end{cases}$$

Nehmen wir nun $h = 1$, $l = \pi$, $c = 1$.

Die Addition ergibt $d_n = \dfrac{2}{a(\pi-a)} \cdot \left(\dfrac{\sin(an)}{n^2}\right)$. Zusätzlich mit $a = \dfrac{l}{4}$ ist dann

$$d_n = \dfrac{32}{3\pi^2} \cdot \left(\dfrac{\sin\left(\frac{n\pi}{4}\right)}{n^2}\right).$$

Es folgt

$$g(x) = \dfrac{32}{3\pi^2} \cdot \sum_{n=1}^{\infty} \left(\dfrac{\sin\left(\frac{n\pi}{4}\right)}{n^2}\right) \cdot \sin(nx)$$

und schließlich

$$u(x,t) = \dfrac{32}{3\pi^2} \cdot \sum_{n=1}^{\infty} \left(\dfrac{\sin\left(\frac{n\pi}{4}\right)}{n^2}\right) \cdot \sin(nx)\cos(nt).$$

Die Frequenzen für $n = 4k$, $k \in \mathbb{N}$ werden nicht erzwungen!

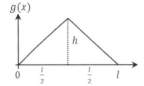 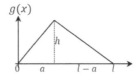

Abb. 3.1: Skizzen zu den Beispielen 1 und 2

Die beiden Beispiele zeigen, dass beim Auslenken der Saite gewisse, aber nicht alle Frequenzen erzwungen werden. Bei einer Auslenkung von $x = \frac{l}{2}$ (Bsp. 1) werden nur diejenigen Eigenfrequenzen mit ungeraden n erzwungen. Somit können Oktave (2 : 1), Große Terz (5 : 4) nie mitschwingen. Der Klang ist hohl.

Liegt die Auslenkung bei $x = \frac{l}{4}$ (Bsp. 2), dann ist das Klangspektrum schon reicher (Abb. 3.2 links). Oktave und Quinte werden angeregt, aber mit entsprechend kleineren Amplituden als der Grundton. Weder die Große Terz noch die Quarte (4 : 3) schwingen mit, dafür die kleine Terz (6 : 5).

Es fragt sich, wo die optimale Zupfposition liegt. Sie befindet sich etwa bei $x = \frac{l}{5}$. Nicht genau bei einem Fünftel, weil für diesen Fall keine Terzen mitschwingen. Bei einer Gitarre befindet sich das Loch des Korpus etwa bei $x = \frac{l}{5}$.

Spezielles bei der Gitarre: Dem Ausdruck für die Frequenz

$$f_n = \frac{n}{2l} \cdot \sqrt{\frac{\sigma}{\rho}} = \frac{n}{2l} \cdot \sqrt{\frac{F}{A \cdot \rho}}$$

entnimmt man, dass drei Parameter F, A und μ (eigentlich sogar vier, wenn die Saitenlängen verschieden wären) zur Verfügung stehen, um die einzelnen Saiten zu stimmen. Beipsielsweise erzeugt ein vierfacher Querschnitt eine halbe Frequenz usw.

Aufgabe
Bearbeiten Sie die Übungen 1–3.

Spezialfall. Nehmen wir an, es gelänge uns die Saite anfangs so auszulenken, dass sie gerade eine der Eigenformen einnimmt: $g(x) = C \sin(\frac{m\pi}{l}x)$. Das mag hier etwas komisch erscheinen. Für spätere Schwingungsarten bedeutet dies, dass die Anregungsform gerade eine Eigenform ist. Dann folgt

$$d_n = C\frac{2}{l} \cdot \int_0^l \sin\left(\frac{m \cdot \pi}{l}x\right) \cdot \sin\left(\frac{n \cdot \pi}{l}x\right) dx = C\frac{2}{l} \cdot \int_0^l \sin^2\left(\frac{n \cdot \pi}{l}x\right) = \frac{2}{l} \cdot \frac{l}{2} = C$$

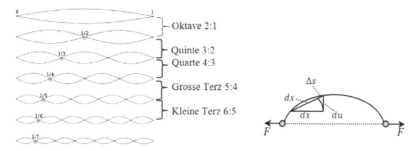

Abb. 3.2: Die Obertöne und die Spannungsenergie der Saite

für $m = n$, ansonsten Null. Schließlich ist

$$u(x, t) = C \sin\left(\frac{m \cdot \pi}{l} x\right) \cdot \cos\left(\frac{mc\pi}{l} t\right).$$

3.1 Die Energien der gespannten Saite

Die Saite sei mit der Spannkraft (= Normalkraft) F ausgelenkt (Abb. 3.2 rechts). Wir betrachten ein Saitenstück dx im unausgelenkten Zustand. Um das Saitenstück dx um Δs zu verlängern, muss Arbeit verrichtet werden.

Es gilt

$$dx + \Delta s = \sqrt{dx^2 + du^2} \implies \Delta s = \sqrt{dx^2 + du^2} - dx = dx\sqrt{1 + (u')^2} - dx.$$

Wir entwickeln die Wurzel nach Taylor:

$$\sqrt{1 + (u')^2} = 1 + \frac{(u')^2}{2} - \frac{(u')^4}{8} \pm \dots.$$

Brechen wir nach dem zweiten Term ab, so hat man

$$\Delta s \approx dx\left(1 + \frac{(u')^2}{2}\right) - dx = \frac{(u')^2}{2} dx.$$

Somit beträgt die potenzielle Energie der ausgelenkten Saite

$$E_{\text{pot}} = \int_0^l F \Delta s = \frac{1}{2} F \int_0^l (u')^2 \, dx.$$

Mit $c = \sqrt{\frac{\sigma}{\rho}}$ folgt $c^2 \rho = \frac{F}{A}$. Somit ist

$$E_{\text{pot}} = \frac{1}{2} c^2 \rho A \int_0^l (u')^2 \, dx.$$

Die kinetische Energie eines kleinen Massenstücks an der Stelle x der Saite ist

$$dE_{\text{kin}} = \frac{1}{2} dm (\dot{u}(x,t))^2 = \frac{1}{2} \rho A \, dx (\dot{u}(x,t))^2 \implies E_{\text{kin}} = \frac{1}{2} \rho A \int_0^l (\dot{u})^2 \, dx.$$

Natürlich ist nach dem Energiesatz

$$\frac{1}{2} F \int_0^l (u')^2 \, dx + \frac{1}{2} \rho A \int_0^l (\dot{u})^2 \, dx = \text{konst.}$$

Angewandt auf die Lösung

$$u(x, t) = \sum_{n=1}^{\infty} \sin\left(\frac{n\pi}{l}x\right) \cdot \left(a_n \sin\left(\frac{nc\pi}{l}t\right) + b_n \cos\left(\frac{nc\pi}{l}t\right)\right)$$

ist

$$u'(x, t) = \sum_{n=1}^{\infty} \frac{n\pi}{l} \cos\left(\frac{n\pi}{l}x\right) \cdot \left(a_n \sin\left(\frac{nc\pi}{l}t\right) + b_n \cos\left(\frac{nc\pi}{l}t\right)\right)$$

und

$$\dot{u}(x, t) = \sum_{n=1}^{\infty} \frac{nc\pi}{l} \sin\left(\frac{n\pi}{l}x\right) \cdot \left(a_n \cos\left(\frac{nc\pi}{l}t\right) - b_n \sin\left(\frac{nc\pi}{l}t\right)\right).$$

Zuerst berechnen wir die Energie, die in der n-ten Oberschwingung gespeichert ist:

$$E_{n\,\text{pot}} = \frac{1}{2} c^2 \rho A \int_0^l (u_n')^2 \, dx$$

$$= \frac{n^2 \pi^2}{2l^2} c^2 \rho A \left(a_n \sin\left(\frac{nc\pi}{l}t\right) + b_n \cos\left(\frac{nc\pi}{l}t\right)\right)^2 \int_0^l \cos^2\left(\frac{n\pi}{l}x\right) dx$$

$$= \frac{n^2 \pi^2}{2l^2} c^2 \rho A \left(a_n \sin\left(\frac{nc\pi}{l}t\right) + b_n \cos\left(\frac{nc\pi}{l}t\right)\right)^2 \frac{l}{2}$$

$$= \frac{n^2 \pi^2}{4l} F \left(a_n \sin\left(\frac{nc\pi}{l}t\right) + b_n \cos\left(\frac{nc\pi}{l}t\right)\right)^2$$

$$= \frac{n^2 \pi^2}{4l} c^2 \rho A \cdot c_n^2 \cdot \sin^2\left(\frac{nc\pi}{l}t + \varphi_n\right) = \frac{n^2 c^2 \pi^2}{4l} \rho A \cdot c_n^2 \cdot \sin^2\left(\frac{nc\pi}{l}t + \varphi_n\right),$$

wobei $c_n = \sqrt{a_n^2 + b_n^2}$ und $\varphi_n = \arctan(\frac{B_n}{A_n})$ und

$$E_{n\,\text{kin}} = \frac{1}{2} \rho A \int_0^l (\dot{u}_n)^2 \, dx$$

$$= \frac{n^2 c^2 \pi^2}{2l^2} \rho A \left(a_n \cos\left(\frac{nc\pi}{l}t\right) - b_n \sin\left(\frac{nc\pi}{l}t\right)\right)^2 \int_0^l \sin^2\left(\frac{n\pi}{l}x\right) dx$$

$$= \frac{n^2 c^2 \pi^2}{2l^2} \rho A \left(a_n \cos\left(\frac{nc\pi}{l}t\right) - b_n \sin\left(\frac{nc\pi}{l}t\right)\right)^2 \frac{l}{2}$$

$$= \frac{n^2 c^2 \pi^2}{4l} \rho A \left(a_n \cos\left(\frac{nc\pi}{l}t\right) - b_n \sin\left(\frac{nc\pi}{l}t\right)\right)^2$$

$$= \frac{n^2 c^2 \pi^2}{4l} \rho A \cdot c_n^2 \cdot \cos^2\left(\frac{nc\pi}{l}t + \varphi_n\right),$$

wobei $c_n = \sqrt{a_n^2 + b_n^2}$ und $\varphi_n = \arctan(\frac{B_n}{A_n})$.

Dies ist die bekannte Aufspaltung der Energien bei einer Schwingung.
Die gesamte Energie, die eine Oberschwingung enthält, beträgt

$$E_n = \frac{n^2 c^2 \pi^2}{4l} \rho A \cdot (a_n^2 + b_n^2)$$

Die gesamte potenzielle Energie ist

$$E_{\text{pot}} = \frac{1}{2}c^2\rho A \int_0^l \left[\sum_{n=1}^{\infty} \frac{n^2\pi^2}{l^2} \cos\left(\frac{n\pi}{l}x\right) \cdot \left(a_n \sin\left(\frac{nc\pi}{l}t\right) + b_n \cos\left(\frac{nc\pi}{l}t\right)\right)\right]^2 dx.$$

Von allen möglichen Produkten werden nur diejenigen mit $m = n$ einen von Null verschiedenen Wert ergeben:

$$E_{\text{pot}} = \frac{1}{2}c^2\rho A \cdot \sum_{n=1}^{\infty} \frac{n^2\pi^2}{l^2} \int_0^l \cos^2\left(\frac{n\pi}{l}x\right) dx \cdot \left(a_n \sin\left(\frac{nc\pi}{l}t\right) + b_n \cos\left(\frac{nc\pi}{l}t\right)\right)^2,$$

$$E_{\text{pot}} = \sum_{n=1}^{\infty} \frac{n^2c^2\pi^2}{4l}\rho A \cdot c_n^2 \cdot \sin^2\left(\frac{nc\pi}{l}t + \varphi_n\right) = \sum_{n=1}^{\infty} E_{n\,\text{pot}}.$$

Man erhält also genau die Summe der in den einzelnen Obertönen gespeicherten Energie.

Ebenso ist

$$E_{\text{kin}} = \sum_{n=1}^{\infty} \frac{n^2c^2\pi^2}{4l}\rho A \cdot c_n^2 \cdot \cos^2\left(\frac{nc\pi}{l}t + \varphi_n\right) = \sum_{n=1}^{\infty} E_{n\,\text{kin}}.$$

Die totale Energie ergibt sich zu

$$E_{\text{total}} = \sum_{n=1}^{\infty} \frac{n^2c^2\pi^2}{4l}\rho A \cdot c_n^2 = \sum_{n=1}^{\infty} E_n.$$

Für die ausgelenkte Saite aus Beispiel 1 ist

$$a_n = 0, \quad c_n^2 = b_n^2 = \frac{16}{\pi^4} \cdot \left(\frac{\sin^2\left(\frac{n\pi}{2}\right)}{n^4}\right), \quad c = 1, \quad l = \pi.$$

Die totale Energie lautet dann

$$E_{\text{total}} = \sum_{n=1}^{\infty} \frac{n^2c^2\pi^2}{4\pi} \cdot \frac{16}{\pi^4} \cdot \left(\frac{\sin^2\left(\frac{n\pi}{2}\right)}{n^4}\right) = \rho A \frac{4}{\pi^3} \sum_{n=1}^{\infty} \left(\frac{\sin^2\left(\frac{n\pi}{2}\right)}{n^2}\right)$$

$$= \rho A \frac{4}{\pi^3}\left(1 + \frac{1}{3^2} + \frac{1}{5^2} + \frac{1}{7^2} + \cdots\right) = \rho A \frac{4}{\pi^3} \cdot \frac{\pi^2}{8} = \frac{1}{2\pi}\rho A.$$

Die Einheit ist nicht korrrekt, weil wir $c = 1\,\frac{m}{s}$ als einheitslos gewählt haben.

Wäre die Auslenkung der Saite, wie im Spezialfall erwähnt, gerade gleich einer Oberschwingung $g(x) = \sin(\frac{m\pi}{l}x)$, dann reduziert sich die Energie auf

$$E_{\text{total}} = E_m = \frac{m^2c^2\pi^2}{4l}\rho A \cdot c_n^2.$$

3.2 Die verschiedenen Moden der schwingenden Saite

Wir sind immer davon ausgegangen, dass die Eigenformen der schwingenden Saite lauten:
$$y_n(x) = \sin\left(\frac{n\pi}{l}x\right).$$
Zwangsweise erhält man dann die zugehörigen Eigenfrequenzen.

Das ist richtig, falls die Saite beidseitig fest verankert ist. Dann muss sie an den Rändern Knoten besitzen, wie schon oben dargestellt. Ist die Saite nur an einem Ende fest eingespannt und am anderen lose, oder an beiden Enden lose, wie bei Luftsäulen in Pfeifen, dann gibt es andere Eigenformen. In Abb. 3.3 sind jeweils die ersten drei Eigenformen dargestellt.

Eine Übersicht über die Moden von Saite, Stab und Balken geben wir am Ende von Kapitel 12.3.

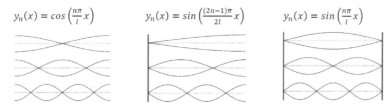

Abb. 3.3: Die Eigenformen einer schwingenden Saite

4 Die Wellengleichung der gedämpft schwingenden Saite

Nimmt man noch eine Dämpfung an, dann ändert sich die Wellengleichung leicht ab. Die Einheit einer Dämpfung μ ist $\frac{Ns}{m}$. Man muss zur folgenden Herleitung die Einheit der Dämpfung auf die ganze Länge der Saite umrechnen, also als $\frac{\mu}{l}$ angeben in $\frac{Ns}{m^2}$. Die auf die Saite wirkende Kraft ist dann gegeben durch $\Delta F - \mu \cdot A \cdot \Delta x \cdot \frac{\partial u}{\partial t} = \Delta m \cdot a$ oder

$$\Delta F = \rho \cdot A \cdot \Delta x \cdot \frac{\partial^2 u}{\partial t^2} + \mu \cdot \Delta x \cdot \frac{\partial u}{\partial t} \ .$$

Analog zur ungedämpft schwingenden Saite folgt

$$A \cdot \sigma \left(\frac{\frac{\partial u}{\partial x}(x + \Delta x) - \frac{\partial u}{\partial x}(x)}{\Delta x} \right) = \rho \cdot A \frac{\partial^2 u}{\partial t^2} + \mu \cdot \frac{\partial u}{\partial t} \ .$$

Für $\Delta x \to 0$ erhalten wir daraus die DGL der gedämpft schwingenden Saite

$$\frac{\partial^2 u}{\partial t^2} + b^2 \cdot \frac{\partial u}{\partial t} = c^2 \cdot \frac{\partial^2 u}{\partial x^2} \quad \text{mit} \quad c := \sqrt{\frac{\sigma}{\rho}} \quad \text{und} \quad b := \sqrt{\frac{\mu}{\rho A}} \ .$$

Für Torsions- und Schubschwingungen gilt Entsprechendes. Wieder setzen wir zur Lösung $u(x, t) = v(x) \cdot w(t)$ an. Eingesetzt erhält man $v \cdot \ddot{w} + b^2 \cdot v \cdot \dot{w} = c^2 \cdot w \cdot v''$ oder schließlich $\frac{\ddot{w}}{w} + b^2 \cdot \frac{\dot{w}}{w} = c^2 \cdot \frac{v''}{v}$. Weiter ist dann $\frac{v''}{v} = -\frac{\lambda^2}{c^2}$ und $\frac{\ddot{w}}{w} + b^2 \cdot \frac{\dot{w}}{w} = -\lambda^2$.

Man muss also das DGL-System $v'' + \frac{\lambda^2}{c^2} v = 0$ und $\ddot{w} + b^2 \dot{w} + \lambda^2 w = 0$ lösen. Für beide DGLen sind die Lösungen bekannt.

Es ist einerseits $v(x) = \sum_{n=1}^{\infty} \sin(\frac{n \cdot \pi}{l} x)$ mit den Eigenwerten $\lambda_n = \frac{n \cdot \pi}{l}$ und andererseits

$$w(t) = e^{-\frac{\mu}{2\rho A} \cdot t} \cdot \left(C_1 \cdot \cos\left(\frac{\sqrt{\left(\frac{\mu}{\rho A}\right)^2 - 4\left(\frac{n c \pi}{l}\right)^2}}{2} t \right) + C_2 \cdot \sin\left(\frac{\sqrt{\left(\frac{\mu}{\rho A}\right)^2 - 4\left(\frac{n c \pi}{l}\right)^2}}{2} t \right) \right),$$

wobei hier $b^4 - 4\lambda_n^2 > 0$ gewählt wurde, also eine starke Dämpfung, die durch die fallende Exponentialfunktion repräsentiert wird.

Insgesamt folgt

$$u(x, t) = \sum_{n=1}^{\infty} \sin\left(\frac{n \cdot \pi}{l} x\right) \cdot e^{-\frac{\mu}{2\rho A} \cdot t}$$

$$\cdot \left(a_n \cdot \sin\left(\frac{\sqrt{\left(\frac{\mu}{\rho A}\right)^2 - 4\left(\frac{n c \pi}{l}\right)^2}}{2} t \right) + b_n \cdot \cos\left(\frac{\sqrt{\left(\frac{\mu}{\rho A}\right)^2 - 4\left(\frac{n c \pi}{l}\right)^2}}{2} t \right) \right).$$

Speziell für $b^2 = 0$ ergibt sich die Lösung der ungedämpft schwingenden Saite zu

$$u(x, t) = \sum_{n=1}^{\infty} \sin\left(\frac{n\pi}{l}x\right) \cdot \left(a_n \cdot \sin\left(\frac{nc\pi}{l}t\right) + b_n \cdot \cos\left(\frac{nc\pi}{l}t\right)\right).$$

Bemerkung. Die obige Lösung entspricht der beidseitig eingespannten Saite mit den Randbedingungen $u(0, t) = 0$, $u(l, 0) = 0$. Für Torsions- oder Schubschwingungen z. B. des einseitig eingespannten Balkens werden die Randbedingungen angepasst.

5 Die Wellengleichung für Longitudinalschwingungen eines Stabs

Wir gehen von einem einseitig fest eingelagerten Stab aus, wobei dies für die Herleitung keine Rolle spielt (Abb. 5.1 links). Erst wenn man die die Eigenfrequenzen aus den *Randbedingungen* bestimmt, dann sind die Ränder entscheidend.

Der Querschnitt des Stabs sei konstant A. $\mu(x)$ bezeichnet die (Massen)dichte, bei homogenem Material einfach μ. Es gilt wie immer das Newton'sche Gesetz (Abb. 5.1 mitte)

$$dm \cdot \ddot{u} = dF \: (= -F + (F + dF))$$

oder $\rho \cdot A \cdot dx \cdot \ddot{u} = \frac{\partial F}{\partial x} \cdot dx$. Mit der Definition der Spannung $\sigma = \frac{F}{A}$ folgt

$$F = \sigma \cdot A \overset{\substack{\text{Hooke'sches} \\ \text{Gesetz}}}{=} E \cdot \varepsilon \cdot A = E \cdot A \cdot \frac{du}{dx}.$$

E ist das Elastizitätsmodul, ε ist die relative Längenänderung (vgl. 2. Band, Balkenbiegung).

Somit ist

$$\frac{dF}{dx} = E \cdot A \cdot \frac{d^2 u}{dx^2} \implies \mu \cdot A \cdot dx \cdot \ddot{u} = \frac{\partial F}{\partial x} \cdot dx = E \cdot A \cdot \frac{d^2 u}{dx^2} \cdot dx.$$

Schließlich folgt die Wellengleichung für Longitudinalschwingungen eines Stabs (Abb. 5.1 rechts)

$$\frac{\partial^2 u}{\partial t^2} = c^2 \cdot \frac{\partial^2 u}{\partial x^2}$$

mit der Schallgeschwindigkeit $c = \sqrt{\frac{E}{\rho}}$ (E: Elastizitätsmodul, ρ: Dichte).

Übersicht über die Randbedingungen bei Wellenausbreitung in Stäben

Eingespannter Rand. $u(x_R, t) = 0 = 0$.

Freier Rand. $u'(x_R, t) = 0$ ($= F = EAu'(x)$, siehe Herleitung oben).

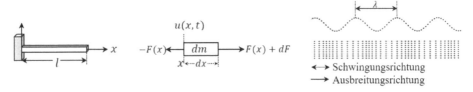

Abb. 5.1: Die Longitudinalschwingungen eines Stabes

5.1 Die Energien bei Longitudinalschwingungen

Im 2. Band wurde gezeigt:

$$E_{\text{pot}} = \frac{1}{2}EA \int_0^l (y')^2 \, dx \, .$$

Für die Zeitabhängigkeit wird die Formel mit $\dot{w}^2(t)$ multipliziert (oder man ersetzt $y(x)$ durch $u(x, t) = y(x)w(t)$) und erhält

$$E_{\text{pot}} = \frac{1}{2}EA \int_0^l (u')^2 \, dx \quad \text{oder} \quad E_{\text{pot}} = \frac{1}{2}EA \int_0^l (y')^2 \, dx \cdot w^2(t) \, .$$

Weiter ist

$$dE_{\text{kin}} = \frac{1}{2} \, dm(\dot{u}(x, t))^2 = \frac{1}{2}\rho A \, dx (\dot{u}(x, t))^2 \quad \Longrightarrow \quad E_{\text{kin}} = \frac{1}{2}\rho A \int_0^l (\dot{u})^2 \, dx$$

oder

$$E_{\text{kin}} = \frac{1}{2}\rho A \int_0^l y^2(x) \, dx \cdot \dot{w}^2(t) \, .$$

6 Die Wellengleichung des gedämpft schwingenden Stabs

Analog zur Saite kann man die DGL übernehmen, falls noch eine Dämpfung μ in $\frac{Ns}{m}$ hinzugenommen wird. Sie lautet

$$\frac{\partial^2 u}{\partial t^2} + b^2 \cdot \frac{\partial u}{\partial t} = c^2 \cdot \frac{\partial^2 u}{\partial x^2} \quad \text{mit} \quad c := \sqrt{\frac{E}{\rho}} \quad \text{und} \quad b := \sqrt{\frac{\mu}{\rho A}}.$$

Als Lösung erhält man (bei starker Dämpfung) im Fall des einseitig fest eingespannten Stabs

$$u(x,t) = \sum_{n=1}^{\infty} \sin\left(\frac{(2n-1)\cdot \pi}{2l} x\right) \cdot e^{-\frac{\mu}{2\rho A} \cdot t}$$
$$\cdot \left(a_n \cdot \sin\left(\frac{\sqrt{\left(\frac{\mu}{\rho A}\right)^2 - 4\left(\frac{(2n-1)c\cdot\pi}{2l}\right)^2}}{2} t\right) + b_n \cdot \cos\left(\frac{\sqrt{\left(\frac{\mu}{\rho A}\right)^2 - 4\left(\frac{(2n-1)c\cdot\pi}{2l}\right)^2}}{2} t\right) \right).$$

Die Koeffizienten werden durch die Randbedingungen bestimmt.

7 Freie Longitudinalschwingungen eines Stabs

Wirkt die Schwingung erzeugende Kraft einmalig, dann spricht man von freien Schwingungen. Zur Lösung von $\frac{\partial^2 u}{\partial t^2} = c^2 \cdot \frac{\partial^2 u}{\partial x^2}$ setzen wir wie bei der Saite $u(x, t) = v(x) \cdot w(t)$ an.

Es entsteht $v\ddot{w} = c^2 v'' w$ und $\frac{\ddot{w}}{w} = c^2 \frac{v''}{v}$. Weiter ist $v'' + \frac{\omega^2}{c^2} v = 0$ und $\ddot{w} + \omega^2 w = 0$.

Die Lösung des Ortsteils ist

$$v(x) = C_1 \sin(kx) + C_2 \cos(kx) \quad \text{mit} \quad k = \frac{\omega}{c}.$$

Für die Zeitlösung gilt $w(t) = D_1 \sin(\omega t) + D_2 \cos(\omega t)$.

Bevor wir die vollständige Lösung weiterbearbeiten, bestimmen wir zuerst Eigenfunktionen und Eigenfrequenzen für die drei Lagerungsmöglichkeiten eines Stabs.

1. Beidseitig fest eingespannter Stab (Abb. 7.1 links)

Die Randbedingungen sind
I. $u(0, t) = 0$ und II. $u(l, t) = 0$.

Aus I. folgt $v(0) = 0$ und daraus $C_2 = 0$. Aus II. folgt $v(l) = 0$ und daraus $\sin(kl) = 0$, was $kl = n\pi$, was die Eigenkreisfrequenzen $\omega_n = \frac{cn\pi}{l}$ nach sich zieht. Die zugehörigen Frequenzen lauten dann

$$f_n = \frac{\omega_n}{2\pi} = \frac{cn}{2l} = \frac{n}{2l}\sqrt{\frac{E}{\rho}}.$$

Die Eigenfunktionen sind

$$v_n(x) = \sin\left(\frac{n\pi}{l}x\right).$$

2. Einseitig fest eingespannt, anderseitig offenes Ende (Abb. 7.1 mitte)

Die Randbedingung lauten
I. $u(0, t) = 0$ und II. $u'(l, t) = 0$.

Wieder ist $C_2 = 0$. Die Randbedingung II. erzeugt $\cos(kl) = 0$, was zu $kl = \frac{(2n-1)}{2}\pi$ führt. Eigenfrequenzen und Eigenfunktionen haben dann die Gestalt

$$f_n = \frac{(2n-1)}{4l}\sqrt{\frac{E}{\rho}} \quad \text{und} \quad v_n(x) = \sin\left(\frac{(2n-1)\pi}{2l}x\right).$$

Abb. 7.1: Eigenformen und Eigenfrequenzen eines longitudinal schwingenden Stabs

3. Beidseitig offenes Ende (Balken, der an einer Schnur hängt) (Abb. 7.1 rechts)
Die Randbedingung sind
I. $u'(0, t) = 0$ und II. $u'(l, t) = 0$.

Aus I. folgt diesmal $v'(0) = 0$ und daraus $C_1 = 0$.
Die Randbedingung II. erzeugt $\sin(kl) = 0$.
Man erhält die Eigenfrequenzen

$$f_n = \frac{n}{2l}\sqrt{\frac{E}{\rho}}$$

und die Eigenfunktionen

$$v_n(x) = \cos\left(\frac{n\pi}{l}x\right).$$

Die vollständige Lösung für den zweiten Fall
Für den Fall eines einseitig fest eingespannten und anderseitig freien Stabs soll nun die vollständige Lösung berechnet werden. Dabei gehen wir von einem anfangs ruhenden Stab aus, was bedeutet, dass $D_1 = 0$ und somit der zeitliche Anteil $w(t) = D_2 \cos(\omega t)$ beträgt.

Die Gesamtlösung erhält dann die Gestalt

$$u(x, t) = \sum_{n=1}^{\infty} c_n \sin\left(\frac{(2n-1)\pi}{2l}x\right) \cos\left(\frac{(2n-1)\pi}{2l}ct\right).$$

Nun muss die Anfangsbedingung vorgegeben werden. Der Stab erfahre dazu einen kurzen Hammerschlag der Kraft F_0 am freien Ende. Für die relative Änderung an der Stelle l erhält man $\varepsilon(l) = \frac{\sigma}{E} = \frac{F_0}{EA}$. Mit $\varepsilon(l) = \frac{u(l,0)}{l}$ folgt

$$u(l, 0) = \frac{F_0 l}{EA} := u_l.$$

An der Stelle x beträgt die absolute Längenänderung $u(x, 0) = \frac{u_l}{l}x = \frac{F_0}{EA}x := g(x)$ zur Zeit $t = 0$. Eingesetzt ergibt sich

$$g(x) = \sum_{n=1}^{\infty} c_n \sin\left(\frac{(2n-1)\pi}{2l}x\right).$$

Wieder nutzen wir die Orthogonalität der Sinusfunktion aus:

$$\frac{2}{l}\int_0^l \sin\left(\frac{(2n-1)\pi}{2l}x\right) \sin\left(\frac{(2m-1)\pi}{2l}x\right) dx = 1$$

für $m = n$ und Null sonst. Damit werden die Koeffizienten zu

$$c_n = \frac{2}{l}\int_0^l g(x) \cdot \sin\left(\frac{(2n-1)\pi}{2l}x\right) dx.$$

Für unser Beispiel gilt es,

$$c_n = \frac{2u_l}{l^2} \int_0^l x \cdot \sin\left(\frac{(2n-1)\pi}{2l}x\right) dx$$

zu berechnen.

Man erhält dafür

$$c_n = \frac{2u_l}{l^2} \cdot \frac{4l^2(-1)^{n+1}}{(2n-1)^2\pi^2} = \frac{8u_l(-1)^{n+1}}{(2n-1)^2\pi^2}.$$

Damit lautet die gesuchte Lösung

$$u(x,t) = \frac{8u_l}{\pi^2} \sum_{n=1}^{\infty} \frac{(-1)^{n+1}}{(2n-1)^2} \sin\left(\frac{(2n-1)\pi}{2l}x\right) \cos\left(\frac{(2n-1)\pi}{2l}ct\right).$$

8 Erzwungene Longitudinalschwingungen eines Stabs

Gegeben sei der einseitig fest eingespannte Stab (Abb. 8.1 links). Man kann diesen auf verschiedene Arten zum Schwingen anregen. Beispielsweise schlägt man mit einem Hammer in gleichen Zeitabständen kurz auf eines der Enden. Will man mit einer großen Frequenz arbeiten, umwickelt man den Stab mit einem Draht, durch den man einen Wechselstrom schickt.

Das induzierte wechselnde Magnetfeld erzeugt seinerseits eine (Lorenz)-Kraft parallel zum Stab, welche diesen zum Schwingen anregt. Das ist die Funktionsweise einer Quarzuhr.

Die allgemeine Lösung des Problems setzt sich aus einer partikulären Lösung der inhomogenen Gleichung und der allgemeinen Lösung der homogenen Gleichung zusammen. Die inhomogene Lösung beeinflusst nur den Einschwingzustand. Sie klingt aufgrund der immer vorhandenen Dämpfung mit der Zeit ab: $u(x,t) = u_p(x,t) + u_h(x,t)$.

Für die partikuläre Lösung machen wir den Ansatz

$$u_p(x,t) = v(x) \cdot \cos(\varphi t).$$

Eingesetzt in die Wellengleichung $\frac{\partial^2 u}{\partial t^2} = c^2 \cdot \frac{\partial^2 u}{\partial x^2}$ ergibt das

$$-\varphi^2 v(x) \cdot \cos(\varphi t) = c^2 \cdot v''(x) \cdot \cos(\varphi t).$$

Somit ist die DGL für die Ortsfunktion

$$v''(x) + \left(\frac{\varphi}{c}\right)^2 v(x) = 0 \quad \text{mit} \quad c = \sqrt{\frac{E}{\rho}}$$

und der Lösung

$$v(x) = \left(C_1 \cdot \sin\left(\frac{\varphi}{c}x\right) + C_2 \cdot \cos\left(\frac{\varphi}{c}x\right)\right)\cos(\varphi t).$$

Die Gesamtlösung inklusive der homogenen Lösung (mit Dämpfung) wäre eigentlich

$$u(x,t) = \left(C_1 \cdot \sin\left(\frac{\varphi}{c}x\right) + C_2 \cdot \cos\left(\frac{\varphi}{c}x\right)\right)\cos(\varphi t) + \sum_{n=1}^{\infty} \sin\left(\frac{(2n-1)\cdot\pi}{2l}x\right) \cdot e^{-\frac{\mu}{2\rho A}\cdot t}$$
$$\cdot \left(a_n \cdot \sin\left(\frac{\sqrt{\left(\frac{\mu}{\rho A}\right)^2 - 4\left(\frac{(2n-1)c\cdot\pi}{2l}\right)^2}}{2}t\right) + b_n \cdot \cos\left(\frac{\sqrt{\left(\frac{\mu}{\rho A}\right)^2 - 4\left(\frac{(2n-1)c\cdot\pi}{2l}\right)^2}}{2}t\right)\right).$$

a_n und b_n könnten aus den Anfangsbedingungen bestimmt werden.

Uns interessiert nur die Lösung nach der Einschwingzeit:

$$u_p(x,t) = \left(C_1 \cdot \sin\left(\frac{\varphi}{c}x\right) + C_2 \cdot \cos\left(\frac{\varphi}{c}x\right)\right)\cos(\varphi t).$$

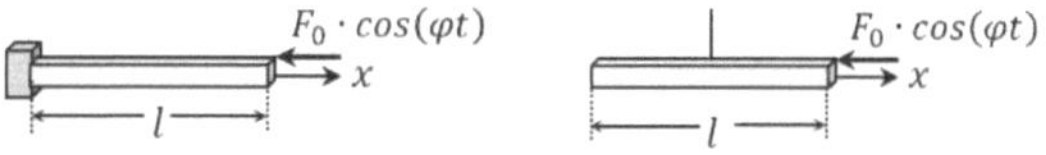

8 Erzwungene Longitudinalschwingungen eines Stabs

Abb. 8.1: Skizzen zu den erzwungenen Longitudinalschwingungen eines Stabs

Die Randbedingungen lauten (Anfangsbedingungen betreffen nur die homogene Lösung)
I. $u(0, t) = 0 \implies v(0) = 0 \implies C_2 = 0$ und
II. Es ist $u'(l, t) \neq 0$, denn die Kraft am Ende ist ja vorgegeben.

Deswegen lautet die zweite Randbedingung

$$F(l, t) = EA \cdot u'(l, t) = F_0 \cdot \cos(\varphi t) \implies u'(l, t) = \frac{F_0}{EA} \cos(\varphi t).$$

Eingesetzt erhält man $C_1 \frac{\varphi}{c} \cos(\frac{\varphi}{c}l) \cos(\varphi t) = \frac{F_0}{EA} \cos(\varphi t)$. Somit ist

$$C_1 = \frac{F_0}{EA \frac{\varphi}{c} \cos\left(\frac{\varphi}{c}l\right)}.$$

Dann lautet die Lösung

$$u_p(x, t) = \frac{F_0}{EA \frac{\varphi}{c} \cos\left(\frac{\varphi}{c}l\right)} \cdot \sin\left(\frac{\varphi}{c}x\right) \cos(\varphi t).$$

Insbesondere interessiert die Amplitude für $x = l$, also

$$v(l) = \frac{F_0 \cdot \sin\left(\frac{\varphi}{c}l\right)}{EA \frac{\varphi}{c} \cos\left(\frac{\varphi}{c}l\right)} = \frac{F_0 c}{EA \varphi c} \cdot \tan\left(\frac{\varphi}{c}l\right).$$

Diese Amplitude wird maximal, wenn der Nenner Null ist, d. h. für $\cos(\frac{\varphi}{c}l) = 0 \Leftrightarrow \frac{\varphi}{c}l = (2n - 1) \cdot \frac{\pi}{2}$, $n \in \mathbb{N}$. Damit erhalten wir $\varphi_n = \frac{c}{l}(2n - 1) \cdot \frac{\pi}{2}$ und schließlich für die Frequenzen

$$f_n = \frac{(2n - 1)}{4l} \sqrt{\frac{E}{\rho}},$$

was genau den Eigenfrequenzen dieses Stabs entspricht. Dies ist die bekannte Resonanzkatastrophe.

Für $\varphi \to 0$ geht die Lösung wieder in die statische der freien Schwingung über:

$$\lim_{\varphi \to 0} \frac{F_0}{EA \frac{\varphi}{c} \cos\left(\frac{\varphi}{c}l\right)} \cdot \sin\left(\frac{\varphi}{c}x\right) \cos(\varphi t) = \lim_{\varphi \to 0} \frac{F_0}{EA \frac{\varphi}{c}} \cdot \sin\left(\frac{\varphi}{c}x\right) = \frac{F_0}{EA} \cdot x = \frac{u_l}{l} x.$$

Nun gehen wir zum beidseitig freien Stab über (Abb. 8.1 rechts). Die Randbedingungen lauten
I. $u'(0, t) = 0$ und   II. $F(l, t) = EA \cdot u'(l, t) = F_0 \cdot \cos(\varphi t)$

Aus I. folgt diesmal $v(0) = 0 \implies C_1 = 0$. II. liefert abermals $u'(l, t) = \frac{F_0}{EA} \cos(\varphi t)$.

Beides setzen wir in den Ansatz

$$u_p(x,t) = \left(C_1 \cdot \sin\left(\frac{\varphi}{c}x\right) + C_2 \cdot \cos\left(\frac{\varphi}{c}x\right)\right)\cos(\varphi t)$$

ein, was zu $-C_2 \frac{\varphi}{c} \sin(\frac{\varphi}{c}l) \cos(\varphi t) = \frac{F_0}{EA} \cos(\varphi t)$ und schließlich

$$C_2 = -\frac{F_0}{EA \frac{\varphi}{c} \sin\left(\frac{\varphi}{c}l\right)}$$

führt. Dann lautet die Lösung

$$u_p(x,t) = \frac{F_0}{EA \frac{\varphi}{c} \sin\left(\frac{\varphi}{c}l\right)} \cdot \cos\left(\frac{\varphi}{c}x\right) \cos(\varphi t).$$

Die sogenannten dynamischen Lösungen für eine in diesem Fall periodisch wirkende Kraft sind somit bekannt. Wir wollen dieselben Lösungen als Reihenentwicklung herleiten und sie mit der statischen Lösung vergleichen.

Wir gehen aus von der DGL

$$v''(x) + \left(\frac{\varphi}{c}\right)^2 v(x) = 0. \tag{8.1}$$

Für die Verschiebung multiplizieren wir diese DGL mit einer beliebigen Funktion $z(x)$ mit $z(0) = 0$ und integrieren über die Stablänge:

$$\int_0^l zv'' \, dx + \left(\frac{\varphi}{c}\right)^2 \int_0^l zv \, dx = 0.$$

Für das linke Integral benutzen wir partielle Integration:

$$\int_0^l zv'' \, dx = [zv']_0^l - \int_0^l z'v' \, dx = z(l)v'(l) - z(0)v'(0) - \int_0^l z'v' \, dx.$$

Aufgrund der Voraussetzung $z(0) = 0$ wird daraus

$$\int_0^l zv'' \, dx = z(l)v'(l) - \int_0^l z'v' \, dx.$$

Weiter gilt $v'(l) = \frac{dv}{dx}(l) = \varepsilon(l) = \frac{\sigma(l)}{E} = \frac{F_0}{AE}$. Dann ist

$$\int_0^l zv'' \, dx = z(l)\frac{F_0}{AE} - \int_0^l z'v' \, dx.$$

Insgesamt erhält man

$$\int_0^l z'v' \, dx - \left(\frac{\varphi}{c}\right)^2 \int_0^l zv \, dx = z(l)\frac{F_0}{EA}. \tag{8.2}$$

Dies bezeichnet man als schwache Formulierung (SF) der Gleichung (8.1). Jede Lösung $z(x)$ von (8.2) ist auch Lösung von (8.1). In der SF erscheint nur die 1. Ableitung von v. Damit ist sie für numerische Verfahren einfacher zu handhaben als Gleichung (8.1).

Im Fall einer freien Schwingung ist $\varphi = \omega$ und $F_0 = 0$. Gleichung (8.2) reduziert sich dann zu

$$\int_0^l z' v_n' \, dx - \left(\frac{\omega_n}{c}\right)^2 \int_0^l z v_n \, dx = 0 \, .$$

Wird insbesondere $z = v_n$ gewählt, so ergibt sich

$$\int_0^l (v_n')^2 \, dx = \left(\frac{\omega_n}{c}\right)^2 \int_0^l v_n^2 \, dx = k_n^2 \frac{l}{2} \, . \tag{8.3}$$

Dies gilt für jede der drei Eigenfunktionen

$$v_n(x) = \sin\left(\frac{n\pi}{l}x\right), \sin\left(\frac{(2n-1)\pi}{2l}x\right), \cos\left(\frac{n\pi}{l}x\right)$$

einer freien Stabschwingung.

Weiter benutzen wir die Tatsache, dass sich jede Verschiebung $v(x)$ mit $z(0) = 0$ in Eigenfunktionen um Null entwickeln lässt: $v(x) = \sum_{n=1}^{\infty} d_n v_n(x)$. Nimmt man speziell $z(x) = v(x)$, setzt man dies in (8.2) ein, unter Benutzung von (8.3), dann folgt

$$\sum_{n=1}^{\infty} d_n \left[\int_0^l (v_n')^2 \, dx - \left(\frac{\varphi}{c}\right)^2 \int_0^l v_n^2 \, dx\right] = \frac{F_0}{EA} \sum_{n=1}^{\infty} c_n v_n(l) \, .$$

Somit müssen die einzelnen Koeffizienten gleich sein:

$$d_n \frac{l}{2}\left[\left(\frac{\omega_n}{c}\right)^2 - \left(\frac{\varphi}{c}\right)^2\right] = \frac{F_0}{EA} v_n(l) \implies d_n[\omega_n^2 - \varphi^2] = \frac{2u_l}{l^2} c^2 v_n(l)$$

$$\implies d_n = \frac{\frac{2u_l}{l^2}\left(\frac{c}{\omega_n}\right)^2 v_n(l)}{1 - \left(\frac{\varphi}{\omega_n}\right)^2} = \frac{2u_l}{l^2}\left(\frac{c}{\omega_n}\right)^2 V(\omega_n) v_n(l) \, .$$

$V(\omega_n) := 1/(1 - (\frac{\varphi}{\omega_n})^2)$ heißt Vergrößerungsfaktor (vgl. 2. Band).

Für den einseitig fest eingespannten Stab sind die Eigenfunktionen $v_n(x) = \sin(\frac{(2n-1)\pi}{2l}x)$ und die Eigenkreisfrequenzen $\omega_n = \frac{(2n-1)c\pi}{2l}$.
Dann folgt

$$d_n = \frac{2u_l}{l^2}\left(\frac{2l}{(2n-1)\pi}\right)^2 (-1)^{n+1} V(\omega_n) = \frac{8u_l(-1)^{n+1}}{(2n-1)^2 \pi^2} V(\omega_n) = c_n V(\omega_n) \, .$$

Die c_n sind aber nichts anderes als die Koeffizienten der statischen Lösung. Sie werden mit dem Vergrößerungsfaktor multipliziert. Dieser gibt für jede Mode den Beitrag zur Gesamtverschiebung an. (Für den beidseitig fest eingespannten Stab existiert keine erzwungene Schwingung dieser Art.)

8 Erzwungene Longitudinalschwingungen eines Stabs

Ränder	$v_n(x)$	$v_n(l)$	ω_n	c_n	d_n
fest, frei	$\sin\left(\dfrac{(2n-1)\pi}{2l}x\right)$	$(-1)^{n+1}$	$\dfrac{(2n-1)c\pi}{2l}$	$\dfrac{8u_l(-1)^{n+1}}{(2n-1)^2\pi^2}$	$\dfrac{8u_l(-1)^{n+1}}{(2n-1)^2\pi^2}\cdot\dfrac{1}{1-\left(\frac{\varphi}{\omega_n}\right)^2}$
frei, frei	$\cos\left(\dfrac{n\pi}{l}x\right)$	$(-1)^n$	$\dfrac{nc\pi}{l}$	$\dfrac{2u_l(-1)^n}{n^2\pi^2}$	$\dfrac{2u_l(-1)^n}{n^2\pi^2}\cdot\dfrac{1}{1-\left(\frac{\varphi}{\omega_n}\right)^2}$

Die Gesamtlösungen besitzen damit die Gestalt

$$u(x,t) = \frac{8u_l}{\pi^2}\sum_{n=1}^{\infty}\frac{(-1)^{n+1}}{(2n-1)^2}\frac{1}{1-\left(\frac{\varphi}{\omega_n}\right)^2}\sin\left(\frac{(2n-1)\pi}{2l}x\right)\cos(\varphi t)$$

$$= 8u_l c^2 \sum_{n=1}^{\infty}\frac{(-1)^{n+1}}{((2n-1)c\pi)^2 - (2l\varphi)^2}\sin\left(\frac{(2n-1)\pi}{2l}x\right)\cos(\varphi t)$$

bzw.

$$u(x,t) = \frac{2u_l}{\pi^2}\sum_{n=1}^{\infty}\frac{(-1)^n}{n^2}\frac{1}{1-\left(\frac{\varphi}{\omega_n}\right)^2}\cos\left(\frac{n\pi}{l}x\right)\cos(\varphi t)$$

$$= 2u_l c^2 \sum_{n=1}^{\infty}\frac{(-1)^n}{(nc\pi)^2 - (l\varphi)^2}\cos\left(\frac{n\pi}{l}x\right)\cos(\varphi t)$$

Schließlich zeigen wir noch, dass die Reihenlösung mit der oben bestimmten Lösung übereinstimmt:

$$8u_l c^2 \sum_{n=1}^{\infty}\frac{(-1)^{n+1}}{((2n-1)c\pi)^2 - (2l\varphi)^2}\sin\left(\frac{(2n-1)\pi}{2l}x\right)\cos(\varphi t)$$

$$= \frac{F_0}{EA\frac{\varphi}{c}\cos\left(\frac{\varphi}{c}l\right)}\cdot\sin\left(\frac{\varphi}{c}x\right)\cos(\varphi t).$$

Beweis. Dazu entwickeln wir $\sin(\frac{\varphi}{c}x)$ nach den Eigenfunktionen um $x=0$:

$$\sin\left(\frac{\varphi}{c}x\right) = \sum_{n=1}^{\infty} a_n \sin\left(\frac{(2n-1)\pi}{2l}x\right).$$

Die Koeffizienten sind

$$a_n = \frac{2}{l}\int_0^l \sin\left(\frac{\varphi}{c}x\right)\sin\left(\frac{(2n-1)\pi}{2l}x\right)dx$$

$$= 4(-1)^{n+1}\cos\left(\frac{\varphi}{c}l\right)\varphi l$$

$$\cdot\left[\frac{1}{(2n-1)\pi[(2n-1)c\pi + 2l\varphi]} + \frac{1}{(2n-1)\pi[(2n-1)c\pi - 2l\varphi]}\right].$$

Somit erhält man

$$\sin\left(\frac{\varphi}{c}x\right) = \sum_{n=1}^{\infty} \frac{8(-1)^{n+1} \cos\left(\frac{\varphi}{c}l\right) c\varphi l}{((2n-1)c\pi)^2 - (2l\varphi)^2} \sin\left(\frac{(2n-1)\pi}{2l}x\right).$$

Schließlich folgt die Behauptung:

$$\frac{F_0}{EA\frac{\varphi}{c}\cos\left(\frac{\varphi}{c}l\right)} \cdot \sin\left(\frac{\varphi}{c}x\right) = 8u_l c^2 \sum_{n=1}^{\infty} \frac{4(-1)^{n+1} c^2}{((2n-1)c\pi)^2 - (2l\varphi)^2} \sin\left(\frac{(2n-1)\pi}{2l}x\right). \quad \square$$

Dasselbe zeigt man für den beidseits freien Stab (siehe Übung 4).

Aufgabe
Bearbeiten Sie die Übung 4.

9 Die Wellengleichung für Torsionsschwingungen eines kreisrunden Stabs

Dazu betrachten wir Abb. 9.1. Für das durch den Winkel $\varphi(x,t)$ erzeugte zusätzliche Drehmoment dM gilt

$$dJ \cdot \ddot{\varphi} = dM \quad \Longrightarrow \quad \rho \cdot I_p \cdot dx \cdot \frac{\partial^2 \varphi}{\partial t^2} = dM \quad (I_p: \text{polares Flächenmoment}).$$

Man erhält $\rho \cdot I_p \cdot \frac{\partial^2 \varphi}{\partial t^2} = \frac{dM}{dx}$. Für $dx \to 0$ folgt

$$\rho \cdot I_p \cdot \frac{\partial^2 \varphi}{\partial t^2} = M'(x,t).$$

Bei der Herleitung des Torsionspendels erhielten wir den Zusammenhang $\varphi'(x) = \frac{M(x)}{G \cdot I_t}$ mit G: Schub- oder Torsionsmodul und I_t: Torsionsträgheitsmoment.

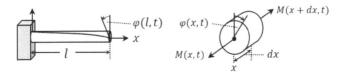

Abb. 9.1: Skizzen zur Torsionsschwingung eines kreisrunden Stabs

Für Kreise und Kreisringe stimmen I_t und I_p überein. Somit ist $\varphi'(x) = \frac{M(x)}{G \cdot I_p}$. Daraus folgt

$$\frac{\partial^2 \varphi}{\partial x^2} = \frac{M'(x,t)}{G \cdot I_p}.$$

Zusammen ergibt das

$$\rho \cdot I_p \cdot \frac{\partial^2 \varphi}{\partial t^2} = G \cdot I_p \cdot \frac{\partial^2 \varphi}{\partial x^2}.$$

Schließlich folgt die Wellengleichung für Torsionsschwingungen eines kreisrunden Stabes

$$\frac{\partial^2 \varphi}{\partial t^2} = c^2 \cdot \frac{\partial^2 \varphi}{\partial x^2}$$

mit der Schallgeschwindigkeit $c = \sqrt{\frac{G}{\rho}}$ (G: Schubmodul, ρ: Dichte).

Aufgabe
Bearbeiten Sie die Übung 5.

Mit $E = 2G(1 + v)$ erhält man

$$c = \sqrt{\frac{E}{2(1 + v)\rho}} \, .$$

9.1 Die Energien bei Torsionsschwingungen

Im Gegensatz zum 2. Band geht es hier nur um die Energien des Stabs selber. Im 2. Band wurde gezeigt:

$$E_{\text{pot}} = \frac{1}{2} G I_p \int_0^l (y')^2 \, dx \quad (I_p: \text{polares Flächenmoment}).$$

Für die Zeitabhängigkeit wird die Formel mit $\dot{w}^2(t)$ multipliziert (oder man ersetzt $y(x)$ durch $u(x, t) = y(x)w(t)$) und erhält

$$E_{\text{pot}} = \frac{1}{2} G I_p \int_0^l (u')^2 \, dx \quad \text{oder} \quad E_{\text{pot}} = \frac{1}{2} G I_p \int_0^l (y')^2 \, dx \cdot w^2(t) \, .$$

Weiter wurde bewiesen

$$E_{\text{kin Draht}} = \frac{1}{2} \rho I_p \int_0^l (\dot{y})^2 \, dx \, .$$

Analog ergibt sich

$$E_{\text{kin}} = \frac{1}{2} \rho I_p \int_0^l (\dot{u})^2 \, dx \quad \text{oder} \quad E_{\text{kin}} = \frac{1}{2} \rho I_p \int_0^l y^2 \, dx \cdot \dot{w}^2(t) \, .$$

10 Die Wellengleichung für Schubschwingungen eines Balkens

Der Balken mit der Querschnittsfläche A stehe unter einer Schubspannung $\tau = \frac{F}{A}$ (Abb. 10.1).

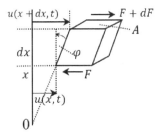

Abb. 10.1: Skizze zur Schubschwingung eines Balkens

Es gilt das Newton'sche Gesetz $dm \cdot \ddot{u} = dF$. Daraus erhält man

$$\rho A \cdot dx \cdot \frac{\partial^2 u}{\partial t^2} = \frac{\partial F}{\partial x} \cdot dx \, .$$

Nach dem Hooke'schen Gesetz ist $\tau = G \cdot \varphi$, also $\varphi = \frac{\tau}{G} = \frac{F}{GA}$.
Andererseits gilt für die relative Auslenkung

$$\varphi = \frac{\partial u}{\partial x} \, .$$

Somit erhält man

$$\frac{\partial^2 u}{\partial x^2} = \frac{1}{GA} \cdot \frac{\partial F}{\partial x} = \frac{\rho}{G} \cdot \frac{\partial^2 u}{\partial t^2}$$

und schließlich die Wellengleichung für Schubschwingungen eines Balkens

$$\frac{\partial^2 u}{\partial t^2} = c^2 \cdot \frac{\partial^2 u}{\partial x^2}$$

mit der Schallgeschwindigkeit $c = \sqrt{\frac{G}{\rho}}$ (G: Schubmodul, ρ: Dichte).

Bemerkungen. 1. Es ist $E = 2G(1 + \nu)$ und $\varphi \neq \varepsilon$, denn das eine ist eine Dehnung, das andere ein Schub, eine Torsion oder Scherung des Materials. Für Stahl ist $E = 2{,}1 \cdot 10^{11} \, \frac{N}{m^2}$, $G = 8{,}2 \cdot 10^{10} \, \frac{N}{m^2}$. Es braucht also weniger Kraft, um einen Stab zu tordieren als ihn zu biegen.
2. Freie und erzwungene Schwingungen verlaufen exakt gleich wie beim Stab, weil allen dieselbe Bewegungsgleichung zugrunde liegt.

Anwendung: Scherwellen an Gebäuden

Wir betrachten das Modell eines mehrstöckigen Hauses, das in Schwingung versetzt wird (Abb. 10.2 links). Es seien nur die beiden Seitenwände vorhanden. Durch Bewegung der Decken nehmen die Wände dann eine gewisse Biegelinie an. Die Wände besitzen die Länge l und die Biegesteifigkeit EI.

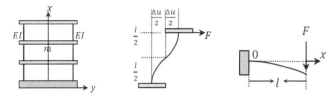

Abb. 10.2: Skizzen zu den Scherwellen an Gebäuden

Die Decken haben alle die gleiche Masse m (Die Wände sind masselos!).

Wirkt die Kraft F auf eine Decke, so nehmen die Wände eine Biegelinie in S-Form an (Abb. 10.2 mitte). An ihrem Wendepunkt gespiegelt, entspricht diese Form einem einseitig fest eingespannten Balken, an dessen Ende die Kraft F wirkt. Δu ist die gesamte Auslenkung des Balkens.

In der zugehörigen Biegelinie (Abb. 10.2 rechts) erhält man für die größte Durchbiegung $u_{Max} = \frac{Fl^3}{3EI}$ (siehe 2. Band, Übungsteil). In unserem Beispiel ist $l \to \frac{l}{2}$.

Das ergibt $\frac{\Delta u}{2} = \frac{F}{3EI}(\frac{l}{2})^3$ und schließlich $\Delta u = \frac{Fl^3}{12EI}$.

Als Nächstes linearisieren wir die Querverschiebung Δu und die Zunahme der Querkraft ΔF: $\Delta u = \frac{\partial u}{\partial x}l$, $\Delta F = \frac{\partial F}{\partial x}l$. Es gilt das 2. Newton'sche Gesetz $m \cdot \frac{\partial^2 u}{\partial t^2} = \Delta F = \frac{\partial F}{\partial x}l$.

Nach obiger Rechnung ist $\Delta u = \frac{Fl^3}{12EI}$. Dann folgt

$$\frac{\partial^2 u}{\partial x^2}l = \frac{\Delta u}{dx} = \frac{l^3}{12EI}\frac{\partial F}{\partial x} = \frac{l^2}{12EI}\frac{\partial F}{\partial x}l = \frac{ml^2}{12EI} \cdot \frac{\partial^2 u}{\partial t^2}$$

und schließlich die Wellengleichung $\frac{\partial^2 u}{\partial t^2} = c^2 \cdot \frac{\partial^2 u}{\partial x^2}$.

Die Ausbreitungsgeschwindigkeit der Scherwellen für dieses Hausmodell beträgt

$$c = \sqrt{\frac{12EI}{ml}}.$$

Dies ist kein allgemeines Ergebnis. Es gilt nur für dieses Haus. Schließlich ist c ja von materialunspezifischen Größen wie I, l und die Masse m der Decke abhängig.

Will man ein zuverlässiges oder allgemeines Ergebnis der Ausbreitung von Scherwellen oder auch S-Wellen (Sekundärwellen) erhalten, muss man den Ausdruck der allgemeinen Ausbreitung $c = \sqrt{\frac{G}{\rho}}$ nehmen. Für Beton gilt $G = 1,2 \cdot 10^{10}\,\frac{N}{m^2}$, $\rho = 1,5 \cdot 10^3\,\frac{kg}{m^3}$.

Das ergibt $c = 2828\,\frac{m}{s}$.

Schubschwingungen treten z. B. im Zusammenhang mit Kupplungen auf, wenn die Scheiben der Kupplung nicht reibungsfrei aneinanderhaften. Dann kommt es zu wechselnden, periodischen Momentübertragungen an den Antriebsstrang (Rohrform). Damit können die Eigenfrequenzen dieses Rohrs angeregt werden. Es entstehen Longitudinalschwingungen, das Fahrzeug beginnt zu rupfen, die Karosserie schwingt vor und zurück.

Typische Eigenfrequenzen sind 8–12 Hz, was einer Motorendrehzahl von $480\,\frac{U}{min} - 720\,\frac{U}{min}$ entspricht. Kupplungen sind die anfälligsten Bauteile eines Pkw.

Aufgabe
Bearbeiten Sie die Übung 6.

11 Die Wellengleichung für Druckschwingungen von Gassäulen

Obwohl dieser Band eigentlich der Dynamik von Festkörpern gewidmet ist, soll die Wellengleichung für Gassäulen hier Platz finden. Genauere Ausführungen folgen im Zusammenhang mit der Wärmeleitung im 4. Band.

Vorbereitung: Adiabatische Zustandsänderung, Poisson'sches Gesetz
Zuerst einige Begriffe unter Verwendung des Modells „ideales Gas", also $\frac{pV}{T} = Nk =$ konst.:

- isochor: $V = $ konst. $\implies \frac{p}{T} = $ konst.
- isobar: $p = $ konst. $\implies \frac{V}{T} = $ konst.
- isotherm: $T = $ konst. $\implies pV = $ konst.

Nun fragt sich, ob und wie der Zusammenhang für eine adiabatische Zustandsänderung aussieht. Bei dieser Art wird keine Wärme mit der Umgebung ausgetauscht. Dies kann man durch gute Isolation erreichen, oder der Prozess läuft so schnell ab, dass die Zeit für einen Wärmeaustausch nicht ausreicht.

Der 1. Hauptsatz der Thermodynamik lautet $dU = \Delta Q + \Delta W$ (Energieerhaltung), Änderung der inneren Energie = Änderung der Wärme + Änderung der Arbeit (am System).

Bei einem adiabatischen Prozess reduziert sich die Gleichung zu $dU = \Delta W$.

a. Adiabatische Expansion
Das Gas dehnt sich aus, das Volumen wird größer. Dabei verringert sich die innere Energie des Gases. Die Temperatur und der Druck des Gases sinken. Die Änderung der inneren Energie ist gleich der vom System verrichteten Arbeit. Innere Energie geht verloren:
$$dU = \Delta W \; (\Delta W < 0).$$

b. Adiabatische Kompression
Das Gas wird zusammengedrückt. Dazu wird innere Arbeit verrichtet, das Volumen verringert sich. Die Temperatur und der Druck des Gases steigen. Die dabei entstehende Wärme wird vollständig in innere Energie des Gases umgewandelt. Innere Energie kommt hinzu:
$$\Delta W = dU \; (dU > 0).$$

Unter Verwendung des Modells „ideales Gas" wird der adiabatische Übergang gedanklich in zwei Teilprozesse zerlegt, die beide natürlich gleichzeitig ablaufen, 1. isochor

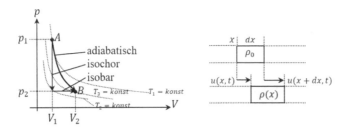

Abb. 11.1: Skizzen zur Wellengleichung einer Gassäule

und 2. isobar (Abb. 11.1 links). Für die Werte in den Punkten A und B gilt $p_1 \cdot V_1^\kappa = p_2 \cdot V_2^\kappa$ ($W = \int p\, dV$ gilt hier nicht, nur für $T = konst.$).

1. Druck und Temperatur ändern sich, somit auch die Wärme dU. Es gilt $dU = c_V \cdot m \cdot dT_V$, c_V: Wärmekapazität bei konstantem Volumen. Für ein ideales Gas ist $\frac{dp \cdot V}{dT_V} = konst. = N \cdot k$, k: Boltzmann-Konstante, N: Teilchenzahl

$$\Longrightarrow \quad dU = c_V \cdot m \cdot \frac{dp \cdot V}{N \cdot k}\,.$$

2. Volumen und Temperatur ändern sich, das Gas verrichtet (Volumen-)Arbeit. Es gilt $\Delta W = -c_p \cdot m \cdot dT_p$, c_p: Wärmekapazität bei konstantem Druck. Für ein ideales Gas ist $\frac{p \cdot dV}{dT_V} = konst. = N \cdot k$, k: Boltzmann-Konstante, N: Teilchenzahl

$$\Longrightarrow \quad \Delta W = -c_p \cdot m \cdot \frac{p \cdot dV}{N \cdot k}\,.$$

Aus beiden Gleichungen folgt $c_V \cdot dp \cdot V + c_p \cdot p \cdot dV = 0$. Man definiert $\kappa = \frac{c_p}{c_V}$ als den adiabatischen Koeffizienten. Dann schreibt sich die Gleichung als $\frac{dp}{p} + \kappa \cdot \frac{dV}{V} = 0$. Daraus wird

$$\int \frac{dp}{p} + \kappa \cdot \int \frac{dV}{V} = 0\,.$$

Das ergibt $\ln p + \kappa \cdot \ln V = konst.$ $\Longrightarrow$ $\ln(p \cdot V^\kappa) = konst.$ und schließlich die Poisson'sche Gleichung $p \cdot V^\kappa = konst.$

Nun zur Wellengleichung (Abb. 11.1 rechts): Im Ruhestand habe das Gas die Dichte ρ_0 und den Druck p_0. Im ausgelenkten Zustand bezeichnet $p(x)$ den Druck an der Stelle x. $u(x,t)$ ist die Verschiebung der Säule. Zuerst vergleichen wir $\rho(x)$ mit ρ_0. Da die Masse erhalten bleibt, ist

$$\rho_0 A \cdot dx = \rho(x) A (dx + u(x+dx) - u(x))\,.$$

Daraus wird

$$\rho_0 \cdot dx = \rho(x)\left(dx + \frac{\partial u}{\partial x} dx + \cdots\right) \approx \rho(x) \cdot dx \left(1 + \frac{\partial u}{\partial x}\right)$$

und schließlich

$$\rho(x) = \rho_0 \left(1 + \frac{\partial u}{\partial x}\right)^{-1}\,.$$

Nach dem Newton'schen Gesetz erhalten wir $dm \cdot \ddot{u} = -dF = -A \cdot dp$ und demnach $\rho_0 A \cdot dx \cdot \frac{\partial^2 u}{\partial t^2} = -A \cdot \frac{\partial p}{\partial x} dx$. Nun vergleichen wir $p(x)$ mit p_0.

Aus der Poissongleichung $p \cdot V^\kappa$ erhält man

$$p_0 \cdot V_0^\kappa = p \cdot V^\kappa \quad \text{oder} \quad p_0 \cdot \left(\frac{m_0}{\rho_0}\right)^\kappa = p \cdot \left(\frac{m}{\rho}\right)^\kappa.$$

Da $m = m_0$ ist, folgt

$$p(x) = p_0 \left(\frac{\rho(x)}{\rho_0}\right)^\kappa = p_0 \left(1 + \frac{\partial u}{\partial x}\right)^{-\kappa}.$$

Wir betrachten nur kleine Druckschwankungen, deswegen beachten wir in der Taylorentwicklung nur noch den linearen Term: $p(x) = p_0(1 - \kappa \frac{\partial u}{\partial x} + \cdots)$.

Dann ist $\frac{\partial p}{\partial x} = -\kappa p_0 \frac{\partial^2 u}{\partial x^2}$. Dies setzen wir in die Bewegungsgleichung ein.

Es folgt $\rho_0 \frac{\partial^2 u}{\partial t^2} = \kappa p_0 \frac{\partial^2 u}{\partial x^2}$ und schließlich die Wellengleichung für Druckschwingungen von Gassäulen

$$\frac{\partial^2 u}{\partial t^2} = \frac{\kappa p_0}{\rho_0} \cdot \frac{\partial^2 u}{\partial x^2}$$

mit der Schallgeschwindigkeit $c = \sqrt{\kappa \frac{p_0}{\rho_0}} = \sqrt{\kappa R_s T}$, R_s = spez. Gaskonstante.

Zum Beispiel wäre die Schallgeschwindigkeit von Luft bei 0 °C und den zugehörigen Werten $\rho_0 = 1{,}293 \, \frac{\text{kg}}{\text{m}^3}$, $p_0 = 101.325$ Pa, $\kappa = 1{,}4$,

$$c_{\text{Schall}} = 331{,}22 \, \frac{\text{m}}{\text{s}}.$$

Als Zusatz noch eine Liste der Arbeitsbeträge für die vier Zustandsänderungen:
1. isotherm:

$$T = konst. \quad \Delta W = p \cdot dV \quad \Longrightarrow \quad W = \int_{V_1}^{V_2} \frac{NkT}{V} dV = NkT \cdot \ln\left(\frac{V_2}{V_1}\right)$$

2. isochor:

$$V = konst. \quad dU = m \cdot c_V \cdot \frac{dp \cdot V}{N \cdot k} \quad \Longrightarrow \quad U = \frac{m \cdot c_V}{N \cdot k} V(p_1 - p_2)$$

3. isobar:

$$p = konst. \quad \Delta W = -m \cdot c_p \cdot \frac{p \cdot dV}{N \cdot k} \quad \Longrightarrow \quad W = -\frac{m \cdot c_p}{N \cdot k} p(V_2 - V_1)$$

4. adiabatisch: $p \cdot V^\kappa = konst. \Longrightarrow W = U$

Beispiele für Druckschwankungen sind Singen, Händeklatschen, Explosionen usw. Aber auch das Aufreißen der Wohnungstür lässt das leicht offene Fenster zuschlagen.

12 Die Wellengleichung für den ungedämpft schwingenden Balken

Bei der Herleitung der schwingenden Saite wurde eine Biegesteifigkeit von $EI = 0$ vorausgesetzt. Dies ist beim Balken nun nicht mehr der Fall (Abb. 12.1).

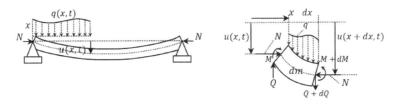

Abb. 12.1: Skizzen zur Wellengleichung eines ungedämpft schwingenden Balkens

Es ist $u(x, t)$: Verschiebung der Balkenmitte, $q(x, t)$: Äußere orts- und zeitabhängige Streckenlast (als Kraft pro Längeneinheit), N: Normalkraft im Balken, Q: Querkraft am Balken, EI Biegesteifigkeit, A: Querschnitt und ρ: Dichte.

Vergleich der Drehmomente. Es gilt $dM = dM_Q + dM_N$ oder $dM = Q \cdot dx + N \cdot du$ (Für kleine dm stehen Q senkrecht auf dx und N senkrecht auf du).

Folglich ist

$$\frac{\partial M}{\partial x} dx = Q \cdot dx + N \cdot \frac{\partial u}{\partial x} dx \implies Q = \frac{\partial M}{\partial x} - N \cdot \frac{\partial u}{\partial x} \implies \frac{\partial Q}{\partial x} = \frac{\partial^2 M}{\partial x^2} - \frac{\partial}{\partial x}\left(N \cdot \frac{\partial u}{\partial x}\right).$$

Es gilt das 2. Newton'sche Gesetz:

$dm \cdot \ddot{u} = dQ + q \cdot dx$ (dm wird von Q und von der Streckenlast(kraft) beschleunigt).

Daraus wird

$$\rho A \cdot dx \cdot \frac{\partial^2 u}{\partial t^2} = \frac{\partial Q}{\partial x} dx + q \cdot dx \quad \text{und} \quad \rho A \cdot \frac{\partial^2 u}{\partial t^2} = \frac{\partial Q}{\partial x} + q = \frac{\partial^2 M}{\partial x^2} - \frac{\partial}{\partial x}\left(N \cdot \frac{\partial u}{\partial x}\right) + q.$$

Für den Balken gilt:

$$\frac{\partial^2 u}{\partial x^2} = -\frac{M}{EI} \implies M = -EI \cdot \frac{\partial^2 u}{\partial x^2} \implies \frac{\partial^2 M}{\partial x^2} = -\frac{\partial^2}{\partial x^2}\left(EI \cdot \frac{\partial^2 u}{\partial x^2}\right).$$

Schließlich folgt die Wellengleichungleichung für den ungedämpft schwingenden Balken

$$\frac{\partial^2}{\partial x^2}\left(EI \cdot \frac{\partial^2 u}{\partial x^2}\right) + \frac{\partial}{\partial x}\left(N \cdot \frac{\partial u}{\partial x}\right) + \rho A \cdot \frac{\partial^2 u}{\partial t^2} = q.$$

Wir betrachten vorerst diejenigen Fälle ohne zusätzliche Streckenlast, also $q = 0$.

1. Fall. $EI = 0$, $N = \text{konst.} = -F$, $\frac{\partial u}{\partial t} \neq 0$, $q = 0$ $\implies$ $-F\frac{\partial^2 u}{\partial x^2} + \rho A \cdot \frac{\partial^2 u}{\partial t^2} = 0$

$\implies \frac{\partial^2 u}{\partial t^2} - \frac{\sigma}{\rho} \cdot \frac{\partial^2 u}{\partial x^2} = 0$,   Wellengleichung der schwingenden Saite.

2. Fall. $EI = \text{konst.}$, $N = \text{konst.} = F$, $\frac{\partial u}{\partial t} = 0$, $q = 0$, keine Schwingung

$\implies \frac{\partial^4 u}{\partial x^4} + \frac{F}{EI} \cdot \frac{\partial^2 u}{\partial x^2} = 0$,   Euler'sche DGL des Knickens.

3. Fall. $EI = \text{konst.}$, $N = 0$, $\frac{\partial u}{\partial t} \neq 0$, $\rho = \text{konst.}$, $q = 0$

$\implies EI\frac{\partial^4 u}{\partial x^4} + \rho A \cdot \frac{\partial^2 u}{\partial t^2} = 0$,   freie Biegeschwingungen des homogenen Balkens.

4. Fall. $EI = \text{konst.}$, $N = \text{konst.}$, $\rho = \text{konst.}$, $\frac{\partial u}{\partial t} \neq 0$, $q = 0$

$\implies EI\frac{\partial^4 u}{\partial x^4} + N \cdot \frac{\partial^2 u}{\partial x^2} + \rho A \cdot \frac{\partial^2 u}{\partial t^2} = 0$,

Biegeschwingungen des homogenen Balkens unter Normalkraft.

12.1 Die Euler'sche DGL des Knickens

2. Fall $\frac{\partial^4 u}{\partial x^4} + \frac{F}{EI} \cdot \frac{\partial^2 u}{\partial x^2} = 0$. Dies ist die Euler'sche DGL des Knickens (Abb. 12.2 links).

Folgendes vorweg: Lässt man den Balken waagrecht, dann ist dieser spannungsfrei in Richtung der waagrechten Komponente. Stellt man den Balken aufrecht, erzeugt das Eigengewicht eine Spannung auf den Balken. Vorerst sehen wir aber davon ab und kommen später darauf zurück.

Folgerung. Für das Drehmoment gilt weiterhin $M = -EI \cdot u''$. Aus Abb. 12.2 rechts entnimmt man $Q_y \cdot \cos\varphi \cdot dx = dM_z$ (Drehung um z-Achse). Da für kleine φ etwa $\cos\varphi \approx 1$ und $\sin\varphi \approx \tan\varphi$ gilt, erhält man $Q_y \cdot dx = dM_z$ oder kurz

$$\frac{\partial M}{\partial x} = Q \quad \text{und} \quad Q = F \cdot \sin\varphi \approx F \cdot \tan\varphi = F \cdot \frac{du}{dx} = F \cdot u'.$$

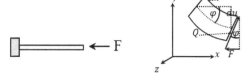

F: Parallel zur x-Achse wirkende Kraft

Q: Parallel zur Schnittfläche wirkende Kraft

Abb. 12.2: Skizzen zur Euler'schen Knicklast

Übersicht über die Randbedingungen bei Knickproblemen

Eingespannter Rand	I.	$u(x_R, t) = 0.$	Keine Durchbiegung möglich.
	II.	$u'(x_R, t) = 0.$	Neigung der Balkenachse ändert sich nicht.
Gelenkig gestützter Rand	I.	$u(x_R, t) = 0.$	
		$u'(x_R, t) \neq 0.$	Balkenachse neigt sich bei Kraft F.
	II.	$M(x_R, t) = 0.$	($= F \cdot dx$, $dx = 0$, für x_R, Rand bewegt sich nicht).
Freier Rand	I.	$u(x_R, t) = 0.$	
		$u'(x_R, t) \neq 0.$	Balkenachse neigt sich bei Kraft F.
		$M(x_R, t) \neq 0.$	($= F \cdot dx$, $dx \neq 0$, für x_R, Rand bewegt sich).
	II.	$Q(x_R, t) = F \cdot u'(l).$	

Zur Lösung der DGL $\frac{\partial^4 u}{\partial x^4} + \frac{F}{EI} \cdot \frac{\partial^2 u}{\partial x^2} = 0$ machen wir den Ansatz

$$u(x) = A \cdot e^{\lambda x} + Bx + C \quad \text{mit} \quad k = \sqrt{\frac{F}{EI}}.$$

Das ergibt

$$A \cdot \lambda^4 e^{\lambda x} + A \cdot k^2 \lambda^2 e^{\lambda x} = 0 \quad \Longrightarrow \quad \lambda^2(\lambda^2 + k^2) = 0 \quad \Longrightarrow \quad \lambda_{1,2} = \pm i \cdot k.$$

Für die Lösung gilt $u(x) = A e^{ikx} + B e^{-ikx} + C_3 kx + C_4$. Mit Hilfe der neuen Konstanten $A = \frac{1}{2}(C_1 - iC_2)$ und $B = \frac{1}{2}(C_1 + iC_2)$ folgt

$$u(x) = \frac{1}{2}(C_1 e^{ikx} + C_1 e^{-ikx} - iC_2 e^{ikx} + iC_2 e^{-ikx}) + C_3 kx + C_4.$$

Damit erhält man insgesamt

$$u(x) = C_1 \cos(kx) + C_2 \sin(kx) + C_3 kx + C_4,$$
$$u'(x) = -k(C_1 \sin(kx) - C_2 \cos(kx) - C_3),$$
$$M(x) = -EI \cdot u'' = EIk^2(C_1 \cos(kx) + C_2 \sin(kx)) \quad \text{und}$$
$$Q(x) = -EI \cdot u''' = -EIk^3(C_1 \sin(kx) - C_2 \cos(kx))$$

Es gibt vier wesentliche Knickfälle:
1. Eulerfall: unten eingespannt, oben frei,
2. Eulerfall: unten gelenkig gestützt, oben gelenkig gestützt,
3. Eulerfall: unten eingespannt, oben gelenkig gestützt und
4. Eulerfall: unten eingespannt, oben eingespannt.

Bemerkung. Da keine Zusatzlast q auf dem Stab liegt, kann man diesen auch aufrecht stellen.

1. Eulerfall (Abb. 12.3 links)
Die Randbedingungen führen zu
I. $u(0) = 0$, II. $u'(0) = 0$, III. $M(l) = 0$ und IV. $Q(l) = F \cdot u'(l)$.

I. $C_1 + C_4 = 0 \implies C_4 = -C_1$.
II. $k(C_2 + C_3) = 0 \implies C_3 = -C_2$.
III. $C_1 \cos(kl) + C_2 \sin(kl) = 0$.
IV. $-EIk^3(C_1 \sin(kl) - C_2 \cos(kl)) = -kF(C_1 \sin(kl) - C_2 \cos(kl) - C_3)$.

Aus IV. folgt
$$C_1 \sin(kl) - C_2 \cos(kl) = C_1 \sin(kl) - C_2 \cos(kl) - C_3,$$
denn $k^2 = \frac{F}{EI}$ und daraus $C_3 = 0$. Eingesetzt in II. folgt $C_2 = 0$.
Aus III. ergibt sich dann $C_1 \cos(kl) = 0$, also $\cos(kl) = 0$.
 Dies ist genau dann der Fall, wenn $kl = \frac{\pi}{2}(2n - 1)$, also $k = \frac{\pi}{2l}(2n - 1)$.
 Die Euler'sche Knicklast ist diejenige Kraft, bei der der Stab knickt, was gleichbedeutend mit dem kleinsten n ist, also $n = 1$. Das bedeutet $k = \frac{\pi}{2l}$.
 Für die Euler'sche Knicklast folgt aus $k^2 = \frac{F}{EI}$, dass
$$F_{\text{Knick}} = k^2 \cdot EI = EI \cdot \frac{\pi^2}{4l^2}.$$
Für die Knickform ergibt sich mit I. die Gleichung
$$u(x) = C_1 \left(\cos\left(\frac{\pi}{2l}x\right) - 1 \right).$$
Die Konstante C_1 kann nicht bestimmt werden, sie ist nicht eindeutig.

3. Eulerfall (Abb. 12.3 rechts)
Die Randbedingungen führen zu
I. $u(0) = 0$, II. $u'(0) = 0$, III. $u(l) = 0$ und IV. $M(l) = 0$.

I. $C_1 + C_4 = 0 \implies C_4 = -C_1$. II. $k(C_2 + C_3) = 0 \implies C_3 = -C_2$.
III. $C_1 \cos(kl) + C_2 \sin(kl) + C_3 kl + C_4 = 0$.
IV. $EIk^2(C_1 \cos(kl) + C_2 \sin(kl)) = 0$.

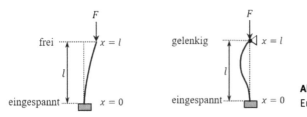

Abb. 12.3: Skizzen zum 1. und 3. Euler'schen Knickfall

Aus IV. folgt $-C_1 = C_2 \tan(kl)$.
III. ergibt
$$C_1 \cos(kl) + C_2 \sin(kl) - C_2 kl - C_1 = 0.$$
Daraus entsteht $C_1(\cos(kl) - 1) + C_2(\sin(kl) - kl) = 0$.

Das Ergebnis von IV. eingesetzt ergibt
$$\tan(kl)(\cos(kl) - 1) = (\sin(kl) - kl).$$
Somit folgt $\sin(kl) - \tan(kl) = \sin(kl) - kl$ und schließlich die charakteristische Gleichung $\tan(kl) = kl$.

Diese Gleichung lässt sich nur numerisch lösen.

Man erhält als kleinste Lösung
$$kl = 4{,}493 = 1{,}430 \cdot \pi.$$
Damit ist $k = \frac{1{,}430 \cdot \pi}{l}$.

Für die Euler'sche Knicklast folgt mit $k^2 = \frac{F}{EI}$, dass
$$F_{\text{Knick}} = k^2 \cdot EI = EI \cdot \frac{2{,}046 \cdot \pi^2}{l^2}.$$
Aus IV. ergibt sich
$$C_2 = -\frac{C_1}{\tan(kl)} = -\frac{C_1}{kl}.$$
Für die Knickform gilt dann
$$u(x) = C_1 \left(\cos\left(\frac{1{,}430 \cdot \pi}{l} x\right) - \frac{l}{1{,}430 \cdot \pi} \sin\left(\frac{1{,}430 \cdot \pi}{l} x\right) + \frac{x}{l} - 1 \right).$$
Abermals kann die Konstante C_1 nicht bestimmt werden, sie ist nicht eindeutig.

Die kritischen Knickkräfte des Balkens wurden unter Vernachlässigung der Spannung aufgrund seines Eigengewichts bestimmt.

Es gilt: $\sigma(x) = \frac{G}{A}(1 - \frac{x}{l})$. Die gesamte (Gewichts-)Spannung ist
$$\sigma = \frac{G}{A} \int_0^l \left(1 - \frac{x}{l}\right) dx = \frac{Gl}{2A},$$
was eine durchschnittliche, auf den Balken wirkende Gewichtskraft von $F_G = \frac{G}{2}$ ergibt.

Nun stellt sich die Frage, ob bei der Bestimmung der kritischen Last die Kraft $F_G = \frac{G}{2}$ miteinbezogen werden soll, oder doch die ganze Gewichtskraft $F_G = G$, denn schließlich ist der Fußpunkt des Balkens offensichtlich die Stelle mit der größten Belastung.

Für den 1. Eulerfall wäre dann $F_{\text{Knick}} = EI \cdot \frac{\pi^2}{4l^2} - G$, also etwas kleiner als vorhin, zu wählen.

Aufgabe
Bearbeiten Sie die Übungen 7–9.

12.1 Die Euler'sche DGL des Knickens

Anwendung zum 4. Eulerfall
Gegeben ist ein beidseitig eingespannter Balken, der sich erwärmt. Bei welcher kritischen konstanten Temperaturänderung ΔT bricht er?

Es sei $l = 10\,\text{m}$, $h = 0,1\,\text{m}$, $E = 2,1 \cdot 10^{11}\,\frac{\text{N}}{\text{m}^2}$, $\rho = 7,8 \cdot 10^3\,\frac{\text{kg}}{\text{m}^3}$ und $\alpha = 1,2 \cdot 10^{-5}\,\frac{1}{\text{K}}$ der Wärmeausdehnungskoeffizient. Einerseits ist $\sigma = \varepsilon \cdot E \implies \varepsilon = \frac{\sigma}{E}$.

Andererseits hat man

$$\varepsilon = -\frac{\Delta l}{l} = -\frac{l \cdot \alpha \cdot \Delta T}{l} = -\alpha \cdot \Delta T.$$

Damit erhält man

$$\frac{\sigma}{E} = -\alpha \cdot \Delta T \implies \Delta T = -\frac{\sigma}{\alpha \cdot E} = -\frac{F}{A \cdot \alpha \cdot E}.$$

Mit $F_{\text{Knick}} = \frac{4EI \cdot \pi^2}{l^2}$ und $I = \frac{1}{12}Ah^2$ folgt

$$\Delta T = \frac{-4I \cdot \pi^2}{A \cdot \alpha \cdot l^2} = -\frac{\pi^2 \cdot h^2}{3\alpha \cdot l^2}.$$

Für unser Beispiel ist $\Delta T = -27,24\,\text{K}$.

Für waagrechte Balken muss man also beachten, dass h groß und α und l klein sind. Stellen wir den Balken senkrecht, dann ist zusätzlich die (veränderliche) Spannung aufgrund des Eigengewichts zu berücksichtigen: $\sigma(x) = \frac{G}{A}(1 - \frac{x}{l})$.

Die gesamte (Gewichts-)Spannung beträgt

$$\sigma = \frac{G}{A} \int_0^l \left(1 - \frac{x}{l}\right) dx = \frac{Gl}{2A}$$

und damit durchschnittlich $\frac{G}{2A}$.

Die totale Spannung ist

$$\frac{F}{A} = \frac{G}{2A} - \alpha E \cdot \Delta T.$$

Es ergibt sich dann

$$\frac{E \cdot \pi^2 h^2}{3l^2} = \frac{G}{2A} - \alpha E \cdot \Delta T \implies \Delta T = \frac{\rho g l}{2\alpha E} - \frac{\pi^2 \cdot h^2}{3\alpha \cdot l^2}.$$

Mit diesen Werten hat man $\frac{\rho g l^2}{2\alpha E} = 0,15\,\text{K}$ und total $\Delta T = -27,09\,\text{K}$.

Geht man einmal von einem fest gewählten Material aus, dann bleiben wieder nur Länge l und Dicke h als entscheidende Größen, um ΔT möglichst groß zu halten.

Unsinnig wäre natürlich $\Delta T = 0$. Dieser Fall träte für

$$l = \left(\frac{2E\pi^2}{3\rho g}\right)^{\frac{1}{3}} \cdot h^{\frac{2}{3}}$$

ein.

Mit unseren Zahlenwerten ergäbe das $l = 262,35 \cdot h^{\frac{2}{3}}$.

Alle Ergebnisse fassen wir in folgender Übersicht zusammen (Abb. 12.4):

	Charakteristische Gleichung	Knickform	Kritische Knicklast
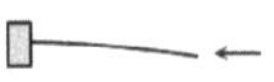	$\cos(kl) = 0$	$u(x) = C\left(\cos\left(\frac{\pi}{2l}x\right) - 1\right)$	$F_{Knick} = EI \cdot \frac{\pi^2}{4l^2}$
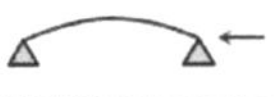	$\sin(kl) = 0$	$u(x) = C \sin\left(\frac{\pi}{l}x\right)$	$F_{Knick} = EI \cdot \frac{\pi^2}{l^2}$
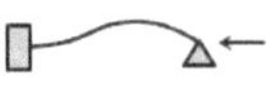	$\tan(kl) - kl = 0$	$u(x) = C\left(\cos\left(\frac{1.430\cdot\pi}{l}x\right) - \frac{l}{1.430\cdot\pi}\sin\left(\frac{1.430\cdot\pi}{l}x\right) + \frac{x}{l} - 1\right)$	$F_{Knick} = EI \cdot \frac{2.046\cdot\pi^2}{l^2}$
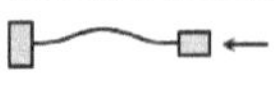	$2 - 2\cos(kl) = kl\sin(kl)$	$u(x) = C\left(\cos\left(\frac{2\pi}{l}x\right) - 1\right)$	$F_{Knick} = 4EI \cdot \frac{\pi^2}{l^2}$

Abb. 12.4: Übersicht zu den Euler'schen Knickfällen

12.2 Die Energie beim Knickstab

Dazu betrachten wir Abb. 12.5. Es gilt

$$\Delta s = dx - \sqrt{d^2x - d^2u} = dx - dx\sqrt{1 - (u')^2} \approx dx - dx\left(1 + \frac{(u')^2}{2}\right) = \frac{(u')^2}{2}dx.$$

Dann folgt

$$s = \int_0^l \frac{(u')^2}{2} dx.$$

Die verrichtete Arbeit beträgt

$$W = F \cdot s = \frac{1}{2}F \int_0^l (u')^2 dx.$$

Für den 2. Fall wäre $u(x) = C\sin(\frac{\pi}{l}x)$. Nehmen wir an, wir würden bis zum Knicken belasten, dann ist $F = EI \cdot \frac{\pi^2}{l^2}$ und für die verrichtete Arbeit folgt

$$E_{pot} = \frac{1}{2}F \int_0^l (u')^2 dx = \frac{1}{2}C^2 EI \cdot \frac{\pi^4}{l^4} \int_0^l \cos^2\left(\frac{\pi}{l}x\right) dx = \frac{1}{2}C^2 EI \cdot \frac{\pi^4}{l^4} \cdot \frac{l}{2} = C^2 \frac{EI\pi^4}{4l^3}.$$

Abb. 12.5: Skizzen zur Energie des Knickstabes

Die Knickkraft kann man auch noch anders herleiten. Im 2. Band haben wir die potenzielle Energie eines gespannten Balkens zu

$$E_{\text{pot}} = \frac{1}{2} EI \int_0^l (u'')^2 \, dx$$

bestimmt. Wirkt die Druckkraft F, dann *sinkt* die potenzielle Energie auf

$$E_{\text{pot}} = \frac{1}{2} EI \int_0^l (u'')^2 \, dx - \frac{1}{2} F \int_0^l (u')^2 \, dx \, .$$

Die potenzielle Energie beträgt im Knickfall Null. Damit folgt

$$F_{\text{Knick}} = \frac{EI \int_0^l (u'')^2 \, dx}{\int_0^l (u')^2 \, dx}$$

Für den 1. Knickfall ist

$$u(x) = C\left(\cos\left(\frac{\pi}{2l}x\right) - 1\right), \quad u'(x) = -C\frac{\pi}{2l}\sin\left(\frac{\pi}{2l}x\right), \quad u''(x) = -C\frac{\pi^2}{4l^2}\cos\left(\frac{\pi}{2l}x\right).$$

Somit ist schließlich

$$F_{\text{Knick}} = \frac{C^2 EI \frac{\pi^4}{16 l^4} \int_0^l \cos^2\left(\frac{\pi}{2l}x\right) dx}{C^2 \frac{\pi^2}{4l^2} \int_0^l \sin^2\left(\frac{\pi}{2l}x\right) dx} = \frac{C^2 EI \frac{\pi^4}{16 l^4} \cdot \frac{l}{2}}{C^2 \frac{\pi^2}{4l^2} \cdot \frac{l}{2}} = EI \cdot \frac{\pi^2}{4l^2} \, .$$

Aufgabe
Bearbeiten Sie die Übung 10.

12.3 Die DGL für freie Biegeschwingungen des homogenen Balkens

3. Fall $EI \frac{\partial^4 u}{\partial x^4} + \rho A \cdot \frac{\partial^2 u}{\partial t^2} = 0$. Freie Biegeschwingungen des homogenen Balkens.

Diese Art von Balkenschwingung nennen wir „frei", weil keine konstante Normalkraft auf den Balken wirkt. Ist der Balken einmal angeregt, dann vollführt er freie Schwingungen. Im Zentrum des Interesses stehen hier nicht die Schwingungsmoden, sondern lediglich die Eigenfrequenzen.

Analog zur Saitengleichung, wählen wir denselben Separationsansatz $u(x, t) = v(x) \cdot w(t)$.

Dann ist

$$\frac{\partial^2 u}{\partial t^2} = v(x) \cdot \ddot{w}(t) \quad \text{und} \quad \frac{\partial^4 u}{\partial x^4} = w(t) \cdot v''''(x) \, .$$

Eingesetzt erhält man $EI \cdot w(t) \cdot v''''(x) = -\rho A \cdot v(x) \cdot \ddot{w}(t)$ oder schließlich

$$\frac{\ddot{w}(t)}{w(t)} = -\frac{EI}{\rho A} \cdot \frac{v''''(x)}{v(x)}.$$

Die linke Seite hängt nur von t, die rechte Seite nur von x ab, trotzdem müssen beide für alle x und t übereinstimmen, also müssen sie konstant sein:

$$-\frac{EI}{\rho A} \cdot \frac{v''''(x)}{v(x)} = -\omega^2 \quad \text{und} \quad \frac{\ddot{w}(t)}{w(t)} = -\omega^2.$$

Man muss somit das DGL-System $v'''' - \frac{\rho A}{EI}\omega^2 \cdot v = 0$ und $\ddot{w} + \omega^2 w = 0$ lösen.

Die Lösung der zweiten DGL lautet

$$w(t) = C_1^* \cdot \sin(\omega t) + C_2^* \cdot \cos(\omega t)$$

mit Konstanten, die sich aus den Anfangsbedingungen ergeben.

Für die erste DGL setzen wir $k^4 = \frac{\rho A}{EI}\omega^2$. Dann ist $v''''(x) - k^4 \cdot v(x) = 0$.

Für $u(x)$ machen wir den Ansatz $v(x) = C \cdot e^{\lambda x}$.

Das ergibt

$$C \cdot \lambda^4 e^{\lambda x} - C \cdot k^4 e^{\lambda x} = 0 \implies \lambda^2 - k^4 = 0 \implies \lambda_{1,2} = \pm k, \quad \lambda_{3,4} = \pm i \cdot k.$$

Für die Lösungen gilt

$$v(x) = Ae^{kx} + Be^{-kt} + Ce^{ikx} + De^{-ikt}.$$

Mit Hilfe der neuen Konstanten $A = \frac{1}{2}(C_1 + C_2)$, $B = \frac{1}{2}(C_1 - C_2)$, $C = \frac{1}{2}(C_3 - iC_4)$ und $D = \frac{1}{2}(C_3 + iC_4)$ folgt

$$u(x) = \frac{1}{2}(C_1 e^{kx} + C_1 e^{-kx} + C_2 e^{kx} - C_2 e^{-kx} + C_3 e^{ikx} + C_3 e^{ikx} - iC_4 e^{ikx} + iC_4 e^{-ikx}).$$

Damit erhält man insgesamt

$v(x) = C_1 \cosh(kx) + C_2 \sinh(kx) + C_3 \cos(kx) + C_4 \sin(kx),$

$v'(x) = k(C_1 \sinh(kx) + C_2 \cosh(kx) - C_3 \sin(kx) + C_4 \cos(kx)),$

$M(x) = -EI \cdot v'' = -EIk^2(C_1 \cosh(kx) + C_2 \sinh(kx) - C_3 \cos(kx) - C_4 \sin(kx))$ und

$Q(x) = -EI \cdot u''' = -EIk^3(C_1 \sinh(kx) + C_2 \cosh(kx) + C_3 \sin(kx) - C_4 \cos(kx)).$

Übersicht über die Randbedingungen bei Biegeschwingungen

Da $u(x,t) = v(x) \cdot w(t)$ übertragen sich die zeitunabhängigen Bedingungen von u auf v.

Eingespannter Rand.
    I. $u(x_R, t) = 0 \implies v(x_R) = 0.$
    II. $u'(x_R, t) = 0 \implies v'(x_R) = 0.$

Gelenkig gestützter Rand.
    I. $u(x_R, t) = 0 \implies v(x_R) = 0.$
    II. $M(x_R, t) = 0 \implies v''(x_R) = 0.$

Freier Rand.
    I. $M(x_R, t) = 0 \implies v''(x_R) = 0.$
    II. $Q(x_R, t) = 0 \implies v'''(x_R) = 0.$

Es gibt sechs Fälle, von denen jeweils zwei dieselben Eigenfrequenzen ergeben
1. Biegeschwingungsfall: links eingespannt, rechts frei,
2. Biegeschwingungsfall: links eingespannt, rechts eingespannt (= links frei, rechts frei),
3. Biegeschwingungsfall: links gelenkig gestützt, rechts gelenkig gestützt und
4. Biegeschwingungsfall: links eingespannt, rechts gelenkig gestützt (= links gelenkig gestützt, rechts frei)

1. Biegeschwingungsfall (Abb. 12.6 links)
Die Randbedingungen lauten
I. $v(0) = 0$,   II. $v'(0) = 0$,   III. $M(l) = 0$ und   IV. $Q(l) = 0$.

Aus I. $C_1 + C_3 = 0$.   Aus II. $C_2 + C_4 = 0$.
Aus III. $C_1 \cosh(kl) + C_2 \sinh(kl) - C_3 \cos(kl) - C_4 \sin(kl) = 0$.
Aus IV. $C_1 \sinh(kl) + C_2 \cosh(kl) + C_3 \sin(kl) - C_4 \cos(kl) = 0$.
Aus III. $C_1 \cosh(kl) + C_2 \sinh(kl) + C_1 \cos(kl) + C_2 \sin(kl) = 0$.

$$\implies C_2 = -C_1 \cdot \frac{\cosh(kl) + \cos(kl)}{\sinh(kl) + \sin(kl)}$$

Aus IV. ergibt sich

$$C_1 \sinh(kl) + C_2 \cosh(kl) - C_1 \sin(kl) + C_2 \cos(kl) = 0 \, .$$

Daraus entsteht

$$C_1(\sinh(kl) - \sin(kl)) + C_2(\cosh(kl) + \cos(kl)) = 0 \, .$$

Das Ergebnis aus III. eingesetzt ergibt

$$(\sinh(kl) + \sin(kl))(\sinh(kl) - \sin(kl)) - (\cosh(kl) + \cos(kl))^2 = 0 \, .$$

Daraus wird

$$\sinh^2(kl) - \sin^2(kl) - \cosh^2(kl) - 2\cosh(kl)\cos(kl) - \cos^2(kl) = 0$$

oder
$$-2 - 2\cosh(kl)\cos(kl) = 0$$
$$\implies \cosh(kl)\cos(kl) + 1 = 0 \quad \text{(charakteristische Gleichung)}.$$

Man erhält die Lösungen $k_1 l = 0{,}597 \cdot \pi$, $k_2 l = 1{,}494 \cdot \pi$, $k_3 l = 2{,}500 \cdot \pi$ und die Eigenfrequenzen

$$f_n = \frac{\omega_n}{2\pi} = \frac{1}{2\pi}\sqrt{\frac{EI}{\rho A}} \cdot k_n^2 \, .$$

Das ergibt

$$f_1 = 0{,}178 \cdot \frac{\pi}{l^2}\sqrt{\frac{EI}{\rho A}}, \quad f_2 = 1{,}116 \cdot \frac{\pi}{l^2}\sqrt{\frac{EI}{\rho A}}, \quad f_3 = 3{,}126 \cdot \frac{\pi}{l^2}\sqrt{\frac{EI}{\rho A}}.$$

Mit $l = 1$ m, $E = 2{,}1 \cdot 10^{11}\,\frac{N}{m^2}$, $\rho = 7{,}8 \cdot 10^3\,\frac{kg}{m^3}$, $I = \frac{1}{12}Ah^2$, $h = 0{,}05$ m folgt

$$\sqrt{\frac{EI}{\rho A}} = \sqrt{\frac{Eh^3}{12\rho}} = 16{,}746$$

und daraus $f_1 = 9{,}365$ Hz, $f_2 = 58{,}714$ Hz, $f_3 = 164{,}462$ Hz.

Eigenformen. Mit $C_1 + C_3 = 0$, $C_2 + C_4 = 0$ und $C_2 = -C_1 \cdot \frac{\cosh(kl)+\cos(kl)}{\sinh(kl)+\sin(kl)}$ folgt

$$v_n(x) = \cos(k_n x) - \cosh(k_n x) - \frac{\cosh(k_n l) + \cos(k_n l)}{\sinh(k_n l) + \sin(k_n l)}(\sin(k_n x) - \sinh(k_n x)).$$

Abb. 12.6: Skizzen zum 1. Biegeschwingungsfall

1. Biegeschwingungsfall mit Endmasse (Abb. 12.6 rechts)

Am Ende des freien Endes wird eine Punktmasse angebracht.

Die Randbedingungen lauten

I. $u(0) = 0$,   II. $u'(0) = 0$ und   III. $M(l) = 0$.

Aus I. $C_1 + C_3 = 0$.

Aus II. $C_2 + C_4 = 0$.

Aus III. $C_1 \cosh(kl) + C_2 \sinh(kl) - C_3 \cos(kl) - C_4 \sin(kl) = 0$,

$\implies C_1 \cosh(kl) + C_2 \sinh(kl) + C_1 \cos(kl) + C_2 \sin(kl) = 0$.

Man erhält

$$C_2 = -C_1 \cdot \frac{\cosh(kl) + \cos(kl)}{\sinh(kl) + \sin(kl)}.$$

Die vierte Randbedingung ergibt sich aus dem Kräftevergleich am rechten Ende:

$$m \cdot \ddot{u}(l, t) + Q(l, t) = 0 \implies m \cdot \ddot{u}(l, t) - EIu'''(l, t) = 0$$
$$\implies m \cdot v(l)\ddot{w}(t) - EIv'''(l)w(t) = 0$$
$$\implies -m \cdot \omega^2 v(l)w(t) - EIv'''(l)w(t) = 0$$
$$\implies -m \cdot \omega^2 v(l) - EIv'''(l) = 0.$$

Nun werden $v(l)$ und $v'''(l)$ ausgewertet:

$$-m \cdot \omega^2 [C_1 \cosh(kl) + C_2 \sinh(kl) - C_1 \cos(kl) - C_2 \sin(kl)]$$
$$- EIk^3 [C_1 \sinh(kl) + C_2 \cosh(kl) - C_1 \sin(kl) + C_2 \cos(kl)] = 0.$$

Mit $\omega^2 = k^4 \frac{EI}{\rho A}$ und dem Massenverhältnis $\mu = \frac{m}{\rho A l}$ folgt

$$\mu l k [C_1 \cosh(kl) + C_2 \sinh(kl) - C_1 \cos(kl) - C_2 \sin(kl)]$$
$$+ [C_1 \sinh(kl) + C_2 \cosh(kl) - C_1 \sin(kl) + C_2 \cos(kl)] = 0,$$

$$C_1[\mu k l(\cosh(kl) - \cos(kl)) + \sinh(kl) - \sin(kl)]$$
$$+ C_2[\mu k l(\sinh(kl) - \sin(kl)) + \cosh(kl) + \cos(kl)] = 0,$$

$$\mu k l(\cosh(kl) - \cos(kl)) + \sinh(kl) - \sin(kl)$$
$$= \frac{\cosh(kl) + \cos(kl)}{\sinh(kl) + \sin(kl)} \cdot [\mu k l(\sinh(kl) - \sin(kl)) + \cosh(kl) + \cos(kl)].$$

Folglich ist

$$\mu k l(\cosh(kl) - \cos(kl))(\sinh(kl) + \sin(kl)) + \sinh^2(kl) - \sin^2(kl)$$
$$= \mu k l(\sinh(kl) - \sin(kl))(\cosh(kl) + \cos(kl)) + \cosh^2(kl) + 2\cos(kl)\cosh(kl) + 1$$
$$\implies \mu k l(2\sin(kl)\cosh(kl) - 2\cos(kl)\sinh(kl)) = 2\cos(kl)\cosh(kl)$$
$$\implies \mu k l(\cos(kl)\sinh(kl) - \sin(kl)\cosh(kl)) + \cos(kl)\cosh(kl) + 1 = 0$$

(charakteristische Gleichung).

Für $\mu = 0$ geht die charakteristische Gleichung über in diejenige des rechts freien Balkens: $\cos(kl)\cosh(kl) + 1 = 0$. Beispielsweise erhält man für $\mu = \frac{1}{10}$ die Werte $k_1 l = 0{,}548 \cdot \pi$, $k_2 l = 1{,}400 \cdot \pi$, $k_3 l = 2{,}372 \cdot \pi$ und die Eigenformen:

$$v_n(x) = \cos(k_n x) - \cosh(k_n x) - \frac{\cosh(k_n l) + \cos(k_n l)}{\sinh(k_n l) + \sin(k_n l)}(\sin(k_n x) - \sinh(k_n x)).$$

Die Lösung ergibt sich dann für einen anfangs ruhenden Balken zu

$$u(x,t) = \sum_{n=1}^{\infty} a_n v_n(x) \cdot \cos\left(k_n^2 \sqrt{\frac{EI}{\rho A}} t\right)$$

mit $k_1 l = 0{,}548 \cdot \pi$, $k_2 l = 1{,}400 \cdot \pi$, $k_3 l = 2{,}372 \cdot \pi, \ldots$

Die Koeffizienten a_n können über eine Anfangsbedingung bestimmt werden.

2. Biegeschwingungsfall (Abb. 12.7 links)

Die Randbedingungen lauten

I. $v(0) = 0$, II. $v'(0) = 0$, III. $v(l) = 0$ und IV. $v'(l) = 0$.

Aus I. $C_1 + C_3 = 0$. Aus II. $C_2 + C_4 = 0$.
Aus III. $C_1 \cosh(kl) + C_2 \sinh(kl) + C_3 \cos(kl) + C_4 \sin(kl) = 0$.
Aus IV. $C_1 \sinh(kl) + C_2 \cosh(kl) - C_3 \sin(kl) + C_4 \cos(kl) = 0$.
Aus III. $C_1 \cosh(kl) + C_2 \sinh(kl) - C_1 \cos(kl) - C_2 \sin(kl) = 0$.

Man erhält

$$C_2 = -C_1 \cdot \frac{\cosh(kl) - \cos(kl)}{\sinh(kl) - \sin(kl)}.$$

Aus IV. ergibt sich

$$C_1 \sinh(kl) + C_2 \cosh(kl) + C_1 \sin(kl) - C_2 \cos(kl) = 0.$$

Daraus wird

$$C_1(\sinh(kl) + \sin(kl)) + C_2(\cosh(kl) - \cos(kl)) = 0.$$

Das Ergebnis von III. eingesetzt ergibt

$$(\sinh(kl) + \sin(kl))(\sinh(kl) - \sin(kl)) - (\cosh(kl) - \cos(kl))^2 = 0.$$

Dann entsteht

$$\sinh^2(kl) - \sin^2(kl) - \cosh^2(kl) + 2\cosh(kl)\cos(kl) - \cos^2(kl) = 0,$$
$$-2 + 2\cosh(kl)\cos(kl) = 0.$$
$$\implies \cosh(kl)\cos(kl) - 1 = 0 \quad \text{(charakteristische Gleichung)}.$$

Man erhält die Lösungen $k_1 l = 1{,}506 \cdot \pi$, $k_2 l = 2{,}500 \cdot \pi$, $k_3 l = 3{,}500 \cdot \pi$.
Das ergibt

$$f_1 = 1{,}133 \cdot \frac{\pi}{l^2}\sqrt{\frac{EI}{\rho A}}, \quad f_2 = 3{,}124 \cdot \frac{\pi}{l^2}\sqrt{\frac{EI}{\rho A}}, \quad f_3 = 6{,}125 \cdot \frac{\pi}{l^2}\sqrt{\frac{EI}{\rho A}}.$$

Mit $l = 1$ m, $E = 2{,}1 \cdot 10^{11}\,\frac{\text{N}}{\text{m}^2}$, $\rho = 7{,}8 \cdot 10^3\,\frac{\text{kg}}{\text{m}^3}$, $I = \frac{1}{12}Ah^2$, $h = 0{,}05$ m folgt

$$f_1 = 59{,}608\,\text{Hz}, \quad f_2 = 164{,}357\,\text{Hz}, \quad f_3 = 322{,}242\,\text{Hz}.$$

Eigenformen. Mit $C_1 + C_3 = 0$, $C_2 + C_4 = 0$ und $C_2 = -C_1 \cdot \frac{\cosh(kl)-\cos(kl)}{\sinh(kl)-\sin(kl)}$ folgt

$$v_n(x) = \cosh(k_n x) - \cos(k_n x) - \frac{\cosh(k_n l) - \cos(k_n l)}{\sinh(k_n l) - \sin(k_n l)}(\sin(k_n x) - \sinh(k_n x)).$$

Aufgabe
Bearbeiten Sie die Übungen 11–13.

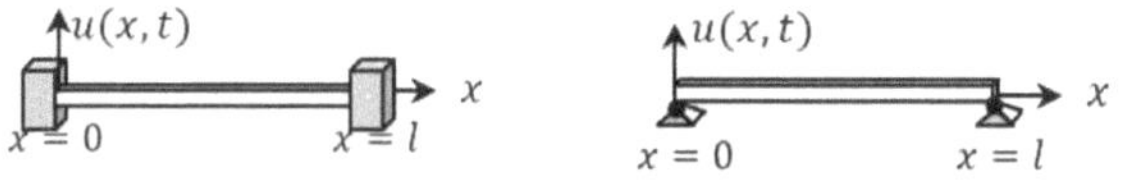

Abb. 12.7: Skizzen zum 2. und 3. Biegeschwingungsfall

3. Biegeschwingungsfall (Abb. 12.7 rechts)

Verglichen mit allen anderen Fällen ist es möglich, die vollständige Lösung, inklusive der Zeitabhängigkeit ohne großen Rechenaufwand, anzugeben. Der Grund dafür liegt in der Gestalt der Eigenfunktionen. Diese reduzieren sich zu $v_n(x) = \sin(\frac{n\pi}{l}x)$.

Damit ergibt sich die Lösung für die Biegeschwingung bis auf zu bestimmende Koeffizienten

$$u(x,t) = \sum_{n=1}^{\infty} c_n \sin\left(\frac{n\pi}{l}x\right) \cdot \cos\left(\frac{n^2\pi^2}{l^2}\sqrt{\frac{EI}{\rho A}}t\right),$$

sofern wir von einem anfangs ruhenden Balken ausgehen.

Als Nächstes soll die Anfangsauslenkung $u(x,0) = g(x)$ festgelegt werden. Dazu nehmen wir die Biegelinie für eine mittig wirkende Kraft

$$g(x) = \frac{Fl^3}{48EI}\left(4\left(\frac{x}{l}\right)^3 - 3\left(\frac{x}{l}\right)\right).$$

Dann ist

$$\frac{Fl^3}{48EI}\left(4\left(\frac{x}{l}\right)^3 - 3\left(\frac{x}{l}\right)\right) = \sum_{n=1}^{\infty} c_n \sin\left(\frac{n\pi}{l}x\right)$$

(Für $t > 0$ wirkt die Kraft nicht mehr).

Benutzung der Orthogonalität der Sinusfunktion liefert

$$c_n = \frac{2}{l} \cdot \int_0^l g(x) \cdot \sin\left(\frac{n \cdot \pi}{l}x\right) dx$$

oder

$$c_n = \frac{F}{24EI \cdot l} \int_0^l (4x^3 - 3l^2 x) \cdot \sin\left(\frac{n \cdot \pi}{l}x\right) dx$$

$$= \frac{F}{24EI \cdot l} \cdot \left(4 \cdot l^4 (-1)^{n+1} \frac{n^2\pi^2 - 6}{n^3\pi^3} - 3l^2 \cdot (-1)^{n+1} \frac{l^2}{n\pi}\right)$$

$$= \frac{Fl^3}{24EI}(-1)^{n+1}\left(4 \cdot \frac{n^2\pi^2 - 6}{n^3\pi^3} - \frac{3}{n\pi}\right) = \frac{Fl^3}{24EI}(-1)^{n+1}\left(\frac{n^2\pi^2 - 24}{n^3\pi^3}\right).$$

Die gesamte Lösung lautet somit

$$u(x,t) = \frac{Fl^3}{24EI}\sum_{n=1}^{\infty}(-1)^{n+1}\left(\frac{n^2\pi^2 - 24}{n^3\pi^3}\right)\sin\left(\frac{n\pi}{l}x\right) \cdot \cos\left(\left(\frac{n^2\pi^2}{l^2}\sqrt{\frac{EI}{\rho A}}t\right)t\right).$$

Sämtliche Ergebnisse sind in nachfolgender Übersicht zusammengetragen (es gilt $u_n(x,t) = y_n(x)w(t)$):

Schwingung	Art der Verankerung	Eigenformen, teils auf 1 normiert	Eigenfrequenzen
Saite, Quer	fest, fest	$y_n(x) = sin\left(\frac{n\pi}{l}x\right)$ (normiert)	$f_n = \frac{n}{2l}\sqrt{\frac{\sigma.E.G}{\rho}}$
Stab, Längs	fest, frei	$y_n(x) = sin\left(\frac{(2n-1)\pi}{2l}x\right)$ (normiert)	$f_n = \frac{(2n-1)}{4l}\sqrt{\frac{\sigma.E.G}{\rho}}$
Stab, Torsion	lose, frei	$y_n(x) = sin\left(\frac{n\pi}{l}x\right)$ (normiert)	$f_n = \frac{n}{2l}\sqrt{\frac{\sigma.E.G}{\rho}}$
Balken, Quer $k^4 = \frac{EI}{\rho A}\omega_n^2$	fest, frei	$y_n(x) = cos(k_n x) - cosh(k_n x)$ $- \frac{cosh(k_n l) + cos(k_n l)}{sinh(k_n l) + sin(k_n l)}\left(sin(k_n x) - sinh(k_n x)\right)$	$f_1 = 0.178 \cdot \frac{\pi}{l^2}\sqrt{\frac{EI}{\rho A}}$ $f_2 = 1.116 \cdot \frac{\pi}{l^2}\sqrt{\frac{EI}{\rho A}}$ $f_3 = 3.126 \cdot \frac{\pi}{l^2}\sqrt{\frac{EI}{\rho A}}$
	fest, fest	$y_n(x) = cosh(k_n x) - cos(k_n x)$ $- \frac{cosh(k_n l) - cos(k_n l)}{sinh(k_n l) - sin(k_n l)}\left(sinh(k_n x) - sin(k_n x)\right)$	$f_1 = 1.133 \cdot \frac{\pi}{l^2}\sqrt{\frac{EI}{\rho A}}$ $f_2 = 3.124 \cdot \frac{\pi}{l^2}\sqrt{\frac{EI}{\rho A}}$ $f_3 = 6.125 \cdot \frac{\pi}{l^2}\sqrt{\frac{EI}{\rho A}}$
	gelenkig, gelenkig	$y_n(x) = sin\left(\frac{n\pi}{l}x\right)$ (normiert)	$f_n = \frac{n^2\pi}{2l^2}\sqrt{\frac{EI}{\rho A}}$
	fest, gelenkig	$y_n(x) = cos(k_n x) - cosh(k_n x)$ $- \frac{1}{tan(k_n l)}\left(sin(k_n x) - sinh(k_n x)\right)$	$f_1 = 0.781 \cdot \frac{\pi}{l^2}\sqrt{\frac{EI}{\rho A}}$ $f_2 = 2.531 \cdot \frac{\pi}{l^2}\sqrt{\frac{EI}{\rho A}}$ $f_3 = 5.281 \cdot \frac{\pi}{l^2}\sqrt{\frac{EI}{\rho A}}$

Abb. 12.8: Übersicht zu den Eigenformen und den Eigenfrequenzen freier Biegeschwingungen

Anwendung zum 3. Biegeschwingungsfall

Im Jahre 1940 wurde in den USA im Bundesstaat Washington über den Fluss Tacoma-Narrows eine Hängebrücke nach dem besten Stand des damaligen Ingenieurswissens gebaut. Aber um Material zu sparen, wurde die Brücke extrem schlank gehalten, was eine sehr niedrige Steifigkeit und ein niedriges Gewicht bedeutete.

Schon vor der Öffnung für den Verkehr wurde beobachtet, dass sie bereits bei einem ganz moderaten Wind zu schwingen begann. Das gab ihr den Spitznamen „Galloping Gertie". Dabei führte das Hauptsegment der Brücke von 853 m Länge eine Längsschwingung mit einer Frequenz von etwa 1,67 Hz (36 Schwingungen pro Minute) und einer Amplitude von etwa 60 cm aus.

Am 7. November 1940 kam aus südwestlicher Richtung, quer zur Brücke, Starkwind auf. Dadurch geriet die Brücke in einen anderen Schwingungsmodus und führte jetzt Torsionsschwingungen in zwei Segmenten mit einer Frequenz von 1,5 Hz aus (40 $\frac{Schwingungen}{min}$).

Der Wind führte dabei dem sich verwindenden Fahrbahnträger immer weiter Energie zu und verstärkte die Schwingung auf diese Weise. Hinter dem Träger bildete sich eine Kármán'sche Wirbelstraße.

Die Wirbel besaßen eine Geschwindigkeit von etwa 60 $\frac{km}{h}$ und lösten sich mit annähernd einer Eigenfrequenz der Brücke ab, so dass die Brücke in Resonanz geriet.

Diese Art von Schwingungen war zwar theoretisch beschrieben, hinsichtlich ihrer Auswirkungen auf Fahrbahnträger aber noch kaum bekannt.

Nach einer dreiviertel Stunde rissen bei einer Windgeschwindigkeit von 67 $\frac{km}{h}$ die Seile und die Fahrbahn stürzte zusammen.

Die Brücke wurde in derselben Struktur, aber mit anderen Versteifungen, welche die Eigenfrequenz der Brückensegmente veränderten, wieder aufgebaut. Seit diesem Vorfall darf keine Brücke mehr ohne entsprechende Windkanaltests gebaut werden. Brücken sind an den Enden immer auf Rollen gelagert. In Übung 12 wird gezeigt, dass die Eigenfrequenzen $f_n = \frac{n^2 \pi}{2l^2} \sqrt{\frac{EI}{\rho A}}$ betragen.

Für die Berechnung der Eigenfrequenzen bezüglich Vertikalschwingungen der Brücke nehmen wir $l = 853\,\text{m}$, $\rho = 1{,}25 \cdot 10^3 \frac{kg}{m^3}$ (Leichtbeton), $E = 3{,}0 \cdot 10^{10} \frac{N}{m^2}$, $I = \frac{1}{12}Ah^2$, $h = 2{,}4\,\text{m}$ ($b = 11{,}9\,\text{m}$).

Dann ist

$$f_n = \frac{n^2 \pi}{2l^2} \sqrt{\frac{EI}{\rho A}} = \frac{n^2 \pi}{2l^2} \sqrt{\frac{Eh^2}{12\rho}} \cong n^2 \cdot 0{,}00733\,\text{Hz}\,.$$

Speziell für $n = 9$ folgt $f_9 = 81 \cdot 0{,}00733\,\text{Hz} = 0{,}59\,\text{Hz}$, was etwa dem Wert im Text entspricht. Mit den gegebenen Daten wäre also etwa die 9. Eigenfrequenz in Längsrichtung durch Wind angeregt worden.

Aufgabe
Bearbeiten Sie die Übung 14.

12.4 Die Energien bei freien Biegeschwingungen des Balkens

Im 2. Band wurde gezeigt:

$$E_{\text{pot}} = \frac{1}{2} EI \int_0^l (y'')^2 \, dx\,.$$

Für die Zeitabhängigkeit wird die Formel mit $\dot{w}^2(t)$ multipliziert (oder man ersetzt $y(x)$ durch $u(x,t) = y(x)w(t)$) und erhält

$$E_{\text{pot}} = \frac{1}{2} EI \int_0^l (u'')^2 \, dx \quad \text{oder} \quad E_{\text{pot}} = \frac{1}{2} EI \int_0^l (y'')^2 \, dx \cdot w^2(t)$$

Weiter ist

$$dE_{\text{kin}} = \frac{1}{2} dm (\dot{u}(x,t))^2 = \frac{1}{2} \rho A \, dx (\dot{u}(x,t))^2$$

$$\implies E_{\text{kin}} = \frac{1}{2} \rho A \int_0^l (\dot{u})^2 \, dx \quad \text{oder} \quad E_{\text{kin}} = \frac{1}{2} \rho A \int_0^l y^2(x) \, dx \cdot \dot{w}^2(t)\,.$$

12.5 Die DGL für Biegeschwingungen des homogenen Balkens unter Normalkraft

4. Fall. EI = konst., N = konst., ρ = konst., $\dfrac{\partial u}{\partial t} \neq 0$, $q = 0$

$$\implies EI\frac{\partial^4 u}{\partial x^4} + N \cdot \frac{\partial^2 u}{\partial x^2} + \rho A \cdot \frac{\partial^2 u}{\partial t^2} = 0,$$

Schwingungen des Balkens unter Normalkraft.

Separationsansatz $u(x,t) = v(x) \cdot w(t)$. Eingesetzt, erhält man

$$EI \cdot w \cdot v'''' + N \cdot w \cdot v'' + \rho A \cdot \ddot{w} \cdot v = 0 \quad \text{oder} \quad \frac{\ddot{w}}{w} = -\frac{EI}{\rho A} \cdot \frac{v''''}{v} - \frac{N}{\rho A} \cdot \frac{v''}{v} = -\omega^2.$$

Man muss also das DGL-System

$$v'''' + \frac{N}{EI}v'' - \frac{\rho A}{EI} \cdot \omega^2 \cdot v = 0 \quad \text{und} \quad \ddot{w} + \omega^2 w = 0$$

lösen.

Die Lösung der zweiten DGL lautet $w(t) = C_1^* \cdot \sin(\omega t) + C_2^* \cdot \cos(\omega t)$ mit Konstanten, die sich aus den Anfangsbedingungen ergeben. Für die erste DGL setzen wir $j^2 = \dfrac{N}{2EI}$ und $k^4 = \dfrac{\rho A}{EI}\omega^2$. Dann ist $v'''' + 2j^2 \cdot v'' - k^4 \cdot v = 0$.

Für $v(x)$ machen wir den Ansatz $v(x) = B \cdot e^{\lambda x}$.

Das ergibt

$$B \cdot \lambda^4 e^{\lambda x} + B \cdot 2j^2 \lambda^2 e^{\lambda x} - B \cdot k^4 e^{\lambda x} = 0$$

$$\implies \lambda^4 + 2j^2\lambda^2 - k^4 = 0 \implies \lambda = \pm\sqrt{\frac{2j^2 \pm \sqrt{4j^4 + 4k^4}}{2}} = \pm\sqrt{\pm\sqrt{j^4 + k^4} - j^2}.$$

Mit

$$k_1 = \sqrt{\sqrt{j^4 + k^4} - j^2}, \quad k_3 = \sqrt{\sqrt{j^4 + k^4} + j^2}$$

erhält man $\lambda_{1,2} = \pm k_1$, $\lambda_{3,4} = \pm i \cdot k_3$ und für die Lösungen gilt

$$v(x) = Ae^{k_1 x} + Be^{-k_1 x} + Ce^{ik_3 x} + De^{-ik_3 x}.$$

Man erhält

$$v(x) = C_1 \cosh(k_1 x) + C_2 \sinh(k_1 x) + C_3 \cos(k_3 x) + C_4 \sin(k_3 x)$$

$$v'(x) = k_1(C_1 \sinh(k_1 x) + C_2 \cosh(k_1 x) - C_3 \sin(k_3 x) + C_4 \cos(k_3 x))$$

$$M(x) = -EI \cdot v''$$
$$= -EI(k_1^2(C_1 \cosh(k_1 x) + C_2 \sinh(k_1 x)) - k_3^2(C_3 \cos(k_3 x) - C_4 \sin(k_3 x))) \quad \text{und}$$

$$Q(x) = -EI \cdot u'''$$
$$= -EI(k_1^3(C_1 \sinh(k_1 x) + C_2 \cosh(k_1 x)) + k_3^3(C_3 \sin(k_3 x) - C_4 \cos(k_3 x))).$$

12.5 Die DGL für Biegeschwingungen des homogenen Balkens unter Normalkraft

Wir betrachten hierzu nur einen Fall. Der Balken sei beidseitig gelenkig gestützt (Abb. 12.7 rechts). Die vier Randbedingungen lauten

I. $v(0) = 0$, II. $M(0) = 0$, III. $v(l) = 0$ und IV. $M(l) = 0$.

Aus I. $C_1 + C_3 = 0$. Aus II. $C_1 - C_3 = 0 \implies C_1 = 0, C_3 = 0$.
Aus III. $C_2 \sinh(k_1 l) + C_4 \sin(k_3 l) = 0$.
Aus IV. $C_2 \cdot k_1^2 \sinh(k_1 l) - C_4 \cdot k_3^2 \sin(k_3 l) = 0$.

III. $\cdot k_1^2 -$ IV. ergibt

$$(k_1^2 + k_3^2) \cdot \sin(k_3 l) = 0 \implies \sin(k_3 l) = 0 \implies k_3 = \frac{n\pi}{l}.$$

Man erhält die Eigenwerte des entsprechenden freien Balkens.

Weiter folgt

$$k_3^2 = \sqrt{j^4 + k^4} + j^2 \implies k^4 = (k_3^2 - j^2)^2 - j^4.$$

Daraus wird

$$\omega_n^2 = \frac{EI}{\rho A}(k_3^4 - 2k_3^2 j^2 + j^4 - j^4) = \frac{1}{\rho A}\left(\left(\frac{n\pi}{l}\right)^2 EI - N\right).$$

Schließlich erhält man für die Eigenfrequenzen

$$f_n = \frac{n}{2l\sqrt{\rho A}} \sqrt{\left(\frac{n\pi}{l}\right)^2 EI - N}.$$

Je größer die Normalkraft N ist, umso kleiner werden die Frequenzen!

Aufgabe
Bearbeiten Sie die Übung 15.

13 Die Wellengleichung für den gedämpft schwingenden Balken

Man muss zur folgenden Herleitung die Einheit der Dämpfung auf die ganze Länge des Balkens umrechnen, also als $\frac{\mu}{l}$ angeben in $[\frac{Ns}{m^2}]$.

Analog zum ungedämpft schwingenden Balken folgt

$$dM = dM_Q + dM_N \quad \text{oder} \quad dM = Q \cdot dx + N \cdot du$$

$$\Longrightarrow \quad \frac{\partial M}{\partial x} dx = Q \cdot dx + N \cdot \frac{\partial u}{\partial x} dx \quad \Longrightarrow \quad Q = \frac{\partial M}{\partial x} - N \cdot \frac{\partial u}{\partial x}$$

$$\Longrightarrow \quad \frac{\partial Q}{\partial x} = \frac{\partial^2 M}{\partial x^2} - \frac{\partial}{\partial x}\left(N \cdot \frac{\partial u}{\partial x}\right).$$

Es gilt das Newton'sche Gesetz

$$dm \cdot \ddot{u} = dQ + q \cdot dx - \mu \cdot dx \cdot \frac{\partial u}{\partial t}$$

$$\Longrightarrow \quad \rho A \cdot dx \cdot \frac{\partial^2 u}{\partial t^2} = \frac{\partial Q}{\partial x} dx + q \cdot dx - \mu \cdot dx \cdot \frac{\partial u}{\partial t} \quad \text{oder}$$

$$\rho A \cdot dx \cdot \frac{\partial^2 u}{\partial t^2} = \frac{\partial Q}{\partial x} dx + q \cdot dx - \mu \cdot dx \cdot \frac{\partial u}{\partial t}.$$

Man erhält

$$\rho A \cdot \frac{\partial^2 u}{\partial t^2} = \frac{\partial Q}{\partial x} + q - \mu \cdot \frac{\partial u}{\partial t} = \frac{\partial^2 M}{\partial x^2} - \frac{\partial}{\partial x}\left(N \cdot \frac{\partial u}{\partial x}\right) + q - \mu \cdot \frac{\partial u}{\partial t}.$$

Für den Balken gilt

$$\frac{\partial^2 u}{\partial x^2} = -\frac{M}{EI} \quad \Longrightarrow \quad M = -EI \cdot \frac{\partial^2 u}{\partial x^2} \quad \Longrightarrow \quad \frac{\partial^2 M}{\partial x^2} = -\frac{\partial^2}{\partial x^2}\left(EI \cdot \frac{\partial^2 u}{\partial x^2}\right).$$

Man erhält die Wellengleichung für den gedämpft schwingenden Balken

$$\frac{\partial^2}{\partial x^2}\left(EI \cdot \frac{\partial^2 u}{\partial x^2}\right) + \frac{\partial}{\partial x}\left(N \cdot \frac{\partial u}{\partial x}\right) + \rho A \cdot \frac{\partial^2 u}{\partial t^2} + \mu \cdot \frac{\partial u}{\partial t} = q.$$

Wir betrachten die freien Schwingungen genauer:

$$\frac{\partial^2}{\partial x^2}\left(EI \cdot \frac{\partial^2 u}{\partial x^2}\right) + \frac{\partial}{\partial x}\left(N \cdot \frac{\partial u}{\partial x}\right) + \rho A \cdot \frac{\partial^2 u}{\partial t^2} + \mu \cdot \frac{\partial u}{\partial t} = 0.$$

Der Separationsansatz ist wie üblich $u(x, t) = v(x) \cdot w(t)$.

Eingesetzt erhält man $EIv''''w + N \cdot v''w + \rho Av \cdot \ddot{w} + \mu \cdot v\dot{w} = 0$ oder schließlich

$$\frac{\ddot{w}}{w} + \frac{\mu}{\rho A} \cdot \frac{\dot{w}}{w} = -\frac{EI}{\rho A} \cdot \frac{v''''}{v} - \frac{N}{\rho A} \cdot \frac{v''}{v} = -\omega^2.$$

13 Die Wellengleichung für den gedämpft schwingenden Balken

Man muss also das DGL-System $v'''' + \frac{N}{EI}v'' - \frac{\rho A}{EI} \cdot \omega^2 \cdot v = 0$ und $\ddot{w} + b^2 \dot{w} + \omega^2 w = 0$ mit $b^2 = \frac{\mu}{\rho A}$ lösen. Für beide DGLen sind die Lösungen bekannt. Für den beidseitig gelenkig gestützten Balken wären die Eigenwerte $k_3 = \frac{n\pi}{l}$.

Es ist einerseits

$$v(x) = \sum_{n=1}^{\infty} \sinh\left(\sqrt{\sqrt{\left(\frac{N}{2EI}\right)^2 + \left(\frac{n\pi}{l}\right)^2 - \frac{N}{EI}} - \frac{N}{2EI}}\, x + \sin\left(\frac{n\pi}{l}\right) x\right)$$

und andererseits

$$w(t) = e^{-\frac{\mu}{\rho A}\cdot t} \cdot \left(C_1 \cdot \cos\left(\frac{\sqrt{\left(\frac{\mu}{\rho A}\right)^2 - 4\left(\frac{1}{\rho A}\left(\left(\frac{n\pi}{l}\right)^2 EI - N\right)\right)^2}}{2} t \right) \right.$$
$$\left. + C_2 \cdot \sin\left(\frac{\sqrt{\left(\frac{\mu}{\rho A}\right)^2 - 4\left(\frac{1}{\rho A}\left(\left(\frac{n\pi}{l}\right)^2 EI - N\right)\right)^2}}{2} t \right) \right),$$

wobei hier

$$\left(\frac{\mu}{\rho A}\right)^2 - 4\left(\frac{1}{\rho A}\left(\left(\frac{n\pi}{l}\right)^2 EI - N\right)\right)^2 > 0$$

gewählt wurde, also eine starke Dämpfung, die durch die fallende Exponentialfunktion repräsentiert wird. Insgesamt hat man

$$u(x,t) = \sum_{n=1}^{\infty} \left(\sinh\left(\sqrt{\sqrt{\left(\frac{N}{2EI}\right)^2 + \left(\frac{n\pi}{l}\right)^2 - \frac{N}{EI}} - \frac{N}{2EI}}\, x + \sin\left(\frac{n\pi}{l}\right) x\right) \right.$$
$$\cdot e^{-\frac{\mu}{\rho A}\cdot t} \cdot \left(C_1 \cdot \cos\left(\frac{\sqrt{\left(\frac{\mu}{\rho A}\right)^2 - 4\left(\frac{1}{\rho A}\left(\left(\frac{n\pi}{l}\right)^2 EI - N\right)\right)^2}}{2} t \right) \right.$$
$$\left.\left. + C_2 \cdot \sin\left(\frac{\sqrt{\left(\frac{\mu}{\rho A}\right)^2 - 4\left(\frac{1}{\rho A}\left(\left(\frac{n\pi}{l}\right)^2 EI - N\right)\right)^2}}{2} t \right) \right) \right).$$

Speziell kann man $N = 0$ oder $\mu = 0$ setzen.

14 Die Wellengleichung für den schwingenden Balken mit Streckenlast

Nun kommen wir zu denjenigen Fällen mit zusätzlicher Streckenlast, also $q \neq 0$.

Wir betrachten ausschließlich konstante oder streckenabhängige Eigen- oder Zusatzlasten.

1. Fall. a) $q(x) = konst. = \gamma$, $N = konst. = W = T \cos \alpha$, $\dfrac{\partial u}{\partial t} = 0$.

Dann ist $\dfrac{d^2u}{dx^2} = \dfrac{\gamma}{W}$ die DGL des mit konstanter Streckenlast belasteten Seils. Allgemein für $q = q(x)$ lautet die DGL $\dfrac{d^2u}{dx^2} = \dfrac{q(x)}{W}$ (siehe Übungsteil, 2. Band).

b) $q(x) = \gamma \cdot s(x) = \gamma \sqrt{1 + \left(\dfrac{du}{dx}\right)^2}$, $N = konst. = W$, $\dfrac{\partial u}{\partial t} = 0$,

$q(x)$ ist die Gewichtsverteilung der Kette selber.
Das ergibt die DGL der Kettenlinie

$$\frac{d^2u}{dx^2} = \frac{\gamma}{W}\sqrt{1 + \left(\frac{d^2u}{dx^2}\right)^2} \quad \text{(siehe Übungsteil, 2. Band).}$$

2. Fall. $q = q(x)$, $EI = konst.$, $N = 0$, $\dfrac{\partial u}{\partial t} = 0$, $EI\dfrac{\partial^4 u}{\partial x^4} = q(x)$

Da sind Biegelinien mit Streckenlast (siehe 2. Band).

3. Fall. $q = q(x)$, $EI = konst.$, $N = konst. = F$, $\dfrac{\partial u}{\partial t} = 0$, $EI \cdot \dfrac{\partial^4 u}{\partial x^4} + F\dfrac{\partial^2 u}{\partial x^2} = q(x)$

q bedeutet die aufgetragene Last. Bei den Eulerfällen ($q = 0$) wurde der Balken aufgrund einer Normalkraft gebogen. In diesem Fall haben wir es mit der Einwirkung zweier Kräfte zu tun. Die DGL $EI \cdot u'''' = q$ beschreibt Biegelinien unter Last.

Dann beschreibt die DGL $EI \cdot u'''' + Fu'' = q$ folglich Biegelinien aufgrund von Last mit einer zusätzlich wirkenden Kraft F. Somit sind die Balken schon gebogen und können keinen Eulerfall beschreiben. Es gibt demnach auch keine kritische Knickkraft!

14.1 Die DGL für Biegelinien aufgrund von Eigen- oder Zusatzlast

Wir zeigen den Fall $q(x) = konst. = q_0$ ausführlich:

$u'''' + k^2 u'' = p_0$ mit $k = \sqrt{\dfrac{F}{EI}}$ und $p_0 = \dfrac{q_0}{EI}$. Wir setzen $r = u''$. Dann ist $r'' + k^2 r = p_0$.
Eine partikuläre Lösung lautet

$$r_p(x) = \frac{p_0}{k^2}.$$

Die allgemeine Lösung der DGL $r'' + k^2 r = 0$ ist

$$r_a(x) = C_1 \cos(kx) + C_2 \sin(kx).$$

Insgesamt erhält man $r(x) = C_1 \cos(kx) + C_2 \sin(kx) + \frac{p_0}{k^2}$.
Folglich ist

$$u(x) = C_1 \cos(kx) + C_2 \sin(kx) + C_3 x + C_4 + \frac{p_0}{k^2} \cdot \frac{x^2}{2} \quad \text{und}$$

$$M(x) = -EI \cdot u'' = EIk^2(C_1 \cos(kx) + C_2 \sin(kx)) - EI\frac{p_0}{k^2}.$$

Wir betrachten nun speziell den beidseitig gelenkig gelagerten Balken (Abb. 12.7 rechts).

Die Randbedingungen sind

I. $u(0) = 0$, II. $M(0) = 0$, III. $u(l) = 0$ und IV. $M(l) = 0$.

Aus I. $C_1 + C_4 = 0$. Aus II. $C_1 = \frac{p_0}{k^4} \implies C_4 = -\frac{p_0}{k^4}$.

Aus III. $C_1 \cos(kl) + C_2 \sin(kl) + C_3 l + C_4 + \frac{p_0}{k^2} \cdot \frac{l^2}{2} = 0$.

Aus IV. $C_2 = \frac{p_0}{k^4} \cdot \frac{1 - \cos(kl)}{\sin(kl)} \implies C_3 = -\frac{p_0 l}{2k^4}$.

Somit lautet die Biegelinie für diesen Fall

$$u(x) = \frac{p_0}{k^4} \cos(kx) + \frac{p_0}{k^4} \cdot \frac{1 - \cos(kl)}{\sin(kl)} \sin(kx) - \frac{p_0 l}{2k^4} x - \frac{p_0}{k^4} + \frac{p_0}{k^2} \cdot \frac{x^2}{2}$$

$$\text{oder} \quad u(x) = \frac{q_0}{k^4 EI} \left(\frac{k^2}{2} x^2 - \frac{k^2 l}{2} x - 1 + \cos(kx) + \frac{1 - \cos(kl)}{\sin(kl)} \sin(kx) \right).$$

4. Fall. $q = q(x)$, $EI = 0$, $N = 0$, $\frac{\partial u}{\partial t} \neq 0$, $\rho A \frac{d^2 u}{dt^2} = q(x)$

Das bedeutet $\rho A \cdot u'' = \rho A g$ und damit $u'' = g$ (freier Fall).

14.2 Die DGL der schwingenden Saite mit Streckenlast

5. Fall. $q = q(x)$, $EI = 0$, $N = \text{konst.} = -F$, $\frac{\partial u}{\partial t} \neq 0$, $-F\frac{\partial^2 u}{\partial x^2} + \rho A \frac{\partial^2 u}{\partial t^2} = q(x)$

(Schwingende Saite mit Streckenlast)

Der Ausdruck $q(x)$ bezeichnet die auf die Saite pro Längeneinheit wirkende Streckenlast.

Umgeformt ist

$$u'' - \frac{\rho A}{F} \ddot{u} = -\frac{q(x)}{F} \quad \text{oder} \quad \frac{1}{c^2} \ddot{u} - u'' = -p(x) \quad \text{mit} \quad c^2 = \frac{\rho}{\sigma}, \quad p(x) = -\frac{q(x)}{\sigma A}.$$

Der Separationsansatz für diese DGL lautet $u(x, t) = v(x, t) + h(x)$.
Eingesetzt erhält man

$$\frac{1}{c^2} \ddot{v} - v'' + h'' = -p(x).$$

Ist nun $u(x, t)$ Lösung der inhomogenen DGL $\frac{1}{c^2}\ddot{u} - u'' = -p(x)$ und gilt $h''(x) = -p(x)$, dann ist $v(x, t)$ Lösung der homogenen DGL $\frac{1}{c^2}\ddot{v} - v'' = 0$.

Die allgemeine Lösung der DGL lautet somit

$$u(x, t) = v(x, t) - \int \int p(x)\, dx\, dx\ .$$

Das Problem ist also auf bekannte DGLen zurückgeführt. Den Fall für $q(x) = konst. = q_0$ führen wir im Einzelnen aus. Damit wollen wir uns aber, was diesen Fall angeht, begnügen.

Es ist auch $p(x) = konst. = p_0$. Somit hat man

$$h(x) = -\left(p_0 \frac{x^2}{2} + C_1 x + C_2\right)\ .$$

Die DGL $\frac{1}{c^2}\ddot{v} - v'' = 0$ entspricht der unbelasteten Saitenschwingung.

Mit dem Ansatz $v(x, t) = z(x) \cdot w(t)$ folgt

$$z'' + \frac{\lambda^2}{c^2} z = 0 \quad \text{und} \quad \ddot{w} + \lambda^2 w = 0\ .$$

Die Randbedingungen sind $u(0, t) = 0$ und $u(l, t) = 0$.

Aus $u(0, t) = 0$ folgt nacheinander $v(0, t) = -h(0)$, $z(0) \cdot w(t) = -h(0)$ und $h(0) = 0$, sonst wäre $w(t) = konst.$ und somit $z(0) = 0$.

Analog folgt aus $u(l, t) = 0$, dass $z(l) = 0$ ist. Die Bedingungen $z(0) = 0$ und $z(l) = 0$ führen wieder zu $z(x) = C_1 \cdot \sin(\frac{n \cdot \pi}{l} x)$ mit den Eigenwerten $\frac{n \cdot \pi}{l}$.

Man erhält wie gehabt

$$w(t) = C_2^* \cdot \cos\left(\frac{n \cdot \pi}{l} t\right)$$

für die anfangs ruhende Saite.

Dann ist

$$v(x, t) = \sum_{n=1}^{\infty} b_n \cdot \sin\left(\frac{n \cdot \pi}{l} x\right) \cdot \cos\left(\frac{n c \pi}{l} t\right)\ .$$

b_n sind die Fourierkoeffizienten, abhängig von der Startauslenkung. Damit sieht die gesamte Lösung so aus:

$$u(x, t) = \sum_{n=1}^{\infty} b_n \cdot \sin\left(\frac{n \cdot \pi}{l} x\right) \cdot \cos\left(\frac{n c \pi}{l} t\right) - \left(p_0 \frac{x^2}{2} + c_1 x + c_2\right) \quad \text{mit } p_0 = -\frac{q_0}{\sigma A}\ .$$

Mit der Anfangsbedingung $u(0, t) = 0$ folgt $c_2 = 0$. Aus $u(l, t) = 0$ wird $c_1 = -\frac{p_0 l}{2}$.

Damit lautet das Endergebnis

$$u(x, t) = \sum_{n=1}^{\infty} b_n \cdot \sin\left(\frac{n \cdot \pi}{l} x\right) \cdot \cos\left(\frac{n c \pi}{l} t\right) - \frac{q_0}{2 \sigma A} x(x - l)\ .$$

Im Beispiel 1, Kapitel 3 wurde die Höhe der Auslenkung $h = 1$, die Länge $l = \pi$ und der Einfachheit halber $c = 1$ gesetzt. Die entsprechenden Lösungen sähen dann so aus:
Ohne Streckenlast ist

$$u(x, t) = \frac{8}{\pi^2} \cdot \sum_{n=1}^{\infty} \left(\frac{\sin\left(\frac{n\pi}{2}\right)}{n^2} \right) \cdot \sin(nx) \cos(nt).$$

Mit konstanter Streckenlast erhält man

$$u(x, t) = \frac{8}{\pi^2} \cdot \sum_{n=1}^{\infty} \left(\frac{\sin\left(\frac{n\pi}{2}\right)}{n^2} \right) \cdot \sin(nx) \cos(nt) - \frac{p_0}{2} x(x - \pi) \quad \text{und}$$

$$p_0 = \frac{q_0}{\sigma A} = \frac{G}{l} \cdot \frac{1}{\sigma A} = \frac{mg}{\sigma A l} = \frac{\rho A l g}{\sigma A l} = \frac{\rho g}{\sigma} = 1{,}5 \cdot 10^{-5} \frac{1}{\text{m}}.$$

Die Saite wird durch den Zusatzterm etwas träger.

Realistische Werte wären $l = 0{,}65$ m, $d = 0{,}35$ mm, $F = 50$ N, $\rho = 8 \cdot 10^3 \frac{\text{kg}}{\text{m}^3}$. Man erhält dann $p_0 = \frac{\rho g}{\sigma} = 1{,}5 \cdot 10^{-5} \frac{1}{\text{m}}$. Graphisch sieht man eine Abweichung zur unbelasteten Saite, die mit der Last wächst (z. B. $t = 0{,}5$).

Bemerkung. Die Eigenfrequenzen bleiben auch bei beliebiger Streckenlast dieselben. Die Schwingungsform ändert sich.

14.3 Die DGL für freie Biegeschwingungen mit Streckenlast

6. Fall. $q = q(x)$, $EI = \text{konst.}$, $N = 0$, $\frac{\partial u}{\partial t} \neq 0$, $EI \frac{\partial^4 u}{\partial x^4} + \rho A \frac{\partial^2 u}{\partial t^2} = q(x)$
(Freie Biegeschwingungen des Balkens mit Streckenlast).

Der Ausdruck $q(x)$ bezeichnet die auf die Saite pro Längeneinheit wirkende Streckenlast.

Umgeformt ist

$$u'''' + \frac{\rho A}{EI} \ddot{u} = p(x) \quad \text{mit} \quad p(x) = \frac{q(x)}{EI}.$$

Der Separationsansatz für diese DGL ist $u(x, t) = v(x, t) + h(x)$.

Eingesetzt erhält man

$$v'''' + h'''' + \frac{\rho A}{EI} \ddot{v} = p(x).$$

Ist nun $u(x, t)$ Lösung der inhomogenen DGL $u'''' + \frac{\rho A}{EI} \ddot{u} = p(x)$ und gilt $h''''(x) = p(x)$, dann ist $v(x, t)$ Lösung der homogenen DGL $v'''' + \frac{\rho A}{EI} \ddot{v} = 0$.

Die allgemeine Lösung der DGL lautet somit

$$u(x, t) = v(x, t) - \int\int\int\int p(x)\, dx^4.$$

Das Problem ist also auf bekannte DGLen zurückgeführt. Den Fall für $q(x) = konst. = q_0$ führen wir im Einzelnen aus.

Es ist auch $p(x) = konst. = p_0$ und somit

$$h(x) = p_0 \frac{x^4}{24} + c_1 \frac{x^3}{6} + c_2 \frac{x^2}{2} + c_3 x + c_4 .$$

Die DGL $v'''' + \frac{\rho A}{EI} \ddot v = 0$ entspricht der unbelasteten Balkenschwingung.

Mit dem Ansatz $v(x, t) = z(x) \cdot w(t)$ folgt

$$-\frac{EI}{\rho A} \cdot \frac{v''''(x)}{v(x)} = -\omega^2 \quad \text{und} \quad \frac{\ddot w(t)}{w(t)} = -\omega^2$$

oder

$$v''''(x) - k^4 \cdot v(x) = 0 \quad \text{und} \quad \ddot w + \omega^2 w = 0 \quad \text{mit} \quad k^4 = \frac{\rho A}{EI} \omega^2 .$$

Für die Randbedingungen betrachten wir den beidseitig gelenkig gestützten Balken (Abb. 12.7 rechts). Die vier Randbedingungen lauten

I. $u(0) = 0,$ II. $M(0) = 0,$ III. $u(l) = 0$ und IV. $M(l) = 0.$

Mit $u(0, t) = 0$ folgt aus denselben Gründen wie bei der Saite, dass $z(0) = 0$ gilt.

Entsprechend ist $z(l) = 0$.

Mit $M(0) = 0$ ist

$$u''(0, t) = 0 \implies v''(0, t) = -h''(0) \implies z''(0) \cdot w(t) = -h''(0) .$$
$$\implies h''(0) = 0 ,$$

sonst wäre $w(t) = konst$. Somit gilt $z''(0) = 0$.

Analog folgt aus $M(l) = 0$, dass $z''(l) = 0$.

Das ergibt dann die bekannten Lösungen für $z(x)$ (siehe Übung 12)

$$z(x) = C_4 \sin\left(\frac{n \cdot \pi}{l} x\right)$$

mit den Eigenwerten $\frac{n \cdot \pi}{l}$ ($C_2 = 0$).

Für den anfangs ruhenden Balken ist $w(t) = C_2^* \cdot \cos(\frac{n \cdot \pi}{l} t)$.

Damit erhält man

$$v(x, t) = \sum_{n=1}^{\infty} b_n \sin\left(\frac{n \cdot \pi}{l} x\right) \cdot \cos\left(\frac{n c \pi}{l} t\right) .$$

b_n sind die Fourierkoeffizienten, abhängig von der Startauslenkung. Somit sieht die gesamte Lösung so aus:

$$u(x, t) = \sum_{n=1}^{\infty} b_n \sin\left(\frac{n \cdot \pi}{l} x\right) \cdot \cos\left(\frac{n c \pi}{l} t\right) + p_0 \frac{x^4}{24} + c_1 \frac{x^3}{6} + c_2 \frac{x^2}{2} + c_3 x + c_4 \quad \text{mit} \quad p_0 = \frac{q_0}{EI}.$$

Aus der Anfangsbedingung $u(0, t) = 0$ folgt $c_4 = 0$. Mit $u(l, t) = 0$ und den beiden Bedingungen $M(0) = 0$ und $M(l) = 0$ bzw. $u''(0) = 0$ und $u''(l) = 0$ folgt insgesamt

$$c_1 = -\frac{p_0 l}{2}, \quad c_2 = 0, \quad c_3 = \frac{p_0 l^3}{24} .$$

Damit lautet das Ergebnis

$$u(x,t) = \sum_{n=1}^{\infty} b_n \sin\left(\frac{n\cdot\pi}{l}x\right)\cdot\cos\left(\frac{nc\pi}{l}t\right) + \frac{q_0 l^4}{24EI}\left(\left(\frac{x}{l}\right)^4 - 2\left(\frac{x}{l}\right)^3 + \left(\frac{x}{l}\right)\right).$$

Der Zusatzterm ist nichts anderes als die Biegelinie für diesen Fall (2. Band, Übungsteil), die sich bei Zusatzlast ergibt (statische Auslenkung). Der Balken dehnt sich bei Schwingung zusätzlich um diesen Betrag.

14.4 Die DGL für gedämpfte Biegeschwingungen unter Normalkraft mit Streckenlast

7. Fall. $q = q(x)$, $EI = \text{konst.}$, $N = \text{konst.}$, $\frac{\partial u}{\partial t} \neq 0$, $EI\frac{\partial^4 u}{\partial x^4} + N\frac{\partial^2 u}{\partial x^2} + \rho A\frac{\partial^2 u}{\partial t^2} = q(x)$
(Biegeschwingungen unter Normalkraft mit Streckenlast).

Umgeformt:
$$u'''' + \frac{N}{EI}u'' + \frac{\rho A}{EI}\ddot{u} = \frac{q(x)}{EI},$$

Ansatz $u(x,t) = v(x,t) + h(x)$.
 Eingesetzt erhält man

$$v'''' + h'''' + \frac{N}{EI}v'' + \frac{N}{EI}h'' + \frac{\rho A}{EI}\ddot{v} = p(x) \quad \text{mit} \quad p(x) = \frac{q(x)}{EI}$$

$$\implies v'''' + \frac{N}{EI}v'' + \frac{\rho A}{EI}\ddot{v} = 0$$

mit der Bedingung $h''''(x) + \frac{N}{EI}h''(x) = p(x)$.
 Wir nehmen speziell $q(x) = \text{konst.} = q_0$.
 Die allgemeine Lösung von $h''''(x) + \frac{N}{EI}h''(x) = p_0$ lautet

$$h(x) = C_1 \cos(kx) + C_2 \sin(kx) + C_3 x + C_4 + \frac{p_0}{k^2}\cdot\frac{x^2}{2} \quad \text{mit} \quad k = \sqrt{\frac{F}{EI}}.$$

Speziell betrachten wir den beidseitig gelenkig gestützten Balken (Abb. 12.7 rechts).
 Die vier Randbedingungen lauten
I. $u(0) = 0$, II. $M(0) = 0$, III. $u(l) = 0$ und IV. $M(l) = 0$.

Daraus folgt $h(0) = 0$, $h''(0) = 0$, $h(l) = 0$, $h''(l) = 0$ und

$$h(x) = \frac{q_0}{k^4 EI}\left(\frac{k^2}{2}x^2 - \frac{k^2 l}{2}x - 1 + \cos(kx) + \frac{1-\cos(kl)}{\sin(kl)}\sin(kx)\right) \quad \text{(siehe 3. Fall)}.$$

Ansatz für v: $v(x,t) = z(x)\cdot w(t)$. Es folgt $v''''(x) - \lambda^4 \cdot v(x) = 0$ und $\ddot{w} + \omega^2 w = 0$ mit $\lambda^4 = \frac{\rho A}{EI}\omega^2$.

Dann ist

$$v(x,t) = \sum_{n=1}^{\infty} b_n \sin\left(\frac{n\cdot\pi}{l}x\right) \cdot \cos\left(\frac{nc\pi}{l}t\right) \quad \text{(siehe 3. Fall)}.$$

Zusammen hat man

$$u(x,t) = \sum_{n=1}^{\infty} b_n \sin\left(\frac{n\cdot\pi}{l}x\right) \cdot \cos\left(\frac{nc\pi}{l}t\right)$$
$$+ \frac{q_0}{k^4 EI}\left(\frac{k^2}{2}x^2 - \frac{k^2 l}{2}x - 1 + \cos(kx) + \frac{1-\cos(kl)}{\sin(kl)}\sin(kx)\right).$$

Der Zusatzterm ist wieder die Biegelinie für diesen Fall, die sich bei Zusatzlast einstellt.

15 Erzwungene Biegeschwingungen des Balkens

Wir betrachten dazu einen Balken mit örtlich verteilter Last und beliebiger Lagerung (Abb. 15.1 links). Die DGL lautet

$$EI \cdot u'''' + \rho A \cdot \ddot{u} = q_0(x) \cdot \cos(\varphi t) \,. \tag{15.1}$$

Die allgemeine Lösung des Problems setzt sich aus einer partikulären Lösung der inhomogenen Gleichung und der allgemeinen Lösung der homogenen Gleichung zusammen. Die inhomogene Lösung beeinflusst nur den Einschwingzustand. Sie klingt aufgrund der immer vorhandenen Dämpfung mit der Zeit ab:

$$u(x,t) = u_p(x,t) + u_h(x,t)$$

$$= u_p(x,t) + e^{-\frac{\mu}{2\rho A} \cdot t} \cdot \left(C_1 \cdot \cos\left(\frac{\sqrt{\left(\frac{\mu}{\rho A}\right)^2 - 4\left(\frac{n^2\pi^2}{l^2}\sqrt{\frac{EI}{\rho A}}\right)^2}}{2} t \right) \right.$$

$$\left. + C_2 \cdot \sin\left(\frac{\sqrt{\left(\frac{\mu}{\rho A}\right)^2 - 4\left(\frac{n^2\pi^2}{l^2}\sqrt{\frac{EI}{\rho A}}\right)^2}}{2} t \right) \right) .$$

Für die partikuläre Lösung machen wir den Ansatz $u_p(x,t) = v(x) \cdot \cos(\varphi t)$ und finden

$$EIv(x)'''' - \rho A \varphi^2 v(x) = q_0(x) \,.$$

Analog zum Stab multiplizieren wir diese DGL mit einer beliebigen Funktion $z(x)$ und integrieren über die Balkenlänge:

$$EI \int_0^l z(x)v(x)'''' \, dx - \rho A\varphi^2 \int_0^l z(x)v(x) \, dx = \int_0^l z(x)q_0(x) \, dx \,.$$

Für das erste Integral benutzen wir zweimal partielle Integration:

$$\int_0^l zv'''' \, dx = [zv''']_0^l - \int_0^l z'v''' \, dx = [zv''']_0^l - \left([z'v'']_0^l - \int_0^l z''v'' \, dx \right)$$

$$= [zv''']_0^l - [z'v'']_0^l + \int_0^l z''v'' \, dx \,.$$

Beachtet man, dass $EI \cdot u''' = -Q_0(x)$ (Querkraft aufgrund der Streckenlast $q_0(x)$) und $EI \cdot u'' = -M_0(x)$ (Biegemoment aufgrund der Streckenlast $q_0(x)$) gilt, dann erhält man

$$EI \int_0^l zv'''' \, dx = -[z(x)Q_0(x)]_0^l + [z'(x)M_0(x)]_0^l + EI \int_0^l z''v'' \, dx \,.$$

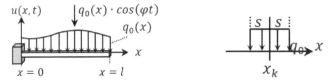

Abb. 15.1: Skizzen zu den erzwungenen Biegeschwingungen eines Balkens

Insgesamt folgt

$$EI \int_0^l z''v'' \, dx - \rho A \varphi^2 \int_0^l zv \, dx = [z(x)Q_0(x)]_0^l - [z'(x)M_0(x)]_0^l + \int_0^l z(x)q_0(x) \, dx \, . \quad (15.2)$$

Die Gleichung wird als schwache Formulierung (SF) der Gleichung (15.1) bezeichnet. Dies ist aber noch nicht die endgültige Fassung. Wirken zusätzlich zur Last noch Einzelkräfte, so muss deren Wirkung gesondert formuliert werden.

Ausgehend von einer Last $q_0(x)$ der Breite $2s$, kann man für ein hinreichend kleines Intervall s die Last als konstant betrachten: $q_0(x) = q_0$ (Abb. 15.1 rechts). Die zugehörige Kraft ist dann $F_k = 2sq_0$; sie wirke an der Stelle x_k.

Aus dem Ausdruck $p = \int_0^l z(x)q_0(x) \, dx$ wird dann

$$\int_{x_k+s}^{x_k+s} z(x)q_0 \, dx = \int_{x_k+s}^{x_k+s} z(x)\frac{F_k}{2s} \, dx = \frac{F_k}{2s} \cdot [Z(x)]_{x_k-s}^{x_k+s} = F_k \cdot \frac{Z(x_k+s) - Z(x_k-s)}{2s} \, .$$

Im Grenzfall für $s \to 0$ wird daraus eine Punktkraft und man erhält $p = F_k \cdot Z'(k_k) = z(k_k) \cdot F_k$.

Die endgültige Fassung der SF lautet somit

$$EI \int_0^l z''v'' \, dx - \rho A \varphi^2 \int_0^l zv \, dx$$

$$= [z(x)Q_0(x)]_0^l - [z'(x)M_0(x)]_0^l + \int_0^l z(x)q_0(x) \, dx + \sum_{k=1}^m z(k_k) \cdot F_k \, .$$

Im Fall einer freien Schwingung ist $\varphi = \omega$, $q_0(x) = 0$ und somit auch $Q_0(x) = M_0(x) = 0$.

Es verbleibt

$$EI \int_0^l z''v_n'' \, dx = \rho A \omega_n^2 \int_0^l zv_n \, dx \, .$$

Wird insbesondere $z = v_n$ gewählt, so ergibt sich

$$EI \int_0^l (v_n'')^2\, dx = \rho A \omega_n^2 \int_0^l v_n^2\, dx. \qquad (15.3)$$

Dabei ist

$$\int_0^l v_n^2\, dx = \begin{cases} \frac{l}{2}, & \text{für den beidseits gelenkig gelagerten Balken} \\ l, & \text{in allen anderen Lagerungsfällen}. \end{cases}$$

Weiter benutzen wir die Tatsache, dass sich jede Verschiebung $v(x)$ in Eigenfunktionen entwickeln lässt: $v(x) = \sum_{n=1}^\infty d_n v_n(x)$.

Nimmt man speziell $z(x) = v(x)$, setzt diesen Ansatz unter Benutzung von (15.3) in die SF ein (15.2), dann folgt

$$\rho A(\omega_n^2 - \varphi^2) d_n \int_0^l v_n^2\, dx = [v_n(x) Q_0(x)]_0^l - [v_n'(x) M_0(x)]_0^l + \int_0^l v_n(x) q_0(x)\, dx + \sum_{k=1}^m v_n(k_k) \cdot F_k.$$

Bezeichnet man analog zum Stab mit

$$V(\omega_n) := \frac{1}{1 - \left(\frac{\varphi}{\omega_n}\right)^2}$$

den Verschiebungsfaktor, so kann diese Gleichung nach den dynamischen Koeffizienten d_n aufgelöst werden.

Ergebnis. Ein Balken erfährt die dynamische Verschiebung $v(x) = \sum_{n=1}^\infty d_n v_n(x)$. Dabei sind $d_n = V(\omega_n) \cdot d_{sn}$ die dynamischen Koeffizienten und

$$d_{sn} = \frac{[v_n(x) Q_0(x)]_0^l - [v_n'(x) M_0(x)]_0^l + \int_0^l v_n(x) q_0(x)\, dx + \sum_{k=1}^m v_n(k_k) \cdot F_k}{\rho A \omega_n^2 \int_0^l v_n^2\, dx}$$

die Koeffizienten der statischen Lösung.

Über die SF kann man somit jede Krafteinwirkung in die dynamischen Koeffizienten einfließen lassen. Viele Fälle sind denkbar.

Darüber hinaus gestattet es die SF, die Querkraft $Q_0(0)$, $Q_0(l)$ oder das Biegemoment $M_0(0)$, $M_0(l)$ an den Rändern vorzugeben. Man muss aber darauf achten, dass nur bestimmte Kombinationen möglich sind.

An einem festen oder gelenkig gestützten Rand ist der Wert der Eigenfunktion Null, so dass die Vorgabe der Querkraft am Rand aufgrund der Kopplung $v_n(x) Q_0(x)$ keinen Sinn macht. Bei einem freien Rand muss die Querkraft vorgeschrieben werden.

Weiter ist an einem festen Rand der Ableitungswert der Eigenfunktion Null, so dass die Vorgabe des Biegemoments am Rand aufgrund der Kopplung $v'_n(x)M_0(x)$ unmöglich ist. Bei einem gelenkig gestützten Rand ist $v'_n(x) \neq 0$, also unbekannt. Somit muss das Biegemoment am Rand vorgegeben werden. Für einen freien Rand ist das Biegemoment eh Null.

Beispiel 1. (Beidseitig gelenkig gestützter Balken mit mittiger Anregung (Abb. 15.2 links)).
Die Eigenfunktionen und Eigenkreisfrequenzen sind

$$v_n(x) = \sin\left(\frac{n\pi}{l}x\right) \quad \text{und} \quad \omega_n = \frac{n^2\pi^2}{l^2}\sqrt{\frac{EI}{\rho A}}.$$

Als Einzelkraft liefert nur $v_n(\frac{l}{2})$ einen Beitrag zu den dynamischen Koeffizienten: $v_n(\frac{l}{2}) = \sin(\frac{2n-1}{2}\pi) = (-1)^{n+1}$. Zudem gilt $\int_0^l v_n^2(x)\,dx = \frac{l}{2}$.

Alles zusammen führt zu den statischen Koeffizienten

$$d_{sn} = \frac{2F_0 l^3}{EI\pi^4} \cdot \frac{(-1)^{n+1}}{(2n-1)^4}.$$

Die dynamische Lösung besitzt damit die Gestalt

$$u(x,t) = \frac{2F_0 l^3}{EI\pi^4} \sum_{n=1}^{\infty} \frac{(-1)^{n+1}}{(2n-1)^4} \frac{1}{1-\left(\frac{\varphi}{\omega_n}\right)^2} \sin\left(\frac{(2n-1)\pi}{l}x\right)\cos(\varphi t)$$

$$= 2F_0 l^3 \sum_{n=1}^{\infty} \frac{(-1)^{n+1}}{EI((2n-1)\pi)^4 - \rho A(l^2\varphi)^2} \sin\left(\frac{(2n-1)\pi}{l}x\right)\cos(\varphi t).$$

Bemerkung. Eine direkte Lösung wie beim Stab ist in diesem Fall nicht möglich. Die vier Randbedingungen sind gesetzt und folglich kann auch die Querkraft am Rand nicht vorgegeben werden.

Für $\varphi = 0$ erhält man die statische Lösung

$$u(x) = \frac{2F_0 l^3}{EI\pi^4} \sum_{n=1}^{\infty} \frac{(-1)^{n+1}}{(2n-1)^4} \sin\left(\frac{(2n-1)\pi}{l}x\right).$$

Dies muss der Biegelinie $u(x) = \frac{F_0}{48EI}(4x^3 - 3l^2 x)$ entsprechen.

Beweis. Um dies einzusehen, entwickelt man x und x^3 nach den Eigenfunktionen $\sin(\frac{(2n-1)\pi}{l}x)$.

Es gilt

$$x = \sum_{n=1}^{\infty} a_n \sin\left(\frac{(2n-1)\pi}{l}x\right), \quad x^3 = \sum_{n=1}^{\infty} b_n \sin\left(\frac{(2n-1)\pi}{l}x\right).$$

Die Koeffizienten sind

$$a_n = \frac{4}{l}\int_0^{\frac{l}{2}} x\sin\left(\frac{(2n-1)\pi}{l}x\right), \quad b_n = \frac{4}{l}\int_0^{\frac{l}{2}} x^3 \sin\left(\frac{(2n-1)\pi}{l}x\right)$$

(Biegelinie zweigeteilt, deshalb Integration nur bis $\frac{l}{2}$).
Daraus folgt

$$a_n = \frac{4l(-1)^{n+1}}{(2n-1)^2\pi^2}, \quad b_n = \frac{3l^2(-1)^{n+1}[(2n-1)^2\pi^2 - 8]}{(2n-1)^4\pi^4}$$

und schließlich

$$u(x) = \frac{12F_0l^3}{48EI}\sum_{n=1}^{\infty}(-1)^{n+1}\left[\frac{(2n-1)^2\pi^2 - 8}{(2n-1)^4\pi^4} - \frac{1}{(2n-1)^2\pi^2}\right]\sin\left(\frac{(2n-1)\pi}{l}x\right)$$

$$= -\frac{2F_0l^3}{EI}\sum_{n=1}^{\infty}\frac{(-1)^{n+1}}{(2n-1)^4\pi^4}\sin\left(\frac{(2n-1)\pi}{l}x\right). \qquad \square$$

Dieses Ergebnis stimmt bis auf das Vorzeichen mit der obigen Lösung überein, was daran liegt, dass die Kraft F_0 der Biegelinie die Reaktionskraft des Balkens bezeichnet, also in unserem Fall als $-F_0$ hätte einfließen müssen.

Ist die periodische Kraft viel größer als das Gewicht des Balkens, so kann man das System als Einmasseschwinger auffassen. Die größte Durchbiegung beträgt

$$\left|u\left(\frac{l}{2}\right)\right| = \frac{F_0l^3}{48EI}.$$

Als EMS ist

$$F_0 = D \cdot s \implies F_0 = D \cdot \frac{F_0l^3}{48EI} \implies D = \frac{48EI}{l^3} \quad \text{(Federkonstante).}$$

Dann schwingt das System (nach der Einschwingzeit) gemäß

$$x_p(t) = \frac{F_0}{\rho Al} \cdot \frac{1}{\sqrt{\left(\frac{48EI}{\rho Al^4} - \varphi^2\right)^2 + \left(\frac{\mu}{\rho Al}\right)^2 \varphi^2}} \cdot \cos\left(\varphi t - \arctan\left(\frac{\frac{\mu}{\rho Al}\cdot\omega}{\frac{48EI}{\rho Al^4} - \varphi^2}\right)\right)$$

und

$$x_p(t) = \frac{F_0l^3}{48EI - \rho A(l^2\varphi)^2} \cdot \cos(\varphi t)$$

dämpfungsfrei.

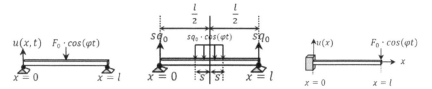

Abb. 15.2: Skizzen zu den Beispielen 1, 2 und 3

Beispiel 2. (Beidseitig gelenkig gestützter Balken mit mittiger Anregungslast der Breite $2s$ (Abb. 15.2 mitte)).

Das Biegemoment ist gegeben durch $M_0(x) = sq_0 x \implies M_0(0) = M_0(l) = 0$. Für die Querkräfte an den Rändern gilt

$$Q_0(0) = Q_0(l) = sq_0, \quad v_n(x) = \sin\left(\frac{n\pi}{l}x\right), \quad \omega_n = \frac{n^2\pi^2}{l^2}\sqrt{\frac{EI}{\rho A}}.$$

Damit werden auch die Klammerausdrücke zu Null:

$$[v_n(x)Q_0(x)]_0^l = [v_n'(x)M_0(x)]_0^l = 0.$$

Einzelkräfte gibt es nicht.

Somit verbleibt

$$\int_0^l v_n(x) q_0(x)\,dx = 2sq_0 \int_{\frac{l}{2}-s}^{\frac{l}{2}+s} \sin\left(\frac{n\pi}{l}x\right) dx = \frac{2(-1)^{n+1}}{(2n-1)\pi} \sin\left(\frac{(2n-1)\pi}{l}s\right).$$

Damit lauten die statischen Koeffizienten

$$d_{sn} = \frac{8sq_0 l^3}{EI\pi^5} \cdot \frac{(-1)^{n+1}}{(2n-1)^5} \sin\left(\frac{(2n-1)\pi}{l}s\right).$$

Die dynamische Lösung besitzt damit die Gestalt

$$u(x,t) = \frac{8sq_0 l^3}{EI\pi^5} \sum_{n=1}^{\infty} \frac{(-1)^{n+1}}{(2n-1)^5} \frac{1}{1-\left(\frac{\varphi}{\omega_n}\right)^2} \sin\left(\frac{(2n-1)\pi}{l}s\right) \sin\left(\frac{(2n-1)\pi}{l}x\right) \cos(\varphi t)$$

$$= \frac{8sq_0 l^3}{\pi} \sum_{n=1}^{\infty} \frac{(-1)^{n+1}}{(2n-1)} \frac{1}{EI((2n-1)\pi)^4 - \rho A(l^2\varphi)^2} \sin\left(\frac{(2n-1)\pi}{l}s\right)$$

$$\cdot \sin\left(\frac{(2n-1)\pi}{l}x\right) \cos(\varphi t).$$

Speziell für $s = \frac{l}{2}$ beträgt die Verschiebung

$$u(x,t) = \frac{4q_0 l^4}{EI\pi^5} \sum_{n=1}^{\infty} \frac{1}{(2n-1)^5} \frac{1}{1-\left(\frac{\varphi}{\omega_n}\right)^2} \sin\left(\frac{(2n-1)\pi}{l}x\right) \cos(\varphi t)$$

$$= \frac{4q_0 l^4}{\pi} \sum_{n=1}^{\infty} \frac{1}{(2n-1)} \frac{1}{EI((2n-1)\pi)^4 - \rho A(l^2\varphi)^2} \sin\left(\frac{(2n-1)\pi}{l}x\right) \cos(\varphi t).$$

Für $\varphi = 0$ erhält man die statische Lösung

$$u(x) = \frac{4q_0 l^4}{EI\pi^5} \sum_{n=1}^{\infty} \frac{1}{(2n-1)^5} \sin\left(\frac{(2n-1)\pi}{l}x\right).$$

Dies muss der Biegelinie $u(x) = -\frac{q_0}{24EI}(x^4 - 2lx^3 + l^3 x)$ entsprechen (siehe Übung 16).

Aufgabe
Bearbeiten Sie die Übung 16.

Beispiel 3. (Einseitig fest eingespannter Balken mit periodischer Anregungskraft (Abb. 15.2 rechts)).
Die charakteristische Gleichung für diese Lagerung ist $\cosh(kl)\cos(kl) + 1 = 0$.
Weiter gilt

$$\omega_n = k_n^2 \sqrt{\frac{EI}{\rho A}}, \quad \int_0^l v_n^2 \, dx = l$$

und die Eigenfunktionen sind

$$v_n(x) = \cos(k_n x) - \cosh(k_n x) - \frac{\cosh(k_n l) + \cos(k_n l)}{\sinh(k_n l) + \sin(k_n l)} \cdot (\sinh(k_n x) - \sin(k_n x)).$$

Zur Bestimmung der statischen Koeffizienten muss, da nur eine Einzelkraft wirkt, lediglich $v_n(l)$ ausgewertet werden:

$$v_n(l) = 2\frac{\cos(k_n l)\sinh(k_n l) - \cosh(k_n l)\sin(k_n l)}{\sinh(k_n l) + \sin(k_n l)}.$$

Ersetzt man $\cosh(kl)$ durch $-\frac{1}{\cos(kl)}$, so folgt

$$v_n(l) = 2\frac{\cos(k_n l)\sinh(k_n l) + \frac{\sin(k_n l)}{\cos(k_n l)}}{\sinh(k_n l) + \sin(k_n l)}.$$

Es gilt zudem

$$\sinh^2(k_n l) = \cosh^2(k_n l) - 1 = \frac{1}{\cos^2(k_n l)} - 1 = \frac{1 - \cos^2(k_n l)}{\cos^2(k_n l)} = \frac{\sin^2(k_n l)}{\cos^2(k_n l)}$$

$$\implies \sinh(k_n l) = \pm\tan(k_n l).$$

Damit erhält man

$$v_n(l) = 2\frac{\pm\sin(k_n l) + \tan(k_n l)}{\pm\tan(k_n l) \pm \sin(k_n l)} = 2(-1)^n.$$

Die statischen Koeffizienten sind dann

$$d_{sn} = \frac{2F_0(-1)^n}{k_n^4 \cdot \frac{EI}{\rho A} \cdot \rho A l} = \frac{2F_0 l^3}{EI} \cdot \frac{(-1)^n}{(k_n l)^4}.$$

Die dynamische Lösung besitzt damit die Gestalt

$$u(x,t) = \frac{2F_0 l^3}{EI} \sum_{n=1}^{\infty} \frac{(-1)^n}{(k_n l)^4} \frac{1}{1-\left(\frac{\varphi}{\omega_n}\right)^2}$$

$$\cdot \left[\cos(k_n x) - \cosh(k_n x) - \frac{\cosh(k_n l) + \cos(k_n l)}{\sinh(k_n l) + \sin(k_n l)}(\sin(k_n x) - \sinh(k_n x))\right] \cdot \cos(\varphi t)$$

$$= \frac{2F_0}{l} \sum_{n=1}^{\infty} \frac{(-1)^n}{k_n^4 EI - \rho A \varphi^2}$$

$$\cdot \left[\cos(k_n x) - \cosh(k_n x) - \frac{\cosh(k_n l) + \cos(k_n l)}{\sinh(k_n l) + \sin(k_n l)}(\sin(k_n x) - \sinh(k_n x))\right] \cdot \cos(\varphi t)$$

mit $k_1 l = 0{,}597 \cdot \pi$, $k_2 l = 1{,}494 \cdot \pi$, $k_3 l = 2{,}500 \cdot \pi$.

Die direkte Lösung

Im Fall des 3. Beispiels lässt sich eine direkte Lösung herleiten. Ausgehend von der freien Schwingung $EI \cdot u'''' + \rho A \cdot \ddot{u} = 0$ gesellt sich zu den drei Randbedingungen
I. $u(0) = 0$, II. $u'(0) = 0$, III. $M(l) = 0$ die RB IV. $Q(l) = F_0 \cdot \cos(\varphi t)$.

Für die partikuläre Lösung machen wir den Ansatz $u_p(x,t) = v(x) \cdot \cos(\varphi t)$.
Eingesetzt erhält man $EI \cdot v'''' \cdot \cos(\varphi t) - \rho A \cdot \varphi^2 v \cdot \cos(\varphi t) = 0$.
Weiter folgt

$$EI \cdot v'''' - \rho A \cdot \varphi^2 v = 0 \quad \Longrightarrow \quad v'''' - \frac{\rho A}{EI} \cdot \varphi^2 v = 0.$$

Daraus wird $v'''' - k^4 v = 0$ mit $k^4 = \varphi^2 \frac{\rho A}{EI}$.
Für $v(x)$ lautet die Lösung

$$v(x) = C_1 \cosh(kx) + C_2 \sinh(kx) - C_1 \cos(kx) - C_2 \sin(kx).$$

Aus I. $C_1 + C_3 = 0$. Aus II. $C_2 + C_4 = 0$.
Aus III. $C_1 \cosh(kl) + C_2 \sinh(kl) + C_1 \cos(kl) + C_2 \sin(kl) = 0$.
Aus IV. $-EIk^3(C_1 \sinh(kl) + C_2 \cosh(kl) - C_1 \sin(kl) + C_2 \cos(kl)) = F_0$.

Man erhält

$$C_2 = -C_1 \cdot \frac{\cosh(kl) + \cos(kl)}{\sinh(kl) + \sin(kl)}.$$

Aus IV. ergibt sich

$$C_1(\sinh(kl) - \sin(kl)) + C_2(\cosh(kl) + \cos(kl)) = -\frac{F_0}{EIk^3}.$$

Daraus wird

$$C_1 \left(\frac{(\sinh(kl) + \sin(kl))(\sinh(kl) - \sin(kl)) - (\cosh(kl) + \cos(kl))^2}{\sinh(kl) + \sin(kl)} \right) = -\frac{F_0}{EIk^3}.$$

Es ergibt sich

$$C_1 = -\frac{F_0}{2EIk^3} \cdot \frac{\sinh(kl) + \sin(kl)}{\cosh(kl)\cos(kl) + 1}, \quad C_2 = \frac{F_0}{2EIk^3} \cdot \frac{\cosh(kl) + \cos(kl)}{\cosh(kl)\cos(kl) + 1}.$$

Endlich ist

$$v(x) = \frac{F_0}{2EIk^3} \left[\frac{\sinh(kl) + \sin(kl)}{\cosh(kl)\cos(kl) + 1} \cdot (\cos(kx) - \cosh(kx)) \right.$$
$$\left. + \frac{\cosh(kl) + \cos(kl)}{\cosh(kl)\cos(kl) + 1} \cdot (\sinh(kx) - \sin(kx)) \right]$$

oder

$$v(x) = \frac{F_0}{2EIk^3} \left(\frac{(\sinh(kl) + \sin(kl)) \cdot (\cos(kx) - \cosh(kx))}{\cosh(kl)\cos(kl) + 1} \right.$$
$$\left. + \frac{(\cosh(kl) + \cos(kl)) \cdot (\sinh(kx) - \sin(kx))}{\cosh(kl)\cos(kl) + 1} \right).$$

Die Lösung lautet mit $k^4 = \varphi^2 \frac{\rho A}{EI}$ schließlich

$$u(x,t) = \frac{F_0}{2EIk^3} \left(\frac{(\sinh(kl) + \sin(kl)) \cdot (\cos(kx) - \cosh(kx))}{\cosh(kl)\cos(kl) + 1} \right.$$
$$\left. + \frac{(\cosh(kl) + \cos(kl)) \cdot (\sinh(kx) - \sin(kx))}{\cosh(kl)\cos(kl) + 1} \right) \cdot \cos(\varphi t).$$

Sie stimmt mit der Reihenlösung überein (ohne Beweis):

$$u(x,t) = \frac{2F_0}{l} \sum_{n=1}^{\infty} \frac{(-1)^n}{k_n^4 EI - \rho A \varphi^2}$$
$$\cdot \left[\cos(k_n x) - \cosh(k_n x) - \frac{\cosh(k_n l) + \cos(k_n l)}{\sinh(k_n l) + \sin(k_n l)} (\sin(k_n x) - \sinh(k_n x)) \right] \cdot \cos(\varphi t).$$

Schlussbemerkung. Im Kapitel 17 werden Untersuchungen von Brückenschwingungen begonnen. In diesem Zusammenhang sollen nicht nur orts-, sondern auch zeitabhängige (vorbeifahrende Züge) schwingungserzeugende Kräfte betrachtet werden.

16 Übersicht Energien bei Biegeschwingungen

(Für einen stationären Zustand ersetzt man $u(x, t) = y(x)w(t)$ durch $y(x)$.)

Art der Schwingung	Potenzielle Energie	Kinetische Energie	Bemerkungen
Quer, Saite	$\frac{1}{2}F\int_0^l (u')^2\, dx$	$\frac{1}{2}\rho A\int_0^l (\dot{u})^2\, dx$	F: Normalkraft
Longitudinal, Stab	$\frac{1}{2}EA\int_0^l (u')^2\, dx$	$\frac{1}{2}\rho A\int_0^l (\dot{u})^2\, dx$	E: Elastizitätsmodul A: Querschnitt, l: Länge
Torsion, Stab	$\frac{1}{2}GI_p\int_0^l (u')^2\, dx$	$\frac{1}{2}\rho I_p\int_0^l (\dot{u})^2\, dx$	G: Schubmodul, ρ Dichte I_p: Polares Flächenmoment
Quer, Balken	$\frac{1}{2}EI\int_0^l (u'')^2\, dx$	$\frac{1}{2}\rho A\int_0^l (\dot{u})^2\, dx$	I: Flächenträgheitsmoment

Es gilt zu beachten, dass die Lösung $u(x, t)$ der DGL aus unendlich vielen Eigenformen besteht: $u(x, t) = \sum_{n=1}^{\infty} u_n(x, t)$. Die potenzielle Energie ist $E_{\text{total}} = \sum_{n=1}^{\infty} E_n$, wenn E_n die potenzielle Energie der n-ten Oberschwingung bezeichnet.

Wenn das System angeregt wird, dann schwingen unter Umständen alle Eigenformen mit, es sei denn die Anregungsfrequenz ist gerade gleich einer Eigenfrequenz ω_n. In diesem Falle bleibt nur diejenige Eigenform übrig, die der Anregungsfrequenz entspricht: $\sin(\frac{n\pi}{l}x)$.

Die Lösung lautet dann $u(x, t) = C \sin(\frac{n\pi}{l}x) \cos(\omega_n t)$. C ist die Amplitude der Anregung.

Wir berechnen dazu einzeln:

$$\int_0^l (u')^2\, dx = C^2 \frac{n^2\pi^2}{l^2} \cos^2(\omega_n t) \int_0^l \cos^2\left(\frac{n\pi}{l}x\right) dx = C^2 \frac{n^2\pi^2}{l^2} \cos^2(\omega_n t)\frac{l}{2}$$
$$= C^2 \frac{n^2\pi^2}{2l} \cos^2(\omega_n t),$$

$$\int_0^l (u'')^2\, dx = C^2 \frac{n^4\pi^4}{l^4} \cos^2(\omega_n t) \int_0^l \sin^2\left(\frac{n\pi}{l}x\right) dx = C^2 \frac{n^4\pi^4}{l^4} \cos^2(\omega_n t)\frac{l}{2}$$
$$= C^2 \frac{n^4\pi^4}{2l^3} \cos^2(\omega_n t),$$

$$\int_0^l (\dot{u})^2\, dx = C^2 \omega_n^2 \sin^2(\omega_n t) \int_0^l \sin^2\left(\frac{n\pi}{l}x\right) dx = C^2 \omega_n^2 \sin^2(\omega_n t)\frac{l}{2}$$
$$= C^2 \frac{l\omega_n^2}{2} \sin^2(\omega_n t).$$

16.1 Vergleich Energien bei Anregung – Saite, Stab, Balken

(Anregung mit der Eigenfrequenz ω_n)

Art der Schwingung	Potenzielle Energie	Kinetische Energie	Anregung
Quer, Saite	$C^2 \dfrac{n^2 \pi^2}{4l} F \cos^2(\omega_n t)$	$C^2 \dfrac{l \omega_n^2}{4} \rho A \sin^2(\omega_n t)$	$C \cos(\omega_n t)$
Longitudinal, Stab	$C^2 \dfrac{n^2 \pi^2}{4l} EA \cos^2(\omega_n t)$	$C^2 \dfrac{l \omega_n^2}{4} \rho A \sin^2(\omega_n t)$	$C \cos(\omega_n t)$
Torsion, Stab	$C^2 \dfrac{n^2 \pi^2}{4l} G I_p \cos^2(\omega_n t)$	$C^2 \dfrac{l \omega_n^2}{4} \rho I_p \sin^2(\omega_n t)$	$C \cos(\omega_n t)$
Quer, Balken	$C^2 \dfrac{n^4 \pi^4}{4l^3} EI \cos^2(\omega_n t)$	$C^2 \dfrac{l \omega_n^2}{4} \rho A \sin^2(\omega_n t)$	$C \cos(\omega_n t)$

17 Konzentrierte und verteilte Massen

Tragwerke wie Gebäude oder Brücken verhalten sich unter statischer und dynamischer Belastung alles andere als gleich, wie wir noch sehen werden. Dabei spielen der Ort und die Größe der schwingenden Masse die zentrale Rolle. In einigen Fällen ist die Schwingmasse an einem Punkt konzentriert, so dass man die restliche mitbewegte Masse vernachlässigen kann und das System als Einmasse-Schwinger betrachten. Dies hatten wir schon beim Federpendel im 2. Band geltend gemacht, wenn die Federmasse gegenüber der angehängten Masse viel kleiner ist.

17.1 Konzentrierte Massen

Bei kurzen Balken kann die Eigenmasse bei Vertikalschwingungen vernachlässigt werden, sofern die einwirkende Kraft viel größer ist (Abb. 17.1 links). Für die Federkonstante des Systems erhält man dann $D = \frac{48EI}{l^3}$ (vgl. 2. Band).

Bei einem Kragarm mit konzentrierter Masse am Ende ist die Eigenmasse vernachlässigbar (Abb. 17.1 mitte). Es ist dann $D = \frac{3EI}{h^3}$ (vgl. 2. Band).

In Hochhäusern kann oft die Masse in den Geschossdecken konzentriert angenommen werden, während die Stützwände als masselos betrachtet gelten (Abb. 17.1 rechts). Dann erhält man $D = \frac{24EI}{h^3}$ (vgl. 2. Band).

Allgemein gesprochen kann man in obigen Fällen die Ergebnisse aus der Statik, mit entsprechenden Vereinfachungen, auf die Dynamik übertragen.

Dabei muss berücksichtigt werden, dass einerseits die dynamischen Werte des E-Moduls größer sind als die statischen (bei Beton bis zu 20 %), dass aber im Gegenzug ein beanspruchter Stahlbetonquerschnitt viel weniger steif ist als ein unbeanspruchter (bis zu 50 %).

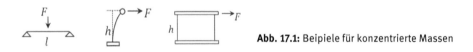

Abb. 17.1: Beipiele für konzentrierte Massen

17.2 Verteilte Massen

Bei Brücken und Türmen muss die Masse als verteilt angenommen werden. Damit kann man das System nicht mehr als Einmasseschwinger behandeln. Wir betrachten als Modellverfahren die schon im 2. Band erwähnte Modalanalyse, um das dynamische Verhalten solcher Systeme zu erfassen. Mit der Modalanalyse können die Eigenfrequenzen und auch die Eigenformen ermittelt werden. Die Eigenform ist diejenige Verformung, die das Bauteil bei der Anregung mit der zugehörigen Eigenfrequenz einnehmen würde. Abhängig von dieser Anregung ergibt sich dann eine Gesamtschwingung des Bauteils, die sich im Wesentlichen aus den einzelnen Schwingungsformen zusammensetzt.

Nehmen wir an, die Brücke schwingt in einer ihrer Eigenfrequenzen ω_n. Um diese Frequenz als $\omega_n = \sqrt{\frac{D^*}{m^*}}$ zu schreiben, fassen wir das System für jede Eigenfrequenz als Einmasseschwinger mit einer Masse m^* und Steifigkeit D^* auf. Wir nennen sie modale Masse (MM) und modale Steifigkeit (MST).

Ist $y_n(x)$ die exakte oder eine angenommene Eigenform, dann wird die Verschiebung $u_n(x,t) = y_n(x)w(t)$. Wählt man nun $y_n(x)$ einheitslos und fasst $w(t)$ als Verschiebung auf, dann kann man einen Kontrollpunkt x_0 nehmen und $y_n(x)$ so normieren, dass $y_n(x_0) = 1$ wird. Dann ist $u_n(x_0,t) = y_n(x_0)w(t) = 1 \cdot w(t) = w(t)$ gerade die zeitliche Verschiebung im Kontrollpunkt. $y_n(x)$ wird dabei positiv abgetragen.

Für die kinetische Energie gilt

$$E_{\text{kin}} = \frac{1}{2}\rho A \int_0^l y^2(x)\,dx \cdot \dot{w}^2(t)\,.$$

Daraus erhält man die MM bezogen auf die Normierung an der Stelle x_0:

$$m^* = \rho A \int_0^l y^2(x)\,dx = \mu \int_0^l y^2(x)\,dx\,,$$

falls die Dichte oder die Massenverteilung μ konstant ist. Ansonsten

$$m^* = \int_0^l \mu(x)y^2(x)\,dx\,.$$

m^* ist *abhängig von der Normierungsstelle*.

Die potenzielle Energie wurde berechnet zu

$$E_{\text{pot}} = \frac{1}{2}EI \int_0^l (y'')^2\,dx \cdot w^2(t)$$

mit der MST

$$D^* = EI \int_0^l (y'')^2\,dx\,.$$

D^* ist *abhängig von der Normierungsstelle*.

Aufgrund der Abhängigkeit von der Normierungsstelle wären die korrekten Bezeichnungen *relative modale Masse* und *relative modale Steifigkeit*.

Mit Hilfe der MM und der MST kann man die Eigenfrequenz zur entsprechenden Eigenform berechnen:

$$\omega_n^2 = \frac{D^*}{m^*} = \frac{EI \int_0^l (y_n'')^2\,dx}{\rho A \int_0^l y_n^2\,dx} \quad \text{(Rayleigh-Quotient)}.$$

Die Eigenfrequenzen ergeben dabei recht gute Werte, auch wenn die Eigenformen nicht die exakten, sondern nur *angenommene* sind, wie wir später sehen werden.

17.3 Übersicht modale Masse und modale Steifigkeit für die *n*-te Eigenfrequenz

Es gilt ($u_n(x,t) = y_n(x)w(t)$, $y_n(x)$ auf Eins normierte Eigenform)

Art der Schwingung	Modale Masse m^*	Modale Steifigkeit D^*
Saite, quer	$\rho A \int_0^l y_n^2\, dx$	$\int_0^l (y_n')^2\, dx$
Stab, längs	$\rho A \int_0^l y_n^2\, dx$	$EA \int_0^l (y_n')^2\, dx$
Stab, Torsion	$\rho A \int_0^l y_n^2\, dx$	$GI_p \int_0^l (y_n')^2\, dx$
Balken, quer	$\rho A \int_0^l y_n^2\, dx$	$EI \int_0^l (y_n'')^2\, dx$

Beispiel 1 (MM und MST des beidseitig gelagerten Balkens).

a) Zuerst die Berechnung mit den genauen Eigenformen:

$$y_n(x) = \sin\left(\frac{n\pi}{l}x\right)$$

(Kontrollpunkt $x = \frac{l}{2} \implies y_n(\frac{l}{2}) = 1$).

$$m^* = \rho A \int_0^l y_n^2\, dx = \rho A \int_0^l \sin^2\left(\frac{n\pi}{l}x\right) dx = \rho A \cdot \frac{l}{2} = \frac{1}{2}m,$$

$$D_n^* = EI \int_0^l (y_n'')^2\, dx = EI \frac{n^4\pi^4}{l^4} \int_0^l \sin^2\left(\frac{n\pi}{l}x\right) dx = EI \frac{n^4\pi^4}{l^4} \cdot \frac{l}{2} = EI \cdot \frac{n^4\pi^4}{2l^3}.$$

Dieses Ergebnis erhält man auch so:

$$D_n^* = m\omega_n^2 = 4\pi^2 f_n^2 \cdot m^* = 4\pi^2 \left(\frac{n^2\pi}{2l^2}\sqrt{\frac{EI}{\rho A}}\right)^2 \cdot \frac{1}{2}m$$

$$= 4\pi^2 \frac{n^4\pi^2}{4l^4} \cdot \frac{EI}{\rho A} \cdot \frac{1}{2}m = \frac{n^4\pi^4}{l^4} \cdot \frac{EI}{\rho A} \cdot \frac{1}{2}m = EI \cdot \frac{n^4\pi^4}{2l^3}.$$

b) Anstelle der genauen 1. Eigenform nehmen wir die Biegelinie

$$y_1(x) = \frac{F}{48EI}(4x^3 - 3l^2x), \quad y_1\left(\frac{l}{2}\right) = \frac{F}{48EI}\left(4\left(\frac{l}{2}\right)^3 - 3l^2\frac{l}{2}\right) = \frac{Fl^3}{48EI}.$$

Normiert bei $x = \frac{l}{2}$ ergibt das $y_1(x) = \frac{1}{l^3}(4x^3 - 3l^2 x)$.

$$m^* = 2\rho A \int_0^{\frac{l}{2}} y_1^2\, dx = 2\frac{\rho A}{l^6} \int_0^{\frac{l}{2}} (4x^3 - 3l^2 x)^2\, dx = 2\frac{\rho A}{l^6} \int_0^{\frac{l}{2}} (16x^6 - 24l^2 x^4 + l^4 x^2)\, dx$$

$$= 2\frac{\rho A}{l^6}\left[16\frac{x^7}{7} - 24l^2\frac{x^5}{5} + l^4\frac{x^3}{3}\right]_0^{\frac{l}{2}} = 2\frac{\rho A}{l^6}\left(\frac{l^7}{56} - 3\frac{l^7}{20} + 3\frac{l^7}{8}\right) = \frac{34}{70}\rho A l$$

$$= 0{,}4857 \cdot m\,,$$

$$D^* = 2EI \int_0^{\frac{l}{2}} (y_1'')^2\, dx = 2\frac{EI}{l^6}\int_0^{\frac{l}{2}}(24x)^2\, dx = 1152\frac{EI}{l^6}\int_0^{\frac{l}{2}} x^2\, dx = 1152\frac{EI}{l^6}\left[\frac{x^3}{3}\right]_0^{\frac{l}{2}}$$

$$= \frac{48 EI}{l^3}\,.$$

c) Schließlich nehmen wir noch eine Funktion 2. Grades $y_1(x) = ax(x-l)$. Normiert bei $x = \frac{l}{2}$ ergibt das $y_1(x) = \frac{4}{l^2}x(x-l)$.

$$m^* = \frac{32\rho A}{l^4}\int_0^{\frac{l}{2}}(x^2 - lx)^2\, dx = \frac{32\rho A}{l^4}\int_0^{\frac{l}{2}}(x^4 - 2lx^3 + l^2 x^2)\, dx$$

$$= \frac{32\rho A}{l^4}\left[\frac{x^5}{5} - l\frac{x^4}{2} + l^2\frac{x^3}{3}\right]_0^{\frac{l}{2}} = \frac{32\rho A}{l^4}\left(\frac{l^5}{160} - \frac{l^5}{32} + \frac{l^5}{24}\right) = \frac{32\rho A}{l^4}\cdot\frac{l^5}{60}$$

$$= \frac{8}{15}\cdot m = 0{,}5\overline{3}\cdot m\,,$$

$$D^* = \frac{32 EI}{l^4}\int_0^{\frac{l}{2}} 2^2\, dx = \frac{32 EI}{l^4}2l = \frac{64 EI}{l^3}\,.$$

Natürlich ist nur bei a) eine Bestimmung der Eigenfrequenz für $n > 1$ möglich. Vergleichen wir einmal alle ersten Eigenfrequenzen miteinander:

a) $\omega_1^2 = \dfrac{EI\cdot\frac{\pi^4}{2l^3}}{\rho A\cdot\frac{l}{2}} = \dfrac{\pi^4}{l^4}\cdot\dfrac{EI}{\rho A} = \dfrac{97{,}41}{l^4}\cdot\dfrac{EI}{\rho A}$

b) $\omega_1^2 = \dfrac{\frac{48 EI}{l^3}}{\frac{34}{70}\rho A l} = \dfrac{98{,}82}{l^4}\cdot\dfrac{EI}{\rho A}$

c) $\omega_1^2 = \dfrac{\frac{64 EI}{l^3}}{\frac{8}{15}\rho A l} = \dfrac{120}{l^4}\cdot\dfrac{EI}{\rho A}\,.$

Nun wiederholen wir dasselbe für die 2. Eigenfrequenz.

a) Zuerst wieder mit der genauen Eigenform $y_2(x) = \sin(\frac{2\pi}{l}x)$ und den Ergebnissen

$$m^* = \frac{1}{2}m \quad \text{und} \quad D_n^* = EI\cdot\frac{16\pi^4}{2l^3}\,.$$

b) Zum Vergleich wählen wir die Biegelinie für $0 \le x \le \frac{l}{2}$ und $\frac{l}{2} \le x \le l$. Einfach $l \to \frac{l}{2}$ ersetzen. Dann ist

$$y_2(x) = \frac{F}{48EI}\left(4x^3 - 3\left(\frac{l}{2}\right)^2 x\right).$$

Weiter erhält man

$$y_2\left(\frac{l}{4}\right) = \frac{F}{48EI}\left(4\left(\frac{l}{4}\right)^3 - 3\left(\frac{l}{2}\right)^2 \cdot \frac{l}{4}\right) = \frac{Fl^3}{8 \cdot 48EI}.$$

Normiert bei $x = \frac{l}{4}$ ergibt das $y_2(x) = \frac{8}{l^3}\left(4x^3 - \frac{3l^2}{4}x\right)$.

$$m^* = 4\rho A \int_0^{\frac{l}{4}} y_2^2\, dx = \frac{256\rho A}{l^6} \int_0^{\frac{l}{4}} \left(4x^3 - \frac{3l^2}{4}x\right)^2 dx$$

$$= \frac{256\rho A}{l^6} \int_0^{\frac{l}{4}} \left(16x^6 - 6l^2 x^4 + \frac{9l^4}{16}x^2\right) dx$$

$$= \frac{256\rho A}{l^6}\left[16\frac{x^7}{7} - 6l^2\frac{x^5}{5} + \frac{9l^4}{16}x^3\right]_0^{\frac{l}{4}} = \frac{256\rho A}{l^6}\left(\frac{l^7}{1024} - 3\frac{l^7}{2560} + 9\frac{l^7}{4096}\right)$$

$$= \frac{41}{80}m = 0{,}5125 \cdot m,$$

$$D^* = 4EI \int_0^{\frac{l}{4}} (y_2'')^2\, dx = \frac{256EI}{l^6}\int_0^{\frac{l}{4}} (24x)^2\, dx = 147.456\frac{EI}{l^6}\int_0^{\frac{l}{4}} x^2\, dx$$

$$= 147.456\frac{EI}{l^6}\left[\frac{x^3}{3}\right]_0^{\frac{l}{4}} = \frac{768EI}{l^3}.$$

c) Schließlich nehmen wir noch zweimal eine Funktion 2. Grades von $0 \le x \le \frac{l}{2}$ und $\frac{l}{2} \le x \le l$ der Form $y_2(x) = ax(x - \frac{l}{2})$.
Normiert bei $x = \frac{l}{4}$ ergibt das $y_1(x) = \frac{16}{l^2}x(x - \frac{l}{2})$.

$$m^* = \frac{1024\rho A}{l^4}\int_0^{\frac{l}{4}}\left(x^2 - \frac{l}{2}x\right)^2 dx = \frac{1024\rho A}{l^4}\int_0^{\frac{l}{4}}\left(x^4 - lx^3 + \frac{l^2}{4}x^2\right) dx$$

$$= \frac{1024\rho A}{l^4}\left[\frac{x^5}{5} - l\frac{x^4}{4} + l^2\frac{x^3}{12}\right]_0^{\frac{l}{4}} = \frac{1024\rho A}{l^4}\left(\frac{l^5}{5120} - \frac{l^5}{1024} + \frac{l^5}{768}\right)$$

$$= \frac{1024\rho A}{l^4}\cdot\frac{l^5}{1920} = \frac{8}{15}\cdot m = 0{,}5\overline{3}\cdot m \quad \text{(wie oben)}.$$

$$D^* = \frac{1024EI}{l^4}\int_0^{\frac{l}{4}} 2^2\, dx = \frac{1024EI}{l^4}l = \frac{1024EI}{l^3}\left(= 16 \cdot \frac{64EI}{l^3}\right).$$

Der Vergleich aller zweiten Eigenfrequenzen liefert:

a) $\omega_1^2 = \dfrac{EI \cdot \frac{16\pi^4}{2l^3}}{\rho A \cdot \frac{l}{2}} = \dfrac{16\pi^4}{l^4} \cdot \dfrac{EI}{\rho A} = \dfrac{1558{,}55}{l^4} \cdot \dfrac{EI}{\rho A}$

b) $\omega_1^2 = \dfrac{\frac{768 EI}{l^3}}{\frac{41}{80}\rho A l} = \dfrac{1498{,}54}{l^4} \cdot \dfrac{EI}{\rho A}$

c) $\omega_1^2 = \dfrac{\frac{1024 EI}{l^3}}{\frac{8}{15}\rho A l} = \dfrac{1920}{l^4} \cdot \dfrac{EI}{\rho A}$.

Der Gebrauch des Rayleigh-Quotienten ist dann wertvoll, wenn die genauen Eigenformen unbekannt sind.

Beispiel 2 (Längsschwingung des einseitig fest eingespannten Stabs). Die genauen Eigenformen sind

$$y_n(x) = \sin\left(\dfrac{(2n-1)\pi}{2l}x\right)$$

(Kontrollpunkt $x = \frac{l}{2} \Longrightarrow y_n(\frac{l}{2}) = 1$).

Dann ist

$$\omega_n^2 = \dfrac{EA \int_0^l (y_n')^2\, dx}{\rho A \int_0^l y_n^2\, dx} = \dfrac{E\frac{(2n-1)^2\pi^2}{4l^2}\int_0^l \cos^2\left(\frac{(2n-1)\pi}{2l}x\right) dx}{\rho \int_0^l \sin^2\left(\frac{(2n-1)\pi}{2l}x\right) dx}$$

$$= \dfrac{E\frac{(2n-1)^2\pi^2}{4l^2} \cdot \frac{l}{2}}{\rho \cdot \frac{l}{2}} = \dfrac{E}{\rho} \cdot \dfrac{(2n-1)^2\pi^2}{4l^2} \cdot \quad \Longrightarrow \quad f_n = \dfrac{(2n-1)}{4l}\sqrt{\dfrac{E}{\rho}} \, ,$$

was die genauen Eigenfrequenzen sind.

Auch eine Mischung der MM und der MST ergibt für f_1 etwas Brauchbares:

$$\omega_1^2 = \dfrac{D^*}{m^*} = \dfrac{2\frac{EI}{l^6}\int_0^{\frac{l}{2}}(24x)^2\, dx}{\rho A \int_0^l \sin^2\left(\frac{\pi}{l}x\right) dx} = \dfrac{\frac{48 EI}{l^3}}{\frac{1}{2}\rho A l} = \dfrac{96 EI}{l^4 \rho A}$$

$$\Longrightarrow f_1 = \sqrt{96} \cdot \dfrac{1}{\pi^2} \cdot \dfrac{\pi}{2l^2}\sqrt{\dfrac{EI}{\rho A}}, \quad \sqrt{96} \cdot \dfrac{1}{\pi^2} \approx 0{,}9927 \quad \text{oder}$$

$$\omega_1^2 = \dfrac{D^*}{m^*} = \dfrac{EI \frac{n^4\pi^4}{l^4}\int_0^l \sin^2\left(\frac{n\pi}{l}x\right) dx}{2\frac{\rho A}{l^6}\int_0^{\frac{l}{2}}(4x^3 - 3l^2 x)^2\, dx} = \dfrac{EI\frac{\pi^4}{l^4}\cdot\frac{l}{2}}{\frac{34}{70}\rho A l^7} = \dfrac{70\pi^4 EI}{68 l^4 \rho A}$$

$$\Longrightarrow f_1 = \sqrt{\dfrac{70}{68}} \cdot \dfrac{\pi}{2l^2}\sqrt{\dfrac{EI}{\rho A}}, \quad \sqrt{\dfrac{70}{68}} \approx 1{,}0145 \, .$$

Beispiel 3 (Der einseitig fest verankerte und anderseitig gelagerte Balken).
Die Eigenfrequenzen wurden oben mit Hilfe der charakteristischen Gleichung $\cosh(kl)\cos kl - 1 = 0$ bestimmt zu

$$f_1 = 0{,}781 \cdot \frac{\pi}{l^2}\sqrt{\frac{EI}{\rho A}}, \quad f_2 = 2{,}531 \cdot \frac{\pi}{l^2}\sqrt{\frac{EI}{\rho A}}, \quad f_3 = 5{,}281 \cdot \frac{\pi}{l^2}\sqrt{\frac{EI}{\rho A}}.$$

Für die exakte Bestimmung von m^* müsste man mit den Eigenformen rechnen. Wir begnügen uns mit einer Abschätzung und verwenden stattdessen die Biegelinien

$$y_{11}(x) = \frac{F}{96EI}(11x^3 - 9lx^2) \quad \text{für} \quad 0 \le x \le \frac{l}{2} \quad \text{mit} \quad y_{11}\left(\frac{l}{2}\right) = \frac{7Fl^3}{768EI} \quad \text{und}$$

$$y_{12}(x) = \frac{F}{96EI}(-5x^3 + 15lx^2 - 12l^2x + 2l^3) \quad \text{für} \quad 0 \le x \le \frac{l}{2}$$

$$\text{mit} \quad y_{12}\left(\frac{5-\sqrt{5}}{5}\cdot l\right) = \frac{7Fl^3}{48\sqrt{5}EI}.$$

Man muss aber $y_{12}(x)$ ebenfalls an der Stelle $x = \frac{l}{2}$ normieren, weil dort die Kraft F wirkt.

Also ergibt sich $y_{12}(\frac{l}{2}) = \frac{7Fl^3}{768EI}$. Somit ist

$$y_{11}(x) = \frac{8}{7l^3}(11x^3 - 9lx^2) \quad \text{und} \quad y_{12}(x) = \frac{8}{7l^3}(-5x^3 + 15lx^2 - 12l^2x + 2l^3).$$

Es folgt

$$m^* = \rho A \int_0^{\frac{l}{2}} y_{11}^2 \, dx + \rho A \int_{\frac{l}{2}}^{l} y_{12}^2 \, dx$$

$$= \frac{64\rho A}{49 l^6} \int_0^{\frac{l}{2}} (121x^6 - 198lx^5 + 81l^2 x^4) \, dx$$

$$+ \frac{64\rho A}{49 l^6} \int_0^{\frac{l}{2}} (25x^6 - 150lx^5 + 345l^2 x^4 - 380l^3 x^3 + 204l^4 x^2 - 48l^5 x + 4l^6) \, dx$$

$$= \frac{64\rho A}{49 l^6} \left[121\frac{x^6}{7} - 33lx^6 + 81l^2 \frac{x^4}{5}\right]_0^{\frac{l}{2}}$$

$$+ \frac{64\rho A}{49 l^6} \left[25\frac{x^6}{7} - 25lx^6 + 69l^2 x^5 - 95l^3 x^4 + 68l^4 x^3 - 24l^5 x^2 + 4l^6 x\right]_{\frac{l}{2}}^{l}$$

$$= \frac{64\rho A}{49 l^6} \cdot \frac{563 l^7}{4480} + \frac{64\rho A}{49 l^6} \cdot \frac{193 l^7}{896} = \frac{563}{3430} m + \frac{193}{686} m = \frac{764}{1715} m = 0{,}4455 \cdot m.$$

Es wird in diesem Fall weniger Masse aktiviert als beim beidseitig gelagerten Balken.

$$D_1^* = 4\pi^2 \left(0{,}781 \cdot \frac{\pi}{l^2}\sqrt{\frac{EI}{\rho A}}\right)^2 \cdot m^* = 4 \cdot 0{,}781^2 \cdot \frac{\pi^4}{l^4} \cdot \frac{EI}{\rho A} \cdot \frac{764}{1715} \cdot m$$

$$= \frac{113{,}88 EI}{l^3},$$

$$D_2^* = 4\pi^2 \left(2{,}531 \cdot \frac{\pi}{l^2}\sqrt{\frac{EI}{\rho A}}\right)^2 \cdot m^* = 4 \cdot 2{,}531^2 \cdot \frac{\pi^4}{l^4} \cdot \frac{EI}{\rho A} \cdot \frac{764}{1715} \cdot m$$

$$= \frac{1111{,}92 EI}{l^3} \quad \text{und}$$

$$D_3^* = 4\pi^2 \left(5{,}281 \cdot \frac{\pi}{l^2}\sqrt{\frac{EI}{\rho A}}\right)^2 \cdot m^* = 4 \cdot 5{,}281^2 \cdot \frac{\pi^4}{l^4} \cdot \frac{EI}{\rho A} \cdot \frac{764}{1715} \cdot m$$

$$= \frac{4840{,}83 EI}{l^3}.$$

Verglichen mit dem beidseitig gelagerten Balken,

$$D_1^* = \frac{48{,}70 EI}{l^3}, \quad D_2^* = \frac{779{,}27 EI}{l^3}, \quad D_3^* = \frac{3945{,}07 EI}{l^3}$$

ist die Steifigkeit beim beidseitig fest verankerten Balken immer größer.

17.4 Übersicht modale Masse und modale Steifigkeit bei Einzelkraft (mittig oder Rand)

Dabei ist die Balkenmasse viel kleiner als F oder konzentriert bei F und für m^* wurde die Biegelinie verwendet (Abb. 17.2).

	Modale Masse	Modale Steifigkeit
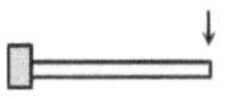	$m^* = 0{,}2357 \cdot m$	$D_1^* = \frac{2{,}91 EI}{l^3}, \; D_2^* = \frac{114{,}39 EI}{l^3}, \; D_3^* = \frac{897{,}48 EI}{l^3}$
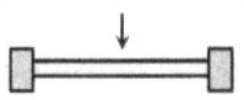	$m^* = 0{,}3714 \cdot m$	$D_1^* = \frac{185{,}78 EI}{l^3}, \; D_2^* = \frac{1111{,}92 EI}{l^3}, \; D_3^* = \frac{4840{,}83 EI}{l^3}$
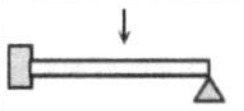	$m^* = 0{,}4455 \cdot m$	$D_1^* = \frac{113{,}88 EI}{l^3}, \; D_2^* = \frac{1081{,}74 EI}{l^3}, \; D_3^* = \frac{4709{,}48 EI}{l^3}$
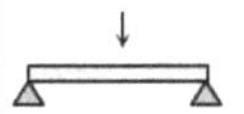	$m^* = 0{,}5 \cdot m$	$D_1^* = \frac{48{,}70 EI}{l^3}, \; D_2^* = \frac{779{,}27 EI}{l^3}, \; D_3^* = \frac{3945{,}07 EI}{l^3}$

Abb. 17.2: Übersicht zur modalen Masse und zur modalen Steifigkeit bei Einzelkraft

Aufgabe
Bearbeiten Sie die Übungen 17 und 18.

Man kann Systeme von verteilten und konzentrierten Massen auch kombinieren. Eine Masse M an der Stelle x_1 liefert den Beitrag $m^* = M \cdot y_n(x_1)$. Wird der Kontrollpunkt dort gewählt, wo die Verschiebung gesucht ist oder eine Einzelkraft angreift, dann kann die Masse oder die Kraft direkt eingesetzt werden, weil sie mit $y_n(x_0) = 1$ multipliziert wird.

Beispiel 1. Gegeben sei derselbe Balken wie im Bsp. 1, Kapitel 12.3, aber zusätzlich soll der Balken mit einer Masse M im Zentrum belastet werden (Abb. 17.3). Die genauen Eigenformen sind unbekannt. Wir wählen $y_n(x) = \sin(\frac{n\pi}{l}x)$ (KP $x = \frac{l}{2}$). Die gesamte potenzielle Energie von Balken und Masse im Moment, bevor sich die Masse auf dem Balken befindet, ist

$$E_{\text{pot }1} = \frac{1}{2}EI \int_0^l (u'')^2 \, dx + mgh.$$

Wird die Masse auf den Balken gelegt, dann verrichtet sie Arbeit am Balken und erhöht seine Spannungsenergie um

$$\frac{1}{2}mgs \left(= \frac{1}{2}D^* s^2 = \frac{1}{2}\left(\frac{mg}{s}\right)s \right) \quad \text{auf} \quad E_{\text{pot}} = \frac{1}{2}EI \int_0^l (u'')^2 \, dx + \frac{1}{2}mgs.$$

Gleichzeitig sinkt die potenzielle Energie der Masse um mgs auf $mg(h - s)$.
Insgesamt liegt die potenzielle Energie von Balken und Masse somit bei

$$E_{\text{pot }2} = \frac{1}{2}EI \int_0^l (u'')^2 \, dx + \frac{1}{2}mgs + mg(h-s) = E_{\text{pot }1} - \frac{1}{2}mgs \quad \text{mit} \quad s = y_n\left(\frac{l}{2}\right).$$

Es wird also insgesamt $W = \frac{1}{2}mgs$ an Arbeit verrichtet. Die potenzielle Energie ist gesunken!
Dies hat Auswirkungen auf die MM und MST:
Die MM ist dann

$$m^* = \rho A \int_0^l y_n^2 \, dx + M \quad \text{mit} \quad My_1\left(\frac{l}{2}\right) = M \cdot 1 = M.$$

Abb. 17.3: Skizzen zu Beispiel 1

17.4 Übersicht modale Masse und modale Steifigkeit bei Einzelkraft (mittig oder Rand)

Dies gilt aber nur für ungerade n. Für gerade n hat die Funktion $y_n(x)$ bei $x = \frac{l}{2}$ einen Knoten und die Masse M schwingt nicht mit. Deswegen ist $m^* = \rho A \int_0^l y_n^2\, dx$ für gerade n.

Die MST ist aufgrund von

$$E_{\text{pot}} = \frac{1}{2}\left(EI \int_0^l (y'')^2\, dx - Mgy\left(\frac{l}{2}\right)\right) w^2(t)$$

$$D^* = EI \int_0^l (y_1'')^2\, dx - Mgy_1\left(\frac{l}{2}\right).$$

Dann folgt

$$\omega_n^2 = \frac{EI \int_0^l (y_n'')^2\, dx - Mg}{\rho A \int_0^l y_n^2\, dx + M} = \frac{EI\left(\frac{n^2\pi^2}{l^2}\right)^2 \cdot \frac{l}{2} - Mg}{\rho A \cdot \frac{l}{2} + M} = \frac{\frac{1}{2}\left(EI\left(\frac{n^2\pi^2}{l^2}\right)^2 - \frac{2Mg}{l}\right)}{\frac{1}{2}\left(\rho A + \frac{2M}{l}\right)}$$

$$= \frac{EI\left(\frac{n^2\pi^2}{l^2}\right)^2 - \frac{2Mg}{l}}{\rho A + \frac{2M}{l}}$$

$$\Rightarrow f_n = \begin{cases} \dfrac{1}{2\pi}\sqrt{\dfrac{EI\left(\frac{n^2\pi^2}{l^2}\right)^2 - \frac{2Mg}{l}}{\rho A + \frac{2M}{l}}}, & \text{für } n \text{ ungerade} \\[2ex] \dfrac{n^2\pi}{2l^2}\sqrt{\dfrac{EI}{\rho A}}, & \text{für } n \text{ gerade}. \end{cases}$$

Für $M = 0$ ist es die exakte Lösung, für $M \neq 0$ ist es eine Näherung.

Mit den Werten $l = 100$ m, $b = 3$ m, $h = 0,5$ m, $E = 3,0 \cdot 10^{10}\,\frac{N}{m^2}$, $\rho = 2,5 \cdot 10^3\,\frac{kg}{m^3}$, $I = \frac{1}{12}Ah^2$, $M = 1000$ kg erhält man $f_1 = 0,105$ Hz.

Im Gegensatz dazu: $f_1 = 0,111$ Hz für $M = 0$.

Die erste Eigenfrequenz kann man nicht mit der zugehörigen Biegelinie abschätzen, weil der Zähler im Ausdruck

$$\omega_1^2 = \frac{2EI \int_0^{\frac{l}{2}} (y_1'')^2\, dx - Mg \cdot y_1\left(\frac{l}{2}\right)}{2\rho A \int_0^{\frac{l}{2}} y_1^2\, dx + M}$$

zu Null wird.

Beispiel 2. Derselbe Balken wie im Bsp. 1, aber die zusätzliche konzentrierte Masse M befindet sich im Abstand a von einem Ende. Die genauen Eigenformen sind unbekannt. $y_1(x) = \sin(\frac{\pi}{l}x)$ (KP $x = \frac{l}{2}$).

Dann ist die MM

$$m^* = \rho A \int_0^l y_1^2\, dx + My_1(a) = \rho A \int_0^l y_1^2\, dx + M\sin\left(\frac{\pi}{l}a\right)$$

und

$$\omega_1^2 = \frac{EI \int_0^l (y_1'')^2\, dx - Mg \sin\left(\frac{\pi}{l}a\right)}{\rho A \int_0^l y_1^2\, dx + M \sin\left(\frac{\pi}{l}a\right)} = \sqrt{\frac{EI \frac{n^4\pi^4}{l^4} \cdot \frac{l}{2} - Mg \sin\left(\frac{\pi}{l}a\right)}{\rho A \cdot \frac{l}{2} + M \sin\left(\frac{\pi}{l}a\right)}}$$

$$\implies f_n = \frac{1}{2\pi} \sqrt{\frac{EI \frac{n^4\pi^4}{l^4} - \frac{2M}{l} g \sin\left(\frac{\pi}{l}a\right)}{\rho A + \frac{2M}{l} \sin\left(\frac{\pi}{l}a\right)}}.$$

Man kann natürlich beliebig viele konzentrierte Massen auf dem Balken verteilen. Sind $x_1, x_2, \ldots, x_m$ die Stellen mit den entsprechenden Massen $M_1, M_2, \ldots, M_m$, dann hat man

$$f_n = \frac{1}{2\pi} \sqrt{\frac{EI \frac{n^4\pi^4}{l^4} - \frac{2}{l} g \sum_{i=0}^{m} M_i y_n(x_i)}{\rho A + \frac{2}{l} \sum_{i=0}^{m} M_i y_n(x_i)}}.$$

Mit steigender Masse sinken die Eigenfrequenzen.

Bemerkung. In der Literatur findet sich auch die Näherung

$$f_n = \frac{n^2 \pi}{2l^2} \sqrt{\frac{EI}{\rho A + \frac{2}{l} \sum_{i=0}^{m} M_i y_n(x_i)}}.$$

Beispiel 3. Mit Hilfe des Rayleigh-Quotienten kann man auch Eigenfrequenzen eines Balkens unter einer Normalkraft F bestimmen. Die potenzielle Energie beträgt

$$E_{\text{pot}} = \frac{1}{2} EI \int_0^l (y'')^2\, dx \cdot w^2(t) - \frac{1}{2} F \int_0^l (y')^2\, dx \cdot w^2(t).$$

Weiter ist

$$D^* = EI \int_0^l (y'')^2\, dx - F \int_0^l (y')^2\, dx \quad \text{und} \quad \omega_n^2 = \frac{m^*}{D^*} = \frac{EI \int_0^l (y_n'')^2\, dx - F \int_0^l (y_n')^2\, dx}{\rho A \int_0^l y_n^2\, dx}.$$

Mit der Wahl von $y_n(x) = \sin(\frac{n\pi}{l} x)$ folgt

$$\omega_n^2 = \frac{EI \frac{n^4 \pi^4}{l^4} \cdot \frac{l}{2} - F \frac{n^2 \pi^2}{l^2} \cdot \frac{l}{2}}{\rho A \cdot \frac{l}{2}} = \frac{EI \frac{n^4 \pi^4}{l^4} - F \frac{n^2 \pi^2}{l^2}}{\rho A}$$

$$= \frac{n^2 \pi^2}{l^2} \cdot \frac{EI \frac{n^2 \pi^2}{l^2} - F}{\rho A} = \frac{n^2 \pi^2}{l^2 \rho A} \cdot EI \left(\frac{n\pi}{l}\right)^2 - F \implies f_n = \frac{n}{2l\sqrt{\rho A}} \sqrt{\left(\frac{n\pi}{l}\right)^2 EI - F}$$

(wie gehabt).

Aufgabe
Bearbeiten Sie die Übungen 19 und 20.

17.4 Übersicht modale Masse und modale Steifigkeit bei Einzelkraft (mittig oder Rand)

Die Eigenformen für den beidseitig gelagerten Balken sind Sinusbögen (Abb. 17.4 links). Wir haben oben die MST berechnet zu $D_n^* = EI \cdot \frac{n^4 \pi^4}{2l^3}$, also abhängig von n. Dies erklären wir kurz am Lastmodell. Da die potenzielle Energie $E_{\text{pot }n} = \frac{1}{2} D_n^* \cdot w^2(t)$ beträgt, bedeutet die Abhängigkeit von n auch, dass es mehr Energie braucht, um den Balken in die 2. Eigenform zu bringen als in die 1. Eigenform (Abb. 17.4 rechts).

Wenn es z. B. die Kraft F benötigt, um den Balken bei einem Hebelarm von $\frac{l}{2}$ in der Mitte durchzubiegen, dann braucht es bei einem Hebelarm von $\frac{l}{4}$ jeweils rechts und links von der Mitte die doppelte Kraft, um dieselbe Auslenkung zu erzwingen, insgesamt also $4F$. Entsprechend $3F$ links und rechts bei der 3. Eigenform und einem Hebelarm von $\frac{l}{3}$, also $9F$ insgesamt. Somit ist die potenzielle Energie für die 1. Eigenform am kleinsten. Folglich ist auch die 1. Eigenfrequenz am einfachsten anzuregen, weil es am wenigsten Energie dazu bedarf.

Die MM wurde immer zu $m_n^* = \frac{1}{2} m$ berechnet, unabhängig von der Eigenform. Die MM fasst man, ähnlich dem Trägheitsmoment J beim physikalischen Pendel, als die aktivierte Masse auf.

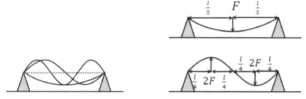

Abb. 17.4: Skizzen zu Beispiel 3

18 Die allgemeine Lösung der Balkengleichung mit Anregungskraft

Es soll nun die DGL $EIu''''(x,t) + \rho A \cdot \ddot{u}(x,t) + \mu \cdot \dot{u}(x,t) = q(x,t)$ gelöst werden.

Umformen ergibt

$$\ddot{u} + \frac{\mu}{\rho A} \cdot \dot{u} + \frac{EI}{\rho A} u'''' = \frac{q(x,t)}{\rho A}.$$

Für die Lösung wählen wir eine Entwicklung nach Eigenformen gemäß der Idee der modalen Analyse. Der Balken sei wie üblich beidseitig gelagert. Die Idee, die dahintersteckt, ist folgende: Man geht von einer gleichzeitigen Resonanz aller Eigenfrequenzen aus und diese beeinflussen einander nicht. Man erhält auf diese Weise die größtmögliche Antwort:

$$u(x,t) = \sum_{n=1}^{\infty} u_n(t) \cdot \sin\left(\frac{n\pi x}{l}\right),$$

wobei die Funktionen $u_n(t)$ ihrerseits gewichtet sein sollen wie im letzten Kapitel ausgeführt: $u_n(t) = w_n(t)\sin(\frac{n\pi x}{l})$ mit $x = vt$.

$w_n(t)$ wird dann Lösung der rein zeitabhängigen DGL sein, wie wir anschließend sehen werden.

Setzen wir den Ansatz in die DGL ein, dann erhalten wir

$$\sum_{n=1}^{\infty} \ddot{w}_n(t)\sin\left(\frac{n\pi x}{l}\right)\sin\left(\frac{n\pi x}{l}\right) + \frac{\mu}{\rho A}\sum_{n=1}^{\infty} \dot{w}_n(t)\sin\left(\frac{n\pi x}{l}\right)\sin\left(\frac{n\pi x}{l}\right)$$

$$+ \frac{n^4\pi^4}{l^4}\frac{EI}{\rho A}\sum_{n=1}^{\infty} w_n(t)\sin\left(\frac{n\pi x}{l}\right)\sin\left(\frac{n\pi x}{l}\right) = \frac{q(x,t)}{\rho A}.$$

Jetzt entwickeln wir den Kraftverlauf von $p(x,t)$ nach dessen Fourierreihe:

$$p(x,t) = \sum_{n=1}^{\infty} F_n^*(t)\sin\left(\frac{n\pi x}{l}\right) = \sum_{n=1}^{\infty} F_n(t)\sin\left(\frac{n\pi x}{l}\right)\sin\left(\frac{n\pi x}{l}\right).$$

Der Vergleich zeigt, dass

$$\ddot{w}_n(t) + \frac{\mu}{\rho A} \cdot \dot{w}_n(t) + \frac{n^4\pi^4}{l^4}\frac{EI}{\rho A} \cdot w_n(t) = \frac{F_n(t)}{\rho A}$$

übrigbleibt.

Kurz:

$$\ddot{w}_n(t) + 2\xi_n\omega_n \cdot \dot{w}_n(t) + \omega_n^2 \cdot w_n(t) = \frac{F_n(t)}{\rho A} \quad \text{mit} \quad \omega_n = \frac{n^2\pi^2}{l^2}\sqrt{\frac{EI}{\rho A}}.$$

Die zugehörige Antwort ist

$$w_n(t) = \frac{\alpha_n G}{m^*}\frac{1}{2\xi}\sin\left(\omega_n - \frac{\pi}{2}\right),$$

oder Kosinus, je nachdem, wie die Anregung verläuft. α_n ist der entsprechende Fourierkoeffizient der Kraft F_n.

$m^* = \frac{\rho Al}{2}$ ist die modale Masse. Somit ergibt sich

$$w_n(t) = \frac{2\alpha_n G}{\rho Al} \frac{1}{2\xi} \sin\left(\omega_n - \frac{\pi}{2}\right).$$

Die Verschiebungsamplitude zur Zeit t in der Mitte bezüglich der n-ten Eigenfrequenz beträgt

$$u_n(t) = w_n(t)\sin\left(\frac{n\pi x}{l}\right) = w_n(t)\sin\left(\frac{n\pi}{l}vt\right) = \frac{2\alpha_n G}{\rho Al}\frac{1}{2\xi}\sin\left(\omega_n t - \frac{\pi}{2}\right)\sin\left(\frac{n\pi}{l}vt\right).$$

Für die Amplitude zur Zeit t an der Stelle x bezüglich der n-ten Eigenfrequenz hat man

$$u_n(x,t) = u_n(t)\cdot\sin\left(\frac{n\pi x}{l}\right) = \frac{2\alpha_n G}{\rho Al}\frac{1}{2\xi}\sin\left(\omega_n t - \frac{\pi}{2}\right)\sin\left(\frac{n\pi}{l}vt\right)\cdot\sin\left(\frac{n\pi x}{l}\right).$$

Schließlich ist die gesamte Amplitude zur Zeit t an der Stelle x gegeben durch

$$u(x,t) = \sum_{n=1}^{\infty} u_n(t)\cdot\sin\left(\frac{n\pi x}{l}\right) = \frac{2G}{\rho Al}\frac{1}{2\xi}\sum_{n=1}^{\infty}\alpha_n\sin\left(\omega_n t - \frac{\pi}{2}\right)\sin\left(\frac{n\pi}{l}vt\right)\cdot\sin\left(\frac{n\pi x}{l}\right).$$

19 Personeninduzierte Schwingungen von Fußgängerbrücken

Im Zusammenhang mit der Tacoma-Narrows-Brücke ist die Anregung von Brücken dramatisch in Erscheinung getreten. Aufgrund der großen Spannweite waren die berechneten Eigenfrequenzen klein. Fußgängerbrücken sind dagegen kürzer. Die Eigenfrequenzen steigen dann in den gefährlichen Bereich von 2 Hz, der durchschnittlichen Schrittfrequenz eines Menschen. Bei der Anregung von Fußgängerbrücken sind drei wesentliche Einflüsse für das Aufschaukeln von Schwingungen maßgebend:

1. Die Eigenfrequenzen. Das ist nichts Neues, da bei jedem Balken die Eigenfrequenzen eine Rolle spielen.
2. Die Steifigkeit. Auch das ist bekannt. Hier kann man hervorheben, dass eine Brücke, die Eigenfrequenzen außerhalb des Gefahrenbereichs von 2 Hz besitzt, trotzdem anfällig sein kann, weil sie dünn gebaut ist, also ihre Steifigkeit niedrig ist.
3. Der Einfluss der Masse der Fußgänger. Dies ist ein neuer Sachverhalt: Untersuchungen haben gezeigt, dass gerade bei leichten Brücken die zusätzliche Masse der Fußgänger einen wesentlichen Einfluss auf die Eigenfrequenz der Brücke hat. Bei Einzelpersonen und Personengruppen ist dieser Einfluss vernachlässigbar.
   Bei Personenströmen hingegen sinken die Eigenfrequenzen deutlich. Das bedeutet, dass auch höhere Eigenfrequenzen > 2 Hz bei Personenströmen in den Bereich < 2 Hz fallen. Maßgeblich für diesen Effekt ist das Verhältnis zwischen Masse des Brückendecks und Fussgängermasse und der Effekt ist umso größer, je leichter das Brückendeck ist (siehe unten).

Unbedeutend im Hinblick auf Anregung sind dagegen die Einwirkungen von Radfahrern. Beim Gehen treten durch die rhythmische Körperbewegung vertikale und horizontale Kräfte auf. Die Anregungsfrequenz in *vertikaler* Richtung liegt im Bereich von 1,4 bis 2,4 Hz, im Mittel liegt sie bei 2,0 Hz. Die Werte der folgenden Tabelle sind in Hertz angegeben.

	langsam	normal	rasch
Gehen	1,4–1,7	1,7–2,2	2,2–2,4
Laufen	1,9–2,2	2,2–2,7	2,7–3,3
Hüpfen	1,3–1,9	1,9–3,0	3,0–3,4

In horizontaler Richtung übt eine gehende Person sowohl in Längs- als auch in Querrichtung ebenfalls Kräfte auf den Boden aus, die auf das Pendeln des Massenschwerpunktes zurückzuführen sind. Die Anregungsfrequenz ist demzufolge genau halb so groß wie in vertikale Richtung und liegt im Bereich von 0,7 bis 1,2 Hz. Quer zur Fortbewegungsrichtung treten dabei Verschiebungsamplituden des Massenschwerpunkts von etwa 1–2 cm auf. Dies entspricht bei einer Frequenz von 1,0 Hz im Durchschnitt etwa 25 N als dynamische Anregungskraft einer Einzelperson bei einer Gewichtskraft von 60 kg. Bei Brücken kommt hinzu, dass die Auslenkung des Oberkörpers abhängig von der Bodenbewegung ist, so dass die dynamische Kraft einer Person auch größere Werte annehmen kann, aber dennoch relativ klein im Bezug zu den Vertikalkräften ist.

Die Vertikalkomponente der Fußgängeranregung nimmt mit steigender Personenanzahl zu, da sie nur eine einzige Wirkungsrichtung besitzt. Im Gegensatz dazu muss die Horizontalkomponente nicht unbedingt mit steigender Personenanzahl automatisch anwachsen. Die rein zufällig verteilten horizontalen Einwirkungen der Fußgänger in zwei Richtungen werden sich in der Zeit zwar teilweise überlagern, aber auch kompensieren, so dass statistisch über die Zeit gemittelt sich die Kräfte der Personen gegenseitig aufheben.

Selbst wenn der Takt vorgegeben wird, kann synchrones Gehen von einer größeren Personengruppe nur schwer erreicht werden. Ein mutwilliges Aufschaukeln in horizontaler Richtung ist allerdings mit nur wenigen Personen möglich.

Die genannten Zusammenhänge gelten für einen unbeweglichen bzw. sich nahezu in Ruhe befindenden Untergrund. Erfährt der Untergrund jedoch größere Bewegungen, so kann es zu einer Interaktion (Rückkopplungseffekt = „Lock-In-Effekt") zwischen Fußgänger und Bauwerk kommen, da ein Fußgänger sich beim Gehen und Laufen den Bewegungen eines vertikal oder horizontal schwingenden Untergrundes automatisch anpasst. Eine Synchronisation des einzelnen Fußgängers an die Bodenbewegung erfolgt, sobald ein bestimmter Schwellenwert der Schwingamplitude überschritten ist, bei dem kein unbeeinflusstes Gehen mehr möglich ist.

Dieser Schwellenwert hängt von der Konstitution der betreffenden Person sowie der Einwirkungsrichtung ab. Bei der hier betrachteten Horizontalrichtung beginnt die Anpassung bereits bei Amplituden von 2–3 mm.

Beispiel Dreiländerbrücke Weil am Rhein
Es soll kurz umrissen werden, wie bei einer Messreihe zur Bestimmung der maßgebenden Eigenfrequenzen, die als kritisch hinsichtlich Fußgängeranregung zu betrachten sind, vorgegangen wird. Bei besagter Brücke wurden dazu zwei verschiedenartige Versuche durchgeführt.
1. Zunächst wurde ein mutwilliges Anregen der Brücke in vertikale und horizontale Richtung mit einer Gruppe von 14 Personen simuliert. Die Taktvorgabe erfolgte durch ein Metronom. Eine maximale Beschleunigung von $0,5 \frac{m}{s^2}$ wurde zwar in horizontaler Richtung gerade erreicht, ein richtiges Aufschaukeln der Brücke war aber nicht möglich.
2. Im Anschluss fanden fünf Schwingungsversuche unter Beteiligung von mehr als 800 Testpersonen statt. Es wurde ein gleichmäßiger „Fußgängerstrom" über die Brücke simuliert, indem nur eine Gehrichtung erlaubt war, es wurde aber bewusst kein Takt vorgegeben, so dass „normales" Gehen mit unterschiedlichen Schrittfrequenzen möglich war.

Die Brückenschwingung wurde dann über 30 min lang gemessen, so dass die Auflösung im Frequenzbereich groß genug war, um die eng zusammenliegenden Eigenfrequenzen unterscheiden zu können. Dabei kamen sogenannte Geophone zum Einsatz, die selbst kleinste Schwingungsamplituden im Bereich < 1 µm aufzeichnen können und für den Frequenzbereich 0,5–315 Hz kalibriert sind. Die kleinen vertikalen Eigenfrequenzen wurden somit nicht erfasst, aber beim Gehen werden solch kleine Frequenzen ja nie erzeugt. Die Messung ergab die nachstehenden ersten 11 Resonanzfrequenzen (in Hertz):

Frequenznummer	1	2	3	4	5	6	7	8	9	10	11
Ohne Verkehrslast (max. 5 Pers.)	0,53	0,70	0,90	0,95	1,00	1,38	1,47	1,65	1,94	2,19	2,27
Mit Verkehrslast (> 800 Pers.)	0,53	0,68	0,90	0,93	0,98	1,37	1,43	1,62	1,90	2,18	2,25

Aufgrund der Messungen während des Tests hat man Folgendes festgestellt:
1. Die Wahrscheinlichkeit, dass die Brücke unaufhaltsam in Resonanz gerät, ist verschwindend klein.
2. Die Brücke schwingt zwar, und das bei 800 Personen, aber mit kleinen Amplituden.
   Der Ausschwingvorgang ist nach höchstens einer Minute beendet.
3. Nur bei seltenen Großveranstaltungen wie ein Marathon (dann befänden sich etwa 800 Personen auf der Brücke), würde die Brücke etwas unangenehm schwanken.
4. Folgen von Vandalismus konnten aufgrund von Versuch 1 ausgeschlossen werden.

Man hat deshalb in diesem Fall auf den Einbau jeglicher Tilger verzichtet. Dies ist eine absolute Ausnahme. Die Regel sieht anders aus: bis zu 50 oder mehr Tilger können oder müssen unter Umständen in eine solche Brücke eingebaut werden.
   Zusammenfassend kann man Folgendes zur Identifizierung kritischer Eigenfrequenzen sagen:
   Die Gebrauchstauglichkeit einer Brücke mit Fußgängerverkehr sollte untersucht werden, wenn Eigenfrequenzen f_n in folgenden Bereichen liegen:
a) bei Vertikal- und Längsschwingungen: $1,25\,\text{Hz} \le f_n \le 2,3\,\text{Hz}$ und
b) bei seitlichen Schwingungen: $0,5\,\text{Hz} \le f_n \le 1,2\,\text{Hz}$.

Bei Fußgängerbrücken mit Eigenfrequenzen der vertikalen und Längsschwingungen im Bereich von $2,5\,\text{Hz} \le f_n \le 4,6\,\text{Hz}$ Hz ist es im Prinzip möglich, dass durch die 2. Harmonische der Fußgängerschrittfrequenz (z. B. für $f_1 = 2\,\text{Hz}$, also $f_2 = 4\,\text{Hz}$) Resonanzeffekte auftreten.
   In diesem Fall vergrößert sich das Frequenzband für die kritischen Eigenfrequenzen der Vertikal- und Längsschwingungen auf $2,5\,\text{Hz} \le f_n \le 4,6\,\text{Hz}$.

Seitliche Schwingungen sind von diesem Effekt nicht betroffen. Es ist theoretisch ebenfalls möglich, dass vertikale Schwingungen durch die 2. Harmonische der Schrittfrequenz erzeugt werden. Bis heute ist jedoch in der Literatur kein Hinweis darauf zu finden, dass aufgrund dieses Effekts wesentliche Schwingungen aufgetreten sind.

19.1 Abschätzung der Amplitude

Die Bestimmung der Schwingungsamplituden kann für periodische Anregungskräfte nach einer vereinfachten Methode durchgeführt werden, sofern die Dämpfung klein ist (< 2 %). Es werden nur die Fälle betrachtet, bei denen eine Harmonische f der Anregung gerade mit einer Eigenfrequenz f_n der Struktur zusammenfällt. Das heißt z. B. f_n oder entsprechend $\omega_n = 2\pi f_n$ bei horizontal längs usw. Bei genügend langer Anregung tritt der Resonanzfall mit dem Vergrößerungsfaktor $\frac{1}{m\omega_n^2} \cdot \frac{1}{2\xi_n} = \frac{1}{D_n^*} \cdot \frac{1}{2\xi_n}$ ein ($f = f_n$, siehe 2. Band).

Die Anregung durch andere Harmonische und bei anderen Eigenfrequenzen ist dabei vernachlässigbar. Für eine Struktur kann die Verschiebungsamplitude u für diese Harmonische mit der Amplitude F demnach berechnet werden zu

$$w_n = \frac{F}{D_n^*} \cdot \frac{1}{2\xi_n} = \frac{F}{m^*\omega_n^2} \cdot \frac{1}{2\xi_n}.$$

Für einen Einmasseschwinger ist $D_n^* = m^*\omega_n^2$, für einen Balken hat man

$$m^* = \rho A \int_0^l y_n^2 \, dx \quad \text{und} \quad D_n^* = EI \int_0^l (y_n'')^2 \, dx.$$

Auch Geschwindigkeits- und Beschleunigungsamplitude folgen unmittelbar:

$$\dot{w}_{\text{Max }n} = \frac{w_n}{T_n} = \omega_n w_n = \omega_n \frac{F}{2\xi_n D_n^*} = \frac{\omega_n F}{2\xi_n D_n^*},$$

$$\ddot{w}_{\text{Max }n} = \frac{\dot{w}_n}{T_n} = \frac{\omega_n^2 F}{D_n^*} \cdot \frac{1}{2\xi_n} = \frac{F}{m^*} \cdot \frac{1}{2\xi_n} = \omega_n^2 \cdot w_n.$$

Die Voraussetzung für diese vereinfachte Bestimmung der Amplituden ist, dass die Anregungszeit genügend lang ist. Die Zeit, die benötigt wird, um 96 % der maximalen Amplitude zu erreichen, ist $t = \frac{T}{2\xi} = \frac{1}{2\xi f}$ (siehe 2. Band).

Bei einer Fußgängerbrücke mit 2 Hz und 0,0125 Dämpfung wird diese Zeit z. B. 40 s. Ein Fußgänger braucht aber vielleicht nicht so lange, bis er die Brücke überquert hat.

Als Kriterium für den Komfort auf schwingenden Fußgängerbrücken wird üblicherweise die Beschleunigung verwendet. Es gibt vier Komfortklassen mit üblichen Bandbreiten für die Beschleunigung. Diese sind europäische Norm.

Komfortklasse	Grad des Komforts	Vertikal a_{limit} in m/s²	Seitlich a_{limit} in m/s²
CL 1	Maximum	< 0,50	< 0,10
CL 2	Mittel	0,50–1,00	0,10–0,30
CL 3	Minimum	1,0–2,50	0,30–0,80
CL 4	Nicht akzeptabel	> 2,50	> 0,80

Im Weiteren wird für uns nur die Klasse CL1 maßgebend sein.

Nun zum oben schon erwähnten Einfluss der Masse. Betrachten wir die Anregung durch eine Person mit der Gewichtskraft mg. Ist nun $\alpha_n m_P g$ der zugehörige Fourier-Koeffizienten zur Harmonischen, dann hat man für die Amplitude

$$w_n = \frac{\alpha_n m_P g}{m^* \omega_n^2} \cdot \frac{1}{2\xi_n},$$

eine direkte Abhängigkeit von der Personenmasse zur modalen Bauwerksmasse.

Daher können leichte Fußgängerbrücken oft einfach durch Personen angeregt werden, während diese Anregungskraft für die viel schwereren Straßenbrücken irrelevant ist, selbst wenn sie die gleiche Eigenfrequenz haben.

Zur Identifizierung eines Grenzwerts, ab dem die Fussgängermasse berücksichtigt werden sollte, kann die nachstehende Gleichung verwendet werden. Sie zeigt, dass ein Anstieg der modalen Masse um 5 % zu einer Verringerung der Eigenfrequenz von 2,5 % führt:

$$f = C\sqrt{\frac{D^*}{m^*}} \implies f = C\sqrt{\frac{D^*}{1{,}05 m^*}} = \sqrt{\frac{1}{1{,}05}} C\sqrt{\frac{D^*}{m^*}} = 0{,}976 f.$$

Aufgabe
Bearbeiten Sie die Übung 21.

19.2 Gehen und Laufen

Gehen und Laufen unterscheiden sich dadurch, dass beim Laufen der Bodenkontakt unterbrochen ist. Hingegen ist beim Gehen der Kraftverlauf, der von der gehenden Person auf den Boden aufgebracht wird, kontinuierlich. Er lässt sich als Fourierreihe darstellen.

Eine periodische Funktion $F(t)$ der Periode T hat die Frequenz $f = \frac{1}{T}$ und die Kreisfrequenz $\omega = \frac{2\pi}{t} = 2\pi f$. Die Fourierreihe hat dann die Gestalt

$$F(t) = \sum_{n=0}^{\infty} (a_n \sin(n\omega t) + b_n \cos(n\omega t)) = \sum_{n=0}^{\infty} (a_n \sin(n 2\pi f t) + b_n \cos(n 2\pi f t)).$$

19.2 Gehen und Laufen

Diese Darstellung soll etwas umgeschrieben werden:

Es ist

$$\sin \varphi_n = \frac{a_n}{c_n}, \quad \cos \varphi_n = \frac{b_n}{c_n} \quad \text{mit} \quad c_n = \sqrt{a_n^2 + b_n^2}$$

$$\implies \tan \varphi_n = \frac{a_n}{b_n} \implies \varphi_n = \arctan\left(\frac{a_n}{b_n}\right).$$

Es folgt

$$F(t) = \sum_{n=0}^{\infty} (a_n \sin(n2\pi ft) + b_n \cos(n2\pi ft))$$

$$= \sum_{n=0}^{\infty} c_n(\sin \varphi_n \sin(n2\pi ft) + \cos \varphi_n \cos(n2\pi ft)) = \sum_{n=0}^{\infty} (c_n \sin(n2\pi ft + \varphi_n)).$$

Diese letzte Darstellung wollen wir benutzen, um die Kraftverteilung auf die Unterlage beim Gehen mit einer Fourierreihe zu erfassen.

Für den periodischen Ablauf des Gehens ist c_0 natürlich gleich der Gewichtskraft G. Die Werte der folgenden Tabelle stammen von Bachmann. Sie gelten für die *vertikale* Kraftverteilung zur Zeit t für Gehfrequenzen von 1,5–2,5 Hz. Im Weiteren werden nur Anteile der Gewichtskraft bis zur 3. Harmonischen berücksichtigt.

Messungen ergaben für die Anteile $c_n = \frac{\Delta G_n}{G}$ die Werte (Abb. 19.1 links):

c_1	c_2	c_3	c_4	φ_1	φ_2	φ_3	φ_4
0,4	0,4	0,4	0	0	$-0,5\pi$	$-0,5\pi$	0

Die Fourierreihe für den vertikalen Kräfteverlauf für eine Frequenz von z. B. $f = 2$ Hz lautet mit $F(t) = G + F_1(t) + F_2(t) + F_3(t)$

$$F(t) = G \left(1 + \underbrace{0,4\sin(4\pi t)}_{f} + \underbrace{0,1\sin\left(8\pi t - \frac{\pi}{2}\right)}_{2f} + \underbrace{0,1\sin\left(12\pi t - \frac{\pi}{2}\right)}_{3f}\right). \quad (19.1)$$

Wir tragen $\frac{F(t)}{G}$ nach t auf (Abb. 19.1 rechts).

Die beiden Maxima entsprechen dem Auftreten mit der Ferse und dem Abstoßen mit dem Ballen. Die maximale Amplitude für eine Person mit der Gewichtskraft G wird $F_{\max} = 1,4G$, also 140 % ihres Eigengewichts.

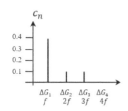
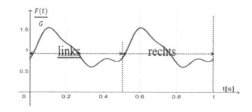

Abb. 19.1: Skizze zu den Frequenzanteilen beim Gehen und Graph von (19.1)

Nun betrachten wir die Kräfteverteilungen in horizontaler Richtung vorwärts und seitwärts. Dabei fällt die statische Komponente $c_0 = G$ weg.

Zusätzlich gilt es zu beachten, dass der Schwerpunkt des Körpers beim Gehen sowohl längs als auch quer um etwa 1–2 cm hin und her pendelt. Die Pendelfrequenz entspricht also der halben Gehfrequenz. Wenn f weiterhin die Gehfrequenz ist, dann müssen die Kraftanteile der Frequenzen $\frac{f}{2}, f, \frac{3f}{2}, 2f, \frac{5f}{2}$ usw. beachtet werden, weil man bei jedem Schritt eine horizontale Krafteinwirkung hat.

Abbildung 19.2 enthält die absoluten Beträge für eine Versuchsperson mit $G = 584$ N und der Gehfrequenz $f = 2$ Hz.

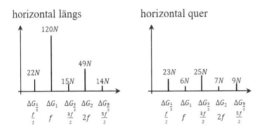

Abb. 19.2: Skizze zu den Frequenzanteilen in Längs- und Querrichtung beim Gehen

Für die Kraftverteilung horizontal längs erhält man mit $F(t) = G + F_1(t) + F_2(t) + F_3(t) + F_4(t)$

$$F(t) = G \left(1 + \underbrace{\frac{22}{584}\sin(2\pi t)}_{\frac{f}{2}} + \underbrace{\frac{120}{584}\sin\left(4\pi t - \frac{\pi}{2}\right)}_{f} + \underbrace{\frac{15}{584}\sin\left(6\pi t - \frac{\pi}{2}\right)}_{\frac{3f}{2}} + \underbrace{\frac{49}{584}\sin(8\pi t)}_{2f}\right).$$

(19.2)

Wir tragen $\frac{F(t)}{G}$ nach t auf (Abb. 19.3 rechts).

Die maximale Amplitude in Richtung horizontal längs für eine Person mit der Gewichtskraft G beträgt $F_{\max} = 1{,}55 G$, also 155 % ihres Eigengewichts.

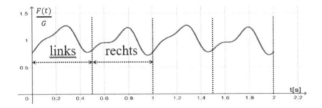

Abb. 19.3: Graph von (19.2)

Für die Kraftverteilung horizontal quer ergibt sich

$$F(t) = G \left(1 + \underbrace{\frac{23}{584} \sin(2\pi t)}_{\frac{f}{2}} + \underbrace{\frac{6}{584} \sin\left(4\pi t - \frac{\pi}{2}\right)}_{f} + \underbrace{\frac{25}{584} \sin\left(6\pi t - \frac{\pi}{2}\right)}_{\frac{3f}{2}} + \underbrace{\frac{7}{584} \sin(8\pi t)}_{2f}\right).$$

(19.3)

Wir tragen $\frac{F(t)}{G}$ nach t auf (Abb. 19.4 rechts).

Interessant bei der horizontalen Querbewegung ist, dass obwohl mit der Frequenz f gelaufen wird, die Frequenzen $\frac{f}{2}$ und $\frac{3f}{2}$ stärker angeregt werden.

Die maximale Amplitude in Richtung horizontal längs für eine Person mit der Gewichtskraft G beträgt $F_{max} = 1{,}07\,G$, also 107 % ihres Eigengewichts.

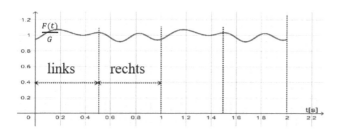

Abb. 19.4: Graph von (19.3)

19.3 Hüpfen

Beim Hüpfen ist natürlich der Bodenkontakt für eine gewisse Zeit aufgehoben. Als Kontaktzeit wird durchschnittlich $m_K = 0{,}16\,\text{s}$ gemessen. Als Hüpffrequenz nehmen wir $f = 2\,\text{Hz}$.

Messungen ergaben für die Anteile $c_n = \frac{\Delta G_n}{G}$ die Werte (Abb. 19.5 links)

c_1	c_2	c_3	c_4	φ_1	φ_2	φ_3	φ_4
1,8	1,3	0,7	0,3	0	$-0{,}68\pi$	$-0{,}68\pi$	0

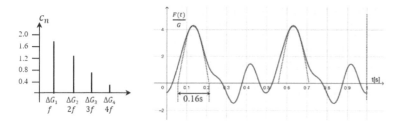

Abb. 19.5: Skizze zu den Frequenzanteilen beim Hüpfen und Graph von (19.4)

Die Phasendifferenzen berechnen sich mittels $\varphi_2 = \varphi_3 = \pi(1 - f \cdot m_K)$.

Die Fourierreihe für eine Versuchsperson mit $G = 584\,\text{N}$ für eine Frequenz von z. B. $f = 2\,\text{Hz}$ lautet

$$F(t) = G(1 + 1{,}8\sin(4\pi t) + 1{,}3\sin(8\pi t - 0{,}68\pi) + 0{,}7\sin(12\pi t - 0{,}68\pi)$$
$$+ 0{,}3\sin(16\pi t))\,. \tag{19.4}$$

Wir tragen $\frac{F(t)}{G}$ nach t auf (Abb. 19.5 rechts).

Häufig wird der Verlauf des Hüpfens durch das Modell einer Halbsinuskurve mit Breite $0{,}16\,s$ ersetzt.

19.4 Die Antwort des Systems bei statischer Last

Nun wollen wir die Antwort des Systems betrachten, die sich in der Mitte der Brücke ergibt, wenn zum z. B. ein Fußgänger mit $f = 2\,\text{Hz}$ im Zentrum geht und diese vertikal belastet.

Oben haben wir dafür die periodische Anregungskraft $F(t)$ bestimmt zu

$$F(t) = G\left(1 + 0{,}4\sin(4\pi t) + 0{,}1\sin\left(8\pi t - \frac{\pi}{2}\right) + 0{,}1\sin\left(12\pi t - \frac{\pi}{2}\right)\right)$$
$$(F(t) = G + F_1(t) + F_2(t) + F_3(t))\,.$$

Wir nehmen an, der Fußgänger bewege sich mit der Kraft $F(t)$ mindestens so lange wie die benötigte Anregungszeit. Dann wird das Brückendeck die Anregung gemäß einer erzwungenen Schwingung übernehmen.

Zur Erinnerung: Die Antwort eines gedämpften Schwingers mit Anregungskraft G und Anregung ω bei einer Eigenfrequenz ω_n ist

$$w_n(t) = \frac{G}{m} \cdot \frac{1}{\sqrt{(\omega^2 - \omega_n^2)^2 + (2\xi_n\omega_n)^2\omega^2}} \cdot \cos\left(\omega t - \arctan\left(\frac{2\xi_n\omega_n \cdot \omega}{\omega^2 - \omega_n^2}\right)\right)$$

$$= \frac{G}{m} \cdot \frac{1}{\sqrt{(4\pi^2 f^2 - 4\pi^2 f_n^2)^2 + 64\pi^4 \xi_n^2 f_n^2 f^2}} \cdot \cos\left(2\pi f t - \arctan\left(\frac{2\xi_n f f_n}{f^2 - f_n^2}\right)\right)\,.$$

Anregung (mittig)	Antwort
G	$\frac{G}{D} = \frac{Gl^3}{48EI}$ statische Auslenkung
$0{,}4G \cdot \sin(4\pi t)$	$\frac{0{,}4G}{m^*} \cdot \frac{1}{\sqrt{(4\pi^2 2^2 - 4\pi^2 f_1^2)^2 + 64\pi^4 \xi_1^2 f_1^2 2^2}} \cdot \sin\left(4\pi t - \arctan\left(\frac{2\xi_1 2 f_1}{2^2 - f_1^2}\right)\right)$
$0{,}1G \cdot \sin\left(8\pi t - \frac{\pi}{2}\right)$	$\frac{0{,}1G}{m^*} \cdot \frac{1}{\sqrt{(4\pi^2 4^2 - 4\pi^2 f_2^2)^2 + 64\pi^4 \xi_2^2 f_2^2 4^2}} \cdot \sin\left(8\pi t - \frac{\pi}{2} - \arctan\left(\frac{2\xi_2 4 f_2}{4^2 - f_2^2}\right)\right)$
$0{,}1G \cdot \sin\left(12\pi t - \frac{\pi}{2}\right)$	$\frac{0{,}1G}{m^*} \cdot \frac{1}{\sqrt{(4\pi^2 6^2 - 4\pi^2 f_3^2)^2 + 64\pi^4 \xi_3^2 f_3^2 6^2}} \cdot \sin\left(12\pi t - \frac{\pi}{2} - \arctan\left(\frac{2\xi_3 6 f_3}{6^2 - f_3^2}\right)\right)$

Wir schätzen die Amplitude durch die maximal mögliche, also $\frac{1}{2\xi}$, ab. Diese ist für die Praxis wichtiger ist als die genaue Amplitude, das heißt, wir gehen von dreifacher Resonanz aus.

Anregung (mittig)	Antwort		
G	$\frac{Gl^3}{48EI}$	statische Auslenkung	
$0{,}4G \cdot \sin(4\pi t)$	$\frac{0{,}4G}{D_1^* 2\xi_1} \cdot \sin\left(4\pi t - \frac{\pi}{2}\right)$	$(f_1 = 2)$	
$0{,}1G \cdot \sin\left(8\pi t - \frac{\pi}{2}\right)$	$\frac{0{,}1G}{D_2^* 2\xi_2} \cdot \sin(8\pi t - \pi)$	$(f_1 = 4)$	
$0{,}1G \cdot \sin\left(12\pi t - \frac{\pi}{2}\right)$	$\frac{0{,}1G}{D_3^* 2\xi_3} \cdot \sin(12\pi t - \pi)$	$(f_3 = 6)$	

Dabei ist $D_1^* = \frac{48{,}70EI}{l^3}$, $D_2^* = \frac{779{,}27EI}{l^3}$, $D_3^* = \frac{3945{,}07EI}{l^3}$ (siehe modale Masse, Kapitel 14).
Die Antwort des Systems lautet

$$w(t) = \frac{Gl^3}{48EI} + \frac{0{,}4Gl^3}{97{,}40EI\xi_1} \sin\left(4\pi t - \frac{\pi}{2}\right) + \frac{0{,}1Gl^3}{1558{,}54EI\xi_2} \sin(8\pi t - \pi)$$
$$+ \frac{0{,}1Gl^3}{7890{,}14EI\xi_3} \sin(12\pi t - \pi) \quad \text{oder}$$

$$w(t) = \frac{Gl^3}{48EI}\left(1 + \frac{0{,}4}{2{,}03\xi_1} \sin\left(4\pi t - \frac{\pi}{2}\right) + \frac{0{,}1}{32{,}47\xi_2} \sin(8\pi t - \pi)\right.$$
$$\left. + \frac{0{,}1}{164{,}38\xi_3} \sin(12\pi t - \pi)\right).$$

Das Problem, das sich noch stellt, betrifft die Dämpfungen. Diese kann man nur schätzen oder messen. Gehen wir davon aus, dass zur optimalen Dämpfung drei Tilger eingebaut werden könnten, dann wäre

$$\xi_{n\,\text{opt}} = \sqrt{\frac{3y}{8(1+y)}} \quad \text{und} \quad y = \frac{m_{n\,\text{Tilger}}}{m_{\text{Brücke}}}.$$

Weiter nehmen wir der Einfachheit halber an, dass $\frac{m_{n\,\text{Tilger}}}{m_{\text{Brücke}}} = 0{,}05$ für alle n ist. Folglich hat man

$$\xi_{n\,\text{opt}} = \sqrt{\frac{3y}{8(1+y)}} = 0{,}134.$$

Das optimale Dämpfungsmaß haben wir nur zum Vergleich berechnet. Dämpfungsmaße für Stahlbetonbrücken betragen etwa $\xi = 0{,}017$. Also ist $\xi = \xi_1 = \xi_2 = \xi_2 = 0{,}017$.

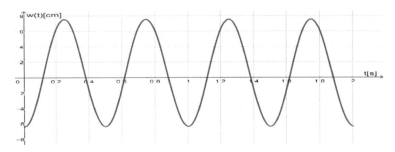

Abb. 19.6: Graph von (19.5)

Insgesamt erhält man für die Auslenkung in der Mitte ($w(t) = G + w_1(t) + w_2(t) + w_3(t)$) (Abb. 19.6)

$$w(t) = \frac{Gl^3}{48EI}\left(1 + 11{,}59 \cdot \sin\left(4\pi t - \frac{\pi}{2}\right) + 0{,}18 \cdot \sin(8\pi t - \pi)\right.$$
$$\left. + 0{,}04 \cdot \sin(12\pi t - \pi)\right). \tag{19.5}$$

Man sieht, dass die statische und hauptsächlich die elfeinhalbmal größere dynamische Auslenkung der ersten Eigenfrequenz maßgebend für die Systemantwort sind. Das wäre erst eine partikuläre Lösung. Man müsste für die allgemeine noch ansetzen:

$$w_{\text{allg}}(t) = w(t) + e^{-\xi\omega_n t}(A\cos(\omega_n t) + B\sin(\omega_n t)).$$

Mit den Anfangsbedingungen $w_{\text{allg}}(0) = \dot{w}_{\text{allg}}(0) = 0$ ergibt sich mit den Werten des folgenden Beispiels $A = -11{,}59 \frac{Gl^3}{48EI}$, $B = 0{,}26 \frac{Gl^3}{48EI}$.

Der Dämpfungsteil ändert am wesentlichen Verlauf von $x(t)$ nur wenig.

Als Beispiel wählen wir eine Brücke mit $l = 40\,\text{m}$, $b = 5\,\text{m}$, $h = 0{,}5\,\text{m}$, $E = 3{,}0 \cdot 10^{10}\,\frac{\text{N}}{\text{m}^2}$, $\rho = 2{,}5 \cdot 10^3\,\frac{\text{kg}}{\text{m}^3}$, $I = \frac{1}{12}Ah^2$ und der Dämpfung $\xi = 0{,}02$, $G = 700\,\text{N}$.

Dann hat man z. B. für die 2. Eigenfrequenz

$$f_2 = \frac{4\pi}{2l^2}\sqrt{\frac{Eh^2}{12\rho}} = 1{,}96\,\text{Hz}.$$

Diese ist also im kritischen Bereich. Mit diesen Werten wäre die statische Auslenkung $\frac{Gl^3}{48EI} = 0{,}60\,\text{mm}$.

Die dynamischen Auslenkungen sind $11{,}59 \cdot 0{,}60\,\text{mm} = 6{,}95\,\text{mm}$, $0{,}18 \cdot 0{,}60\,\text{mm} = 0{,}11\,\text{mm}$ bzw. $0{,}04 \cdot 0{,}60\,\text{mm} = 0{,}02\,\text{mm}$.

19.5 Die Antwort des Systems bei bewegter Last

Die obigen Kraftverläufe $F(t)$ und folglich auch die Antworten $u(t)$ des Systems gelten für den Fall, dass die Person in der Mitte auf und ab geht. Im Allgemeinen wird sich der Fußgänger mit der Geschwindigkeit v fortbewegen. Gehen wir von einer Schrittfrequenz von $f = 2\,\text{Hz}$ aus, und nehmen für die Schrittlänge $s = 0{,}9\,\text{m}$, dann ergibt sich

19.5 Die Antwort des Systems bei bewegter Last

bei einer Brückenlänge von $l = 27$ m eine Geschwindigkeit von $v = \frac{s}{T} = s \cdot f = 1{,}8$ m/s und eine Überquerungszeit von $t_0 = \frac{l}{v} = \frac{l}{s \cdot f} = 15$ s.

Betritt der Fußgänger die Brücke mit der Kraft $F(0)$, dann wird die Kraft auf die Brücke in der Mitte Null sein. Da die Mitte der Brücke unser Bezugspunkt ist, wird die Kraft dort umso mehr anwachsen, je näher der Fußgänger dem Zentrum kommt. Und zwar gilt $F_n^*(t) = F_n(t) \cdot y_n(x)$, wenn $y_n(x)$ die n-te Eigenform bezeichnet. Mit $y_n(x) = \sin(\frac{n\pi}{l}x)$ folgt $F_n^*(t) = F_n(t) \cdot \sin(\frac{n\pi}{l}vt)$.

Der vertikale Kräfteverlauf beim Gehen mit der Frequenz 2 Hz beträgt in der Mitte zur Zeit t

$$F^*(t) = G\left(1 + 0{,}4\sin(4\pi t)\cdot \sin\left(\frac{\pi}{15}t\right) + 0{,}1\sin\left(8\pi t - \frac{\pi}{2}\right)\cdot \sin\left(\frac{2\pi}{15}t\right) \right.$$
$$\left. + 0{,}1\sin\left(12\pi t - \frac{\pi}{2}\right)\cdot \sin\left(\frac{3\pi}{15}t\right)\right),$$

falls wir zusätzlich $l = 27$ m und folglich $v = 1{,}8\,\frac{m}{s}$ wählen.

Tragen wir nur den dynamischen Teil ohne den statischen auf, dann erhält man die Auslenkung des Systems in der Mitte zur Zeit t: ($u(t) = w_1(t)\cdot y_1(t) + w_2(t)\cdot y_2(t) + w_3(t)\cdot y_3(t)$, Abb. 19.7)

$$u(t) = \frac{Gl^3}{48EI}\left(11{,}59 \cdot \sin\left(4\pi t - \frac{\pi}{2}\right)\cdot \sin\left(\frac{\pi}{15}t\right) + 0{,}18\cdot \sin(8\pi t - \pi)\cdot \sin\left(\frac{2\pi}{15}t\right)\right.$$
$$\left. + 0{,}04\cdot \sin(12\pi t - \pi)\cdot \sin\left(\frac{2\pi}{15}t\right)\right). \tag{19.6}$$

Die Antwort des Systems erfolgt aber verzögert.

Die Verzögerung können wir mit der Einschwingzeit $t = \frac{T}{2\xi} = \frac{1}{2\xi f}$ abschätzen. Für unser Beispiel sei $\xi = 0{,}02$ und wieder $f = 2$ Hz. Dann ergibt sich $t = 12{,}5$ s. Nach dieser Zeit hat man bekanntlich 96 % der maximalen Amplitude erreicht. Die Verzögerung wäre in unserem Fall $12{,}5$ s $- 7{,}5$ s $= 5$ s. Demnach wäre die maximale Beschleunigung des Systems nach $12{,}5$ s erreicht.

Allgemein: Verzögerung $t^* = \frac{1}{2f}(\frac{1}{\xi} - \frac{1}{s})$. Maximale Beschleunigung nach der Zeit $t = \frac{1}{2\xi f}$.

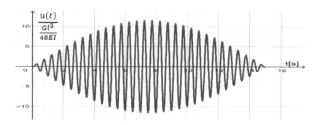

Abb. 19.7: Graph von (19.6)

Umgerechnet auf die Phasenverschiebung:

$$\varphi = \frac{1}{2f}\left(\frac{1}{\xi} - \frac{l}{s}\right)\frac{\pi v}{l} = \frac{1}{2f}\left(\frac{1}{\xi} - \frac{l}{s}\right)\frac{\pi s f}{l} = \frac{\pi s}{2l}\left(\frac{1}{\xi} - \frac{l}{s}\right).$$

Für unser Beispiel ist $\varphi = \frac{\pi}{3}$ und man erhält $\sin(\frac{\pi}{15}t - \frac{\pi}{3})$.

Somit wäre die Schwingungsamplitude des Systems in der Mitte (Abb. 19.8):

$$u(t) = \frac{Gl^3}{48EI}\left(11{,}59 \cdot \sin\left(4\pi t - \frac{\pi}{2}\right) + 0{,}18 \cdot \sin(8\pi t - \pi)\right.$$
$$\left. + 0{,}04 \cdot \sin(12\pi t - \pi)\right) \cdot \sin\left(\frac{\pi}{15}t - \frac{\pi}{3}\right). \tag{19.7}$$

Auf die Brücke wirkt während der Überquerung eines Fußgängers also nicht ständig die gleiche Kraft, sondern die Kraft

$$F_{\text{eff}} = \frac{G}{l}\int_0^l \sin\left(\frac{\pi}{l}x\right) dx = \frac{2}{\pi}G \approx 0{,}63 \cdot G.$$

Die maximale Beschleunigung wird ebenfalls nur zu einem Zeitpunkt erreicht. Für die effektive Beschleunigung auf die ganze Brücke in Bezug auf das Zentrum hat man

$$\ddot{u}_{\text{eff}} = \frac{\ddot{u}_{\text{Max}}}{l}\int_0^l \sin\left(\frac{\pi}{l}x\right) dx = \frac{2}{\pi}\ddot{u}_{\text{Max}} \approx 0{,}63 \cdot \ddot{u}_{\text{Max}}.$$

Aufgrund von

$$\frac{1}{l}\int_0^l \sin\left(\frac{n\pi}{l}x\right) dx = \frac{n}{l}\int_0^{\frac{l}{n}} \sin\left(\frac{\pi}{l}x\right) dx = \frac{n}{l} \cdot \frac{2l}{n\pi} = \frac{2}{\pi}$$

gilt obiges Ergebnis für jede Eigenform.

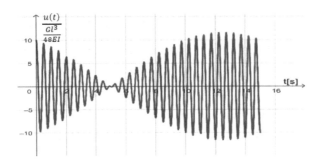

Abb. 19.8: Graph von (19.7)

19.6 Einwirkung mehrerer Personen

Zur Modellierung mehrerer Fußgänger könnte man nun die Zeitfunktion $u(t)$ eines einzelnen Fußgängers nehmen, nach der Zeit t eine andere Person mit anderer Gewichtskraft folgen lassen usw. und alle Antworten superponieren. Die Wirklichkeit sieht aber anders aus, denn es entstehen Wechselwirkungen zwischen den Passanten.

Wir unterscheiden folgende Fälle:
a) regellose Einwirkung,
b) synchronisierte Einwirkung und
c) „Lock-In-Effekt".

a) Bei asynchroner Einwirkung gehen oder laufen n Personen mit verschiedenen Massen auf der Brücke. Wichtiger aber ist, dass die Phasenverschiebungen der 1. Harmonischen der n Passanten eine rein zufällige Verteilung aufweist. Somit werden sich die möglichen Anregungen teils vergrößern und teils eliminieren.

In der Literatur findet sich nur ein einziger Ansatz, der für praktische Zwecke offenbar genügt (Matsumoto, 1978). Befinden sich gleichzeitig n Personen auf einer Brücke, dann multipliziert man die für einen einzigen Fußgänger berechnete Schwingungsamplitude in Brückenmitte mit der Zahl $a = \sqrt{\lambda \cdot t_0}$.

Dabei bezeichnet λ die mittlere Passierrate in Personen pro Sekunde über die ganze Breite des Brückendecks und über eine gewisse Zeitspanne gerechnet. Man kann dies auch als Personenstrom bezeichnen.

Weiter ist t_0 die erforderliche Zeit, um eine Brücke der Länge l mit der Geschwindigkeit v zu überqueren. Dann bezeichnet das Produkt $\lambda \cdot t_0$ die Anzahl der Personen, die sich bei mittlerer Passierrate λ gleichzeitig auf der Brücke befinden.

In der Formel für a ist bereits berücksichtigt, dass eine gleichmäßige über die ganze Brücke verteilte Kraft nur $\frac{2}{\lambda}$ mal mehr pro Sekunde eine Durchbiegung in Brückenmitte erzeugt, verglichen mit der gleichen, aber in der Mitte einwirkenden Kraft.

Nehmen wir als Zahlenbeispiel $l = 27$ m. Wir zählen 100 $\frac{\text{Personen}}{\text{min}}$, also $\lambda = \frac{5}{3} \frac{\text{Personen}}{\text{s}}$.

Wieder sei $f = 2$ Hz und $s = 0{,}9$ m die Spannweite. Dann erhält man $t_0 = \frac{l}{s \cdot f} = 15$ s.

Schließlich ist $a = \sqrt{\lambda \cdot t_0} = 5$. Oder wir zählen beispielsweise 25 Personen, die sich gleichzeitig auf der Brücke befinden. Das ergibt dann ebenfalls $a = \sqrt{n} = 5$.

b) Vorerst sei nur eine Synchronisierung bei vertikaler Schwingung des Brückendecks vorausgesetzt. Untersuchungen haben gezeigt, dass ab einer Untergrundbewegung von etwa 10 mm–20 mm Fußgänger ihren Gang anpassen. Eine weitere Erkenntnis ist, dass die Amplitudenvergrößerung der 1. Harmonischen linear mit der Personenzahl n auf der Brücke zunimmt. Der Faktor, mit dem man in diesem Fall die für einen einzigen Fußgänger berechnete Schwingungsamplitude in Brückenmitte multiplizieren muss, ist somit n.

c) Schwingt der Untergrund seitlich aus, dann liegt der Schwellenwert für den Beginn einer Anpassung schon bei Amplituden von etwa 5 mm. Der Fußgänger passt nicht nur seine Frequenz, sondern eben auch die Phase an. Man geht etwas breitbeiniger wodurch die Amplituden noch mehr zunehmen. Es entsteht ein „Lock-In-Effekt".

Ein fast absurdes Paradebeispiel dafür ist die im Jahre 2000 eröffnete Millennium-Brücke über die Themse in London. Sie wurde so schlank gebaut, dass damit die Steifigkeit sank und außerdem hinsichtlich Resonanz weniger Masse aktiviert werden musste.

Wahrscheinlich wurde die Brücke eher unter statischen Gesichtspunkten gebaut und die dynamischen Eigenschaften wurden unterschätzt. Nicht ein einziger Tilger war eingebaut worden.

Da die 1. Eigenfrequenz der Brücke bezüglich seitlicher Schwingung ziemlich genau bei 1 Hz lag, begann sie schon am Eröffnungstag, seitlich so auszuschwingen, dass sie noch am selben Tag geschlossen und erst 2 Jahre später nach einer teuren Sanierung, die den Einbau von 58 Tilgern miteinbezog, wieder eröffnet wurde.

Die darauf folgenden Untersuchungen (Daillard, 2001) kamen zu dem Schluss, dass bei seitlichen Anregungen die Personenzahl auf der Brücke entscheidend ist (Abb. 19.9).

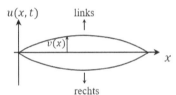

Abb. 19.9: Skizze zur Anpassung des Gehens an seitliche Brückenschwingungen

Zuerst wurde getestet, wie die seitliche Kraft einer einzelnen Person mit der Verschiebung zur Mitte hin wächst. Es ergab sich ein einigermaßen linearer Zuwachs: $F_1(x) = c \cdot v(x)$ mit einer Konstanten c, die aufgrund der Messdaten zu $c \approx 300 \, \frac{\text{Ns}}{\text{m}}$ bestimmt wurde (für Frequenzen von 0,5 Hz–1 Hz).

Für die örtlich abhängige Geschwindigkeit $v(x)$ selber, kann man den Zuwachs mit der n-ten Eigenform erfassen. Wir nehmen für die weitere Rechnung die 1. Eigenform: $v(x) = v(\frac{l}{2}) y_1(x)$. Wir schreiben kurz $v(\frac{l}{2}) = v_{\text{Max}} =: v$.

Mit $y_1(x) = \sin(\frac{\pi}{l}x)$ ist $v(x) = v \cdot \sin(\frac{\pi}{l}x)$ und $F_1(x) = c \cdot v \cdot \sin(\frac{\pi}{l}x)$.

Nun betrachten wir n Personen. Jede Person übt abhängig von der Stelle x_i, wo sie sich befindet, die Kraft $F_i^* = F_i(x) \cdot \sin(\frac{\pi}{l}x_i)$ bezüglich der Normierungsstelle $x = \frac{l}{2}$ auf die Mitte des Brückendecks aus.

Dann gilt für die Gesamtkraft aller n Personen:

$$F_{\text{total}} = \sum_{i=1}^{n} F_i^* = \sum_{i=1}^{n} F_i(x) \cdot \sin\left(\frac{\pi}{l}x_i\right) = cv \sum_{i=1}^{n} \sin^2\left(\frac{\pi}{l}x_i\right).$$

Für $\sum_{i=1}^{n} \sin^2(\frac{\pi}{l} x_i)$ kann man im Mittel auch

$$n \cdot \frac{1}{l} \int_0^l \sin^2\left(\frac{\pi}{l} x\right) dx$$

schreiben.

Dann ergibt sich

$$F_{\text{total}} = cv \cdot n \cdot \frac{1}{l} \int_0^l \sin^2\left(\frac{\pi}{l} x\right) dx = cvn \frac{1}{l} \cdot \frac{l}{2} = \frac{cvn}{2}.$$

Andererseits muss die Dämpfungskraft der Brücke mindestens so groß wie F_{total} sein:

$$F_d = \mu \cdot v = 2\xi\omega_1 m^* \cdot v > \frac{cvn}{2} \quad \Longrightarrow \quad 4\xi\pi f_1 m^* > \frac{cn}{2}.$$

Als kritische Personenzahl erhält man die Bedingung $n < \frac{8\pi\xi m^* f_1}{c}$.

Alternativ kann man auch experimentell eine Beschleunigung angeben, bei der mit einem „Lock-In-Effekt" gerechnet werden muss: $a < 0{,}10 \frac{m}{s^2}$. Dieser Wert wurde schon oben bei der Komfortklasse CL1 für seitliche Schwingungen angegeben.

Als Beispiel wählen wir eine Brücke mit $l = 21$ m, $b = 3$ m, $h = 0{,}5$ m, $E = 3{,}0 \cdot 10^{10} \frac{N}{m^2}$, $\rho = 2{,}5 \cdot 10^3 \frac{kg}{m^3}$, $I = \frac{1}{12} Ah^2$ und der Dämpfung $\xi = 0{,}017$.

Dann wird $f_1 = 1{,}99$ Hz längs, also $f_1 = 0{,}995$ Hz seitlich.

$$m^* = \frac{1}{2} m = 31.500 \text{ kg},$$

$$n < \frac{8\pi\xi m^* f_1}{c} \approx 44 \text{ Personen}.$$

Die Ergebnisse sind in der nachstehenden Tabelle unter der Zusatzbedingung für einen CL1 Komfort nochmals zusammengetragen:

Anregungsart	Auslenkung	Beschleunigung in $\frac{m}{s^2}$
1 Person in der Mitte gehend	$u_{\text{Max}} = \frac{F}{D^*} \cdot \frac{1}{2\xi}$	$\ddot{u}_{\text{Max}} = \omega^2 \cdot u_{\text{Max}} < 0{,}5$
1 Person über Brücke gehend	$u_{\text{eff}} = \frac{2}{\pi} u_{\text{Max}}$	$\ddot{u}_{\text{eff}} = \frac{2}{\pi} \omega^2 \cdot u_{\text{Max}} < 0{,}5$
n Personen über Brücke gehend, asynchron	$u_{\text{eff}} = \sqrt{n} \cdot u_{\text{Max}}$	$\ddot{u}_{\text{eff}} = \sqrt{n} \cdot \omega^2 \cdot u_{\text{Max}} < 0{,}5$
– synchron vertikal	$u_{\text{eff}} = n \cdot u_{\text{Max}}$	$\ddot{u}_{\text{eff}} = n \cdot \omega^2 \cdot u_{\text{Max}} < 0{,}5$
– synchron seitlich (Lock-In)	$u_{\text{eff}} = n \cdot u_{\text{Max}}$	$\ddot{u}_{\text{eff}} = n \cdot \omega^2 \cdot u_{\text{Max}} < 0{,}1$ Kritische Personenzahl $n < \frac{8\pi\xi m^* f_1}{c}$

Zum Schluss geben wir im folgenden Abschnitt eine Übersicht, unter welchen Gesichtspunkten ein Tilgereinbau nötig wird und wie er schrittweise durchgeführt werden kann.

19.7 Abklärung für einen eventuellen Tilgereinbau bei Fußgängerbrücken

Im 2. Band haben wir die optimalen Parameter für den Einbau eines Tilgers zur Reduktion einer erzeugten Schwingung hergeleitet. Dabei fiel der Begriff der modalen Masse, den wir einfach so haben stehen lassen. Außerdem wurde mit der Federkonstanten, oder besser der Steifigkeit, D_1 des Hauptsystems gerechnet. Diese haben wir als Formvariable verwendet, für konkrete Werte fehlte uns noch das nötige Wissen. Es sollen nun an einem Zahlenbeispiel alle Punkte zur Optimierung des Tilgers durchgerechnet werden, falls eine Fußgängerbrücke es benötigt (Abb. 19.10 links).

Wir betrachten einen Balken mit den üblichen Werten: $l = 21$ m, $b = 3$ m, $h = 0{,}5$ m, $E = 3{,}0 \cdot 10^{10}\ \frac{N}{m^2}$, $\rho = 2{,}5 \cdot 10^3\ \frac{kg}{m^3}$, $I = \frac{1}{12} A h^2$.

Abklärung

1. Zuerst bestimmt man diejenigen Eigenfrequenzen, die nahe bei 2 Hz liegen. Dabei ist die 1. Eigenfrequenz die wichtigste, weil diese am einfachsten anzuregen ist. Wir erhalten als erste Eigenfrequenz $f_1 = \frac{\pi}{2l^2}\sqrt{\frac{EI}{\rho A}} = 1{,}96$ Hz. Sie liegt bezüglich Fußgängeranregung im kritischen Bereich.
2. Masse des Hauptsystems. Diese ergibt sich zu $m_1 = 75.000$ kg.
3. Bestimmung der modalen Steifigkeit und der modalen Masse. $m^* = \frac{1}{2} m_1$. Für die Steifigkeit D_1 des Hauptsystems gilt $D_1 = \omega_1^2 \cdot \frac{1}{2} m_1 = 4\pi^2 f_1^2 \cdot \frac{1}{2} m_1 = 5.707.564\ \frac{N}{m}$.
4. Die Dämpfung des Hauptsystems. Wir wissen, dass sie kleiner als 2 % sein sollte, damit die folgenden Rechenschritte gute Werte liefern.
5. Wahl des Massenverhältnisses. Wir nehmen wie üblich $\frac{m_2}{m_1} = \gamma = 0{,}05$.
6. Bestimmen der Tilgermasse. $m_2 = \gamma m^*$. Also $m_2 = 0{,}05 \cdot \frac{1}{2} m_1 = 1875$ kg.
7. Berechnung der Tilgerfrequenz β gemäß

$$\beta_{\text{opt}} = \frac{1}{1+\gamma} \implies f_{2\,\text{opt}} = \frac{f_1}{1+\gamma} = 1{,}87\ \text{Hz}\,.$$

8. Berechnung der Federkonstanten des Tilgers. $D_2 = \beta^2 \gamma D_1 = \frac{\gamma D_1}{(1+\gamma)^2} = 258.846\ \frac{N}{m}$. Oder so: $D_2 = m_2 (2\pi f_{2\,\text{opt}})^2 = 258.846\ \frac{N}{m}$.

9. Berechnung der Dämpfungskonstanten. Zuerst die Dämpfungsmaß:

$$\xi_{2\,\text{opt}} = \sqrt{\frac{3\gamma}{8(1+\gamma)}}.$$

Für die Dämpfungskonstante ist dann

$$\mu_2 = 2\xi_{2\,\text{opt}} \sqrt{D_2 m_2} = 5887{,}86\,\frac{\text{Ns}}{\text{m}}.$$

Die Tilger werden dann an den Stellen des Schwingungsbauchs der zu dämpfenden Schwingung platziert (Abb. 19.10 rechts):

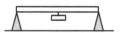 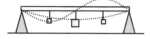

Abb. 19.10: Skizzen zur Platzierung von Tilgern

Aufgabe
Bearbeiten Sie die Übung 22.

20 Windinduzierte Schwingungen von Brücken

Wie wir bei der Tacoma-Narrows-Brücke gesehen haben, kam die Brücke erst aufgrund einer windinduzierten Torsionsschwingung zum Einsturz. Wir wollen diesem bis dahin unbekannten Phänomen auf die Spur kommen. Dazu wird es nötig sein, uns mit einigen strömungsrelevanten Kenngrößen vertraut zu machen.

Bei laminarer Strömung ist der Widerstand bekanntermaßen nur durch die Reibung mit der Berandung gegeben und wird für sphärische Körper durch das Gesetz von Stokes beschrieben: $F_R = 6\pi \cdot r\eta v$. Bei nichtsphärischen Körpern wird ein äquivalenter Durchmesser verwendet.

Zur Darstellung des Unterschiedes zwischen laminarer Strömung und turbulenter Strömung fand Reynolds über eine Wasserströmung in einer Rohrleitung, dass sich die Verwirbelung in der Rohrleitung erst ab einer bestimmten Strömungsgeschwindigkeit einstellt.

Zur Beurteilung definiert man die Reynolds-Zahl $Re := \frac{\rho \cdot d \cdot v}{\eta}$, wobei v die Strömungsgeschwindigkeit, ρ die Dichte des Fluids und d die charakteristische Länge des umströmten Körpers bezeichnet.

Bei einem Rohr wäre die charakteristische Länge der Durchmesser des Rohrs.

Ab einem Wert Re_{krit} wird die laminare Strömung instabil gegenüber kleinen Störungen (Abb. 20.1).

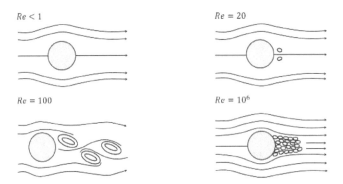

Abb. 20.1: Skizzen zur Entstehung von Kármán'schen Wirbelstraßen

$Re < 1$. Der Körper wird laminar umströmt. Die Strömung ist zeitlich stationär, nicht mit der Zeit. Solche kleinen Reynolds-Zahlen erreicht man nur, wenn die Geschwindigkeit sehr klein oder die Viskosität sehr hoch ist oder der bewegte Körper minimale Abmessungen hat.

$Re = 20$. Ausbildung von zwei symmetrischen Wirbel auf der Zylinderrückseite. Die Strömung ist nach wie vor stationär.

$Re = 100$. Kármán'sche Wirbelstraße. Aus der stationären Bewegung entsteht eine zeitlich periodische. Die Wirbel lösen sich hinter dem Körper nacheinander um 180° phasenverschoben ab, d. h. abwechselnd der rechte und der linke Wirbel. Mit der gleichen Periode bilden sich neue Wirbel an der Zylinderrückseite aus. Es entsteht eine Reihe von Wirbeln mit entgegengesetztem Drehsinn. Dieses Phänomen wurde nach Théodore von Kármán, einem ungarischen Ingenieur, benannt.

$Re = 10^6$. Die Wirbel zerfallen in kleinere Elemente. Die Strömung wird turbulent, zuerst weiter vom Körper entfernt, dann direkt am Körper. Die Bewegung ist nicht mehr stationär. Hinter dem Körper bildet sich die „turbulente Grenzschicht" aus, ein Bereich, in dem die Flüssigkeit stark verwirbelt. Die Geschwindigkeit variiert hier völlig unvorhersagbar. Sie tritt z. B. bei der Umströmung von Brückenpfeilern auf.

Bei turbulenter Strömung ist der Strömungswiderstand eines Körpers neben der Dichte ρ, der Viskosität η, der charakteristischen Länge l, auch von der Anströmgeschwindigkeit v abhängig. Man erhält die bekannte Formel nur über Messungen:

$$F_w = \frac{1}{2} c_w A \rho v^2 \, .$$

Dabei ist A üblicherweise die Stirnfläche des Körpers, bei Tragflügeln aber die Flügelfläche.

Der Widerstandsbeiwert c_w ist im Allgemeinen keine Konstante, sondern abhängig von der Reynoldszahl: $c_w = f(Re)$ (Abb. 20.2). Die Widerstandsbeiwerte für $10^3 < Re < 10^5$ sind nahezu konstant. Ab einer Reynoldszahl von $2 \cdot 10^5$ knickt die Kurve stark ab. D. h., in diesem Bereich sinkt der Strömungswiderstand. Verursacht wird dieser Knick durch den Übergang von der Kármánschen Wirbelstraße zur turbulenten Strömung.

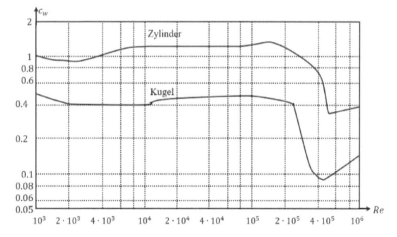

Abb. 20.2: Graphik zum Widerstandsbeiwert als Funktion der Reynolds-Zahl

Diese Tatsache wird in der Natur ausgenutzt: Das Gefieder von Vögeln ist so konzipiert, dass bei einer Erhöhung der Fluggeschwindigkeit der obige kritische Wert der Reynoldszahl erreicht wird und die Tiere somit weniger Energie aufwenden müssen.

Für viele praktische Anwendungen ist die Abhängigkeit von der Reynoldszahl aber vernachlässigbar. Dann wird der c_W-Wert als konstanter Wert angesetzt, so dass der Widerstand quadratisch mit der Geschwindigkeit zunimmt. Das ist z. B. beim Luftwiderstand von Kraftfahrzeugen der Fall. Für einen Vergleich des Strömungswiderstands verschiedener Fahrzeuge ist die Widerstandsfläche das maßgebliche Kriterium.

Widerstandsbeiwert
$$c_W = \frac{F_W}{\frac{1}{2} A \rho v^2}$$

und Reynoldszahl $Re := \frac{\rho \cdot v \cdot d}{\eta}$ reichen aus, um den Strömungswiderstand eines bestimmten Körpers zu beschreiben.

Für Kármánsche Wirbelstraßen gibt es ebenfalls eine Kennzahl, die Strouhal-Zahl. Sie ist definiert als $St = \frac{f \cdot d}{v}$, wobei f die Ablösefrequenz der Wirbel, d die charakteristische Länge und v die Strömgeschwindigkeit bezeichnet. Die Strouhal-Zahl ist ebenfalls eine Funktion der Reynolds-Zahl. In Abb. 20.3 ist dieser Zusammenhang an der Umströmung eines Kreiszylinders festgehalten. Für $10^3 < Re < 10^4$ ist die Strouhal-Zahl nahezu unabhängig von der Reynoldszahl und hat den Wert $St = 0{,}21$.

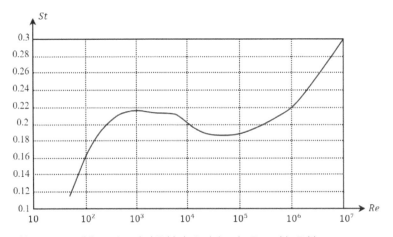

Abb. 20.3: Graphik zur Strouhal-Zahl als Funktion der Reynolds-Zahl

Beispiel ("Singende Drähte"). Umströmt der Wind bei gewissen Geschwindigkeiten Hindernisse wie Drähte von Hochspannungen oder Fahnenmasten, dann hört man einen anhaltenden Ton. Dies kann man mit dem Phänomen der Kármánschen Wirbelstraße erklären. Mit Hilfe der Strouhal-Zahl kann man z. B. berechnen, mit welcher

Geschwindigkeit der Wind eine Hochspannungsleitung anströmen muss, damit der Kammerton a^1 mit 440 Hz zu hören ist. Da wir uns im Bereich einer Kármánschen Wirbelstraße befinden, ist die Strouhal-Zahl konstant 0,21. Die charakteristische Länge für einen Draht entspricht dem Durchmesser, sagen wir 5 mm. Dann ergibt sich

$$v = \frac{f \cdot d}{\text{St}} = \frac{440 \cdot 0{,}005}{0{,}21} \approx 10{,}5\ \frac{\text{m}}{\text{s}}\ .$$

Um Schäden an Bauwerken, wie Kühltürmen und Kaminen, durch die Wirkung von Kármánschen Wirbelstraßen zu vermeiden, werden diese mit sogenannten „Scruton-Spiralen" umwickelt. Die Spiralen verhindern die periodische Ablösung der Wirbel und somit die Schwingungsanregung der Bauwerke. Auch im Fahrzeugbau findet die Scruton-Spirale Anwendung: Antennen von Cabrios werden mit Draht spiralig umwickelt, um die Ausbildung von Wirbelstraßen und die damit verbundenen Pfeiftöne zu verhindern.

Für die Tacoma-Narrows-Brücke war die Ablösefrequenz der Wirbel f = 1,5 Hz. Die Strömungsgeschwindigkeit wurde mit v = 60 $\frac{\text{km}}{\text{h}}$ angegeben. Die Höhe des Brückendecks war d = 2,4 m. Wir können die Strouhal-Zahl benutzen, um eine der drei Größen zu bestätigen. Z. B. scheint die Geschwindigkeit nur auf Augenzeugenberichten zu basieren und kann im Filmdokument nicht erfasst werden. Man erhält $v = \frac{f \cdot d}{\text{St}} = \frac{1{,}5 \cdot 2{,}4}{0{,}21} \approx 17{,}14\ \frac{\text{m}}{\text{s}} = 61{,}71\ \frac{\text{km}}{\text{h}}$.

21 Dynamische Belastungen von Eisenbahnbrücken

Die dampfbetriebene Lokomotive war für den Schienenverkehr bis etwa um 1950 bestimmend, bevor sie endgültig durch die strombetriebene abgelöst wurde. Bereits um 1850 gab es theoretische Untersuchungen über Schadensfälle an Eisenbahnbrücken, die man auf Schwingungswirkungen bei der Zugüberfahrt zurückführte.

Damals führte man die Berechnungen an einer Eisenbahnbrücke noch mit statischen Ersatzlasten durch, welche die dynamische Wirkung durch den überfahrenden Zug auf eine beliebige Systemantwort Y mittels eines Schwingungsfaktors Ψ abdeckten: $Y_{dyn} = \Psi \cdot Y_{stat}$. Dabei wurden die Schwingungen nicht der Überfahrt selber, sondern nur den periodischen Stössen der Triebräder auf die Schiene zugeschrieben.

Die erste theoretische Arbeit stammt von Joseph Melan (1893).

Bei der Überfahrt wird die Brücke eine sich zeitlich ändernde Form annehmen. Als Näherung betrachtet er dafür die Biegelinie, die sich bei mittig wirkender Kraft ergibt.

In der Mitte gilt das Kräftegleichgewicht

$$F_{total} = F_G - M \cdot \ddot{y}_{max} = F_G \left(1 - \frac{\ddot{y}_{max}}{g}\right) = \Psi \cdot F_G.$$

Die Biegelinie für diesen Fall lautet $y(s) = -\frac{F_G}{48EI}(4s^3 - 3sl^2)$.

Weiter ist

$$\ddot{y} = \frac{d^2y}{dt^2} = \frac{d^2y}{dt^2} \cdot \frac{d^2s}{ds^2} = \frac{d^2y}{ds^2} \cdot \frac{d^2s}{dt^2} = v^2 \cdot \frac{d^2y}{ds^2}.$$

Dann folgt

$$\ddot{y}(s) = -\frac{v^2 F_G}{48EI} \cdot 24s = -\frac{v^2 F_G}{2EI} \cdot s.$$

Für $\ddot{y}_{max}$ erhält man $\ddot{y}_{max} = \ddot{y}(\frac{l}{2}) = -\frac{v^2 F_G l}{4EI}$.

Schließlich ergibt sich der Schwingungsfaktor $\Psi = 1 + \frac{v^2 Ml}{4EI}$.

Aus vielen durchgeführten Messungen entwickelte Melan eine vereinfachte, von Masse und Geschwindigkeit unabhängige Formel: $\Psi = 1{,}14 + \frac{8}{l+10}$.

Die „10" steht dafür, dass die Höchstgeschwindigkeit zur damaligen Zeit etwa $36\,\frac{km}{h} = 10\,\frac{m}{s}$ betrug, was mindestens einem Schienenstoß bei einer Mindestbrückenlänge von 10 m entspricht. Für Brückenlängen zwischen $10\,m \leq l \leq 50\,m$ erhält man $1{,}27 \leq \Psi \leq 1{,}54$.

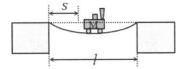

Abb. 21.1: Skizze zur Herleitung des Schwingungsfaktors

21.1 Die Brückenantwort bei dynamischer Belastung mit einer Lokomotive

Nun wollen wir die Antwort des Systems bei Überfahrt mit einer Lokomotive etwas genauer anschauen. Die dynamische Wirkung können wir mit derjenigen einer über eine Brücke laufenden Person vergleichen. Beide besitzen eine Lauf- bzw. Fahrgeschwindigkeit und beide üben eine periodische Anregung auf den Untergrund aus – der Fußgänger durch seine Gehfrequenz, die Lokomotive durch das Schwingen ihrer Triebräder.

Beispiel. Die Brückendaten seien $l = 25$ m, $EI = 10^{10}$ Nm², $\rho A = 4000 \frac{\text{kg}}{\text{m}}$, $\xi = 0,02$.

Für die erste Eigenfrequenz der Brücke erhält man

$$f_1 = \frac{\pi}{2l^2}\sqrt{\frac{EI}{\rho A}} = 3{,}97 \text{ Hz} \approx 4 \text{ Hz}.$$

Das Gewicht der Lokomotive sei $G = 7{,}5 \cdot 10^5$ N.

Die Frequenz der Triebräder wählen wir gerade gleich der 1. Eigenfrequenz der Brücke, damit wir Resonanz erzeugen: $f_T = 4$ Hz.

Als Umfang eines Triebrades wählen wir 4 m, womit der Radius $r = \frac{2}{\pi}$ wird.

Die Zuggeschwindigkeit beträgt dann

$$v = \omega \cdot r = 2\pi \cdot 4 \cdot \frac{2}{\pi} = 16 \frac{\text{m}}{\text{s}}.$$

Die Zentripetalkraft der Triebräder ist

$$F_Z = \frac{mv^2}{r} = \frac{m\omega^2 \cdot r^2}{r} = m \cdot 4\pi^2 \cdot f_T^2 \cdot r.$$

Die Schwungmasse wählen wir zu $m = 10$ kg.

Somit erhält man

$$F_Z = 10 \cdot 4\pi^2 \cdot 4^2 \cdot \frac{2}{\pi} = 1280 \cdot \pi \approx 4021 \text{ N} =: P.$$

Ähnlich dem Laufen ist die periodische Kraft ebenfalls eine Zusammensetzung aus harmonischen Anteilen:

$$F(t) = P(\alpha_1 \sin(8\pi t) + \alpha_2 \sin(16\pi t - \varphi_2) + \alpha_3 \sin(24\pi t - \varphi_3) + \cdots).$$

In der Literatur findet sich keine Angabe über die Koeffizienten, zumindest ist dem Autor keine bekannt. Deshalb brechen wir die Reihe nach dem 1. Glied ab. Außerdem hat man im schlimmsten Fall $\alpha_1 = 1$. Die zu lösende DGL sieht dann so aus

$$\ddot{u}_1 + 2\xi_1\omega_1 \cdot \dot{u}_1 + \omega_1^2 \cdot u_1 = \frac{P}{\rho A}\sin(8\pi t).$$

Die Auslenkung zur Zeit t in der Mitte ist dann

$$u_1(t) = \frac{2P}{\rho A l \omega_1^2} \frac{1}{2\xi} \sin\left(8\pi t - \frac{\pi}{2}\right) \sin\left(\frac{\pi}{l} v t\right)$$

$$= \frac{2 \cdot 1280\pi}{4000 \cdot 25 \cdot 4\pi^2 \cdot 3{,}97^2} \frac{1}{2 \cdot 0{,}02} \sin\left(8\pi t - \frac{\pi}{2}\right) \sin\left(\frac{\pi}{25} 16 t\right)$$

$$= 3{,}23 \cdot 10^{-3} \sin\left(8\pi t - \frac{\pi}{2}\right) \sin\left(\frac{16}{25}\pi t\right). \tag{21.1}$$

Dies ist die rein dynamische Antwort der Brücke.

Dazu käme noch die statische Auslenkung in der Mitte zur Zeit t:

$$u_s(t) = \frac{Fl^3}{48EI} \sin\left(\frac{16}{25}\pi t\right) = \frac{7{,}5 \cdot 10^5 \cdot 25^3}{48 \cdot 10^{10}} \sin\left(\frac{16}{25}\pi t\right) = 2{,}44 \cdot 10^{-2} \sin\left(\frac{16}{25}\pi t\right).$$

Die totale Antwort zur Zeit t in der Mitte wäre demnach

$$u_{\text{total}}(t) = u_1(t) + u_s(t). \tag{21.2}$$

Wieder ist die Dämpfung so klein, dass sie während der Überquerungszeit keinen merklichen Beitrag leistet.

Das Maximum der dynamischen Auslenkung beträgt 0,32 cm und wird nach 0,78 s erreicht (Abb. 21.2 links).

Das Maximum der statischen Auslenkung beträgt 2,44 cm. Für die totale Auslenkung erhält man einen Höchstwert von 2,72 cm (Abb. 21.2 rechts).

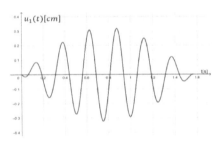
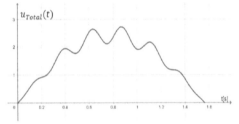

Abb. 21.2: Graphen zu (21.1) und (21.2)

Der Schwingungsfaktor ergibt sich zu $\Psi = \frac{2{,}72\,\text{cm}}{2{,}44\,\text{cm}} = 1{,}11$.

Theoretisch wäre $\Psi = 1{,}14 + \frac{8}{25+10} = 1{,}37$.

Die Abweichung rührt daher, dass man bei einer schweren Lokomotive die Änderung der Eigenfrequenz der Brücke aufgrund der Masse berücksichtigen muss. Dies kann man mit Hilfe des Rayleigh-Quotienten beschreiben:

$$f_1^* = \frac{1}{2\pi} \sqrt{\frac{EI\frac{\pi^4}{l^4} - \frac{2Mg}{l}}{\rho A + \frac{2M}{l}}} = 2{,}47\,\text{Hz}.$$

Die zugehörige Zuggeschwindigkeit zur Erreichung der Resonanz beträgt $v = \omega_1^* \cdot r = 2\pi \cdot 2{,}47 \cdot \frac{2}{\pi} = 9{,}87\,\frac{m}{s}$. Die Verweilzeit der Lokomotive auf der Brücke beträgt 2,53 s. Die periodische Kraft wäre demnach $F(t) = P \cdot \sin(4{,}94\pi t)$.

Die Auslenkung zur Zeit t in der Mitte ist

$$u_1(t) = \frac{2P}{\rho A l \omega_1^{*2}} \frac{1}{2\xi} \sin\left(4{,}94\pi t - \frac{\pi}{2}\right) \sin\left(\frac{9{,}87}{25}\pi t\right) \quad \text{oder}$$

$$u_1(t) = 8{,}35 \cdot 10^{-3} \sin\left(4{,}94\pi t - \frac{\pi}{2}\right) \sin\left(\frac{9{,}87}{25}\pi t\right).$$

Qualitativ sehen die Graphen gleich wie vorhin aus.

Das Maximum der dynamischen Auslenkung beträgt 0,82 cm und wird nach 1,41 s erreicht.

Das Maximum der statischen Auslenkung bleibt 2,44 cm.

Für die totale Auslenkung ergibt sich in diesem Fall ein Höchstwert von 3,22 cm.

Der Schwingungsfaktor ist dann $\Psi = \frac{3{,}22\,\text{cm}}{2{,}44\,\text{cm}} = 1{,}32$, was zu einer besseren Übereinstimmung mit dem theoretischen Wert führt.

Möchte man es noch genauer haben, dann wäre noch zusätzlich die Zeitabhängigkeit der Eigenfrequenz zu berücksichtigen:

$$f_1^*(t) = \frac{1}{2\pi}\sqrt{\frac{EI \cdot \frac{\pi^4}{l^4} - \frac{2Mg}{l}}{\rho A + \frac{2M}{l} \cdot \sin\left(\frac{\pi}{l}vt\right)}}.$$

Die entstehende DGL

$$\ddot{u}_1(t) + 2\xi_1 \omega_1(t) \cdot \dot{u}_1(t) + \omega_1^2(t) \cdot u_1(t) = \frac{P}{\rho A}\sin(8\pi t)$$

wäre allerdings nur numerisch lösbar. Dies führen wir nicht durch.

21.2 Die Brückenantwort bei dynamischer Belastung mit modernen Zügen

Im Laufe der letzten Jahrzehnte wurde die Bestimmung des Schwingfaktors Ψ aufgrund längerer Brücken, höherer Fahrgeschwindigkeiten und veränderter Zugformationen, laufend angepasst. Die heutzutage gültigen Formeln unterscheiden noch bezüglich der Gleisqualität.

Wählt man wieder Brücken der Länge $10\,\text{m} \leq l \leq 50\,\text{m}$, so ergeben sich die Intervalle für Ψ.

Für sorgfältig instand gehaltene Gleise:

$$\Psi = \frac{1{,}14}{\sqrt{l - 0{,}2}} + 0{,}82, \quad 1{,}02 \leq \Psi \leq 1{,}28$$

und für Gleise mit normaler Instandhaltung:

$$\Psi = \frac{2{,}16}{\sqrt{l - 0{,}2}} + 0{,}73 \,, \quad 1{,}03 \leq \Psi \leq 1{,}42 \,.$$

Mit den Hochgeschwindigkeitszügen der heutigen Zeit tritt nun ein Phänomen auf, dass bis vor kurzem noch unmöglich war: die 2. Resonanz.

Die übliche Resonanz entsteht, wenn die Gehfrequenz einer Person oder die Drehfrequenz eines Triebrades f_n mit einer Eigenfrequenz der Brücke übereinstimmt (1. Resonanz).

Die 2. Resonanz entsteht allein aus der Überfahrt mit der Geschwindigkeit v.

Dabei entspricht die n-te Eigenkreisfrequenz ω_n der Brücke gerade der Kreisfrequenz der n-ten Eigenform $\sin(\frac{n\pi}{l} vt)$, also $\omega_n = \frac{n\pi v}{l}$ oder $2\pi f_n = \frac{n\pi v}{l}$.

Daraus erhält man die Geschwindigkeitsbedingung für die 2. Resonanz: $v_n = \frac{2l f_n}{n}$.

Für eine Brücke der Länge $l = 25$ m und denselben Werten wie bei der Lokomotive ist

$$f_n^* = \frac{1}{2\pi} \sqrt{\frac{EI \cdot \frac{n^4 \pi^4}{l^4} - \frac{2Mg}{l}}{\rho A + \frac{2M}{l}}}$$

und man erhält $f_1^* = 2{,}47$ Hz, $f_2^* = 9{,}99$ Hz, $f_3^* = 24{,}49$ Hz.

Für f_1^* entspricht dies einer Fahrgeschwindigkeit von $v = 123{,}5 \frac{m}{s} = 444{,}6 \frac{km}{h}$.

Nimmt man eine Brückenlänge von 40 m, dann ergibt das $f_1^* = 1{,}05$ Hz, was einer Geschwindigkeit von $v = 83{,}31 \frac{m}{s} = 303{,}52 \frac{km}{h}$ gleichkommt. Dies sind Geschwindigkeiten, die bis vor kurzem auf Schienen nicht erreicht wurden. Somit spielte die 2. Resonanz nie eine Rolle. Hingegen ist diese Resonanzerscheinung für einen TGV, der Spitzengeschwindigkeiten von bis zu 320 $\frac{km}{h}$ erzielt, von großem Interesse.

Die zugehörige DGL für die 2. Resonanz sieht so aus:

$$\ddot{u}_1 + 2\xi_1 \omega_1 \cdot \dot{u}_1 + \omega_1^2 \cdot u_1 = \frac{G}{\rho A} \sin(\omega_1 t) \quad \text{mit} \quad \omega_1 = \frac{\pi v}{l} \,.$$

Wieder wurde die Fourierreihe nach dem 1. Glied abgebrochen. Der Faktor α_1 ist für die Amplitude der Antwort entscheidend.

Wir werden anschließend sehen, dass man zur Bemessung von Eisenbahnen auf Fourierreihen verzichtet. Genauer gesagt, hat man ein einheitliches Modell mit fest vorgeschriebenen und einfachen Anregungskräften.

Die Auslenkung zur Zeit t in der Mitte ist

$$u_1(t) = \frac{2G\alpha_1}{\rho A l \omega_1^2} \frac{1}{2\xi} \sin\left(\omega_1 t - \frac{\pi}{2}\right) \sin\left(\frac{\pi}{l} vt\right) \,.$$

Für $l = 40$ m, $G = 7{,}5 \cdot 10^5$ N, $\rho A = 4000 \frac{kg}{m}$, $\xi = 0{,}02$ ist wie schon gerechnet $f_1^* = 1{,}05$ Hz und $v = 83{,}31 \frac{m}{s}$ und damit

$$u_1(t) = 0{,}215 \cdot \alpha_1 \cdot \sin\left(2{,}10\pi t - \frac{\pi}{2}\right) \sin\left(\frac{83{,}31}{40} \pi t\right) \,.$$

Der Faktor a_1 kann wohl höchstens 0,1 sein, in diesem Fall wäre die rein dynamische maximale Auslenkung immer noch 2,15 cm und entspräche fast der statischen Auslenkung.

Aufgabe
Bearbeiten Sie die Übung 23.

21.3 Bemessung von Eisenbahnbrücken

Über die Jahrzehnte hat sich ein Modell ausgezeichnet, das für die Bemessung von Eisenbahnbrücken herangezogen wird, die nicht resonanzgefährdet sind. (Für resonanzgefährdete gibt es andere Lastmodelle.) Es ist das aktuell gültige statische Lastmodell UIC 71 (Union Internationale des Chemins de Fer) (Abb. 21.3).

Gekennzeichnet ist es durch eine symmetrische Lastanordnung und deckt im Zusammenhang mit dem Schwingungsfaktor Ψ sowohl schwere, langsam fahrende Güterzüge als auch schnell fahrende Reisezüge ab. Das Belastungsbild sieht folgendermaßen aus:

Abb. 21.3: Lastmodell zur Bemessung von Eisenbahnbrücken

Aus dem Bild ergeben sich für jede Eigenfrequenz sechs DGLen.
1. Zuerst findet eine Rechtecksanregung während der Zeit $t = 0$ bis $t = \frac{L}{v}$ statt:

$$\ddot{u}_{n_1} + 2\xi\omega_n \cdot \dot{u}_{n_1} + \omega_n^2 \cdot u_{n_1} = \frac{80.000 \cdot L}{\rho A}.$$

L kann beliebig groß gewählt werden.
Die Antwort wird dann

$$u_{n_1}(t) = \frac{280.000 \cdot L}{\rho A l \omega_1^2} \frac{1}{2\xi} \sin\left(\omega_n t - \frac{\pi}{2}\right) \sin\left(\frac{\pi}{l} v t\right) \quad \text{für } t \text{ von 0 bis } \tfrac{L}{v}.$$

Die Endwerte $u_{n_1}(\frac{L}{v})$ und $\dot{u}_{n_1}(\frac{L}{v})$ bilden die Anfangswerte für die nächste DGL.
2. Während einer kurzen Zeit wirkt keine Kraft:

$$\ddot{u}_{n_2} + 2\xi\omega_n \cdot \dot{u}_{n_2} + \omega_n^2 \cdot u_{n_2} = 0 \quad \text{(freie Schwingung)}.$$

Die Antwort ist

$$u_{n_2}(t) = (A\cos(\omega_n t) + B\sin(\omega_n t)) \cdot \sin\left(\frac{\pi}{l} v t\right) \quad \text{für } t \text{ von } \tfrac{L}{v} \text{ bis } \tfrac{L+0,8}{v}.$$

Die Endwerte $u_{n_2}(\frac{L+0,8}{v})$ und $\dot{u}_{n_1}(\frac{L+0,8}{v})$ bilden die Anfangswerte für die nächste DGL.

3. Nun erfolgen in kurzer Abfolge vier Dirac-Stöße mit jeweils kurzem Ausschwingen während der Zeit von t bis $t + \frac{1,6}{v}$, bzw. $t + \frac{0,8}{v}$ im letzten Fall, was zu den DGLen

$$\ddot{u}_{n_i} + 2\xi\omega_n \cdot \dot{u}_{n_i} + \omega_n^2 \cdot u_{n_i} = \frac{250.000}{\rho A} \cdot \delta(t) \quad \text{für} \quad i = 3, 4, 5, 6$$

führt.

4. Man schließt mit einer gleichgroßen Rechtecksanregung wie bei 1.

Beschränkt man sich auf die 1. Eigenfrequenz, dann addiert man alle sechs Antworten zur Gesamtantwort der Brücke.

Eigentlich existiert für jede Eigenform eine eigene Dämpfungszahl ξ_n (modale Dämpfung), wobei höhere Eigenfrequenzen meist höhere Dämpfungswerte aufweisen. In der Regel wird jedoch aufgrund der Komplexität der Zusammenhänge bzw. der Bestimmbarkeit eine globale Dämpfung verwendet. Die Ermittlung der modalen Dämpfungszahl erfolgt z. B. über den nachstehenden Zusammenhang zwischen den Amplituden und der Anzahl der Schwingungsperioden: $\xi = \frac{1}{2\pi \cdot m} \ln(\frac{x_n}{x_{n+m}})$. Typische Werte für Stahlbrücken sind etwa 0,02.

Dabei ist x_n der Maximalwert nach n Schwingungen, x_{n+m} der Maximalwert nach $n + m$ Schwingungen, also m die Anzahl der Perioden zwischen den beiden Maximalwerten.

22 Unebenheiten von Fahrbahnen

Die Unebenheiten einer Straße stellen im Frequenzbereich bis etwa 30 Hz die größte Erregerquelle für Fahrzeuge dar. Umgekehrt werden die Straßen durch die Schwingungen der Fahrzeuge beansprucht. Da die Fahrbahnunebenheiten in unregelmäßigen Abständen mit verschiedener Amplitude und Wellenlänge auftreten, spricht man von einer stochastischen Anregung. Zur Definition von Zeitkreisfrequenz und Wegkreisfrequenz gehen wir kurz von einer sinusförmigen Anregung aus (Abb. 22.1 links). Dann definieren wir analog

$$\text{Zeitkreisfrequenz } \omega = \frac{2\pi}{T}, \text{ Einheit } \left[\frac{1}{\text{s}}\right] \text{ und}$$
$$\text{Wegkreisfrequenz } \Omega = \frac{2\pi}{l}, \text{ Einheit } \left[\frac{1}{\text{m}}\right].$$

Da $v = \frac{l}{T} = \frac{x}{t} \implies l = v \cdot T \implies \omega = v \cdot \Omega$. Daraus wird $\omega t = v\Omega \cdot t = v\Omega \cdot \frac{x}{v} = \Omega x$.

Beliebige periodische Anregungen entwickelt man bekanntlich in eine komplexe Fourierreihe:

$$h(x) = \sum_{n=1}^{\infty} H_n e^{in\Omega x} \quad \text{bzw.} \quad h(t) = \sum_{n=1}^{\infty} H_n e^{in\omega t}.$$

Um zu einer beliebigen, stochastischen Anregung zu gelangen, lässt man die Periodenlänge X, bzw. T beliebig anwachsen. (Vgl. Fouriertransformation, 2. Band).

Dann erhält man die Unebenheitsverläufe

$$h(x) = \int_{-\infty}^{\infty} H(\Omega) e^{i\Omega x} \, d\Omega \tag{22.1}$$

und

$$h(t) = \int_{-\infty}^{\infty} H(\omega) e^{i\omega t} \, d\omega. \tag{22.2}$$

Für das Amplitudenspektrum gilt

$$H(\Omega) = \frac{1}{2\pi} \int_{-\infty}^{\infty} h(x) e^{-i\Omega x} \, dx \quad \text{bzw.} \quad H(\omega) = \frac{1}{2\pi} \int_{-\infty}^{\infty} h(t) e^{-i\omega t} \, dt. \tag{22.3}$$

$h(x)$, $h(t)$, $H(\Omega)$ und $H(\omega)$ sind allesamt symmetrische Funktionen.

Dabei bezeichnen $H(\Omega)$ und $H(\omega)$ Unebenheitsdichten.

Zum Beispiel ist

$$H(-\omega) = \frac{1}{2\pi} \int_{-\infty}^{\infty} h(t) e^{i\omega t} \, dt = H(\omega),$$

da von $-\infty$ bis ∞ integriert wird.

Ersetzt man nun $x = v \cdot t$, $\Omega x = \omega t$ und $\omega = v \cdot \Omega$ in der Gleichung (22.1), dann ergibt sich

$$h(vt) = \int_{-\infty}^{\infty} H(\Omega) e^{i\omega t} \frac{1}{v} d\omega \,.$$

Daraus wird

$$h(t) = \int_{-\infty}^{\infty} H(\Omega) e^{i\frac{\omega}{v} t} \frac{1}{v} d\omega \,.$$

Da mit ω auch $\frac{\omega}{v}$ alle Werte von $-\infty$ bis ∞ durchläuft können wir schreiben

$$h(t) = \int_{-\infty}^{\infty} H(\Omega) e^{i\omega t} \frac{1}{v} d\omega \,.$$

Ein Vergleich mit (22.2) ergibt den Zusammenhang $H(\Omega) \cdot d\Omega = H(\omega) \cdot d\omega$ oder $H(\omega) = \frac{d\Omega}{d\omega} \cdot H(\Omega)$ und insbesondere $H(\omega) = \frac{1}{v} \cdot H(\Omega)$.

Anders geschrieben: $H(v \cdot \Omega) = \frac{1}{v} \cdot H(\Omega)$, was auf $H(\Omega) \sim \frac{1}{\Omega}$ hinausläuft.

Diese Gleichung besagt, dass die Unebenheitsdichte mit wachsender Wegkreisfrequenz bzw. mit sinkender Unebenheitswellenlänge sinkt. Oder so: Die Dichte langwelliger Unebenheiten ist höher. Da es sich um stochastische Größen handelt, kann man auch sagen, dass im Mittel langwellige Unebenheiten wahrscheinlicher sind als kurzwellige.

Entsprechend ist $H(\omega) = \frac{1}{v} \cdot H(\frac{\omega}{v})$. Die Dichte mit größeren Zeitkreisfrequenzen ist höher.

Für Untersuchungen der durch Fahrbahnunebenheiten verursachten Fahrzeugschwingungen ist die Kenntnis des Unebenheitsverlaufs $h(x)$ oder $h(t)$ nicht so wichtig. Es interessiert vielmehr, welche Anregungen beim Befahren einer Straße im Mittel bei bestimmten Fahrbahnen auftreten, das heißt, welche Amplituden und welche Häufigkeiten Straßenunebenheiten besitzen, die in bestimmten festen Abständen aufeinander folgen.

Bei der Beschreibung der Schwankung von harmonischen Signalen bildet man den Effektivwert

$$\overline{f}_{\text{eff}} = \frac{1}{T} \int_{-T}^{T} f(t) \, dt \,.$$

Analog hierzu wird zur Beschreibung von stochastischen Schwankungen der Erwartungswert

$$E(h^2) = \lim_{T \to \infty} \frac{1}{T} \int_{-T}^{T} h^2(t) \, dt \,,$$

verwendet ($h^2(t)$ deshalb, weil man sonst negative Wahrscheinlichkeiten erhält, siehe später).

Diese quadratische Amplitude, die sich im Mittel ergibt, wollen wir berechnen:

$$E(h^2) = \frac{1}{T} \int_{-T}^{T} h^2(t)\, dt = \frac{1}{T} \int_{-T}^{T} h(t) \cdot h(t)\, dt$$

$$= \lim_{T \to \infty} \frac{1}{T} \int_{-T}^{T} h(t) \left(\int_{-\infty}^{\infty} H(\omega) e^{i\omega t}\, d\omega \right) dt$$

$$\underset{=}{\text{Vertauschen der Integrationsgrenzen}} \frac{1}{T} \int_{-\infty}^{\infty} H(\omega) \left(\int_{-T}^{T} h(t) e^{i\omega t}\, dt \right) d\omega$$

$$= \lim_{T \to \infty} \frac{1}{T} \int_{-\infty}^{\infty} H(\omega) \cdot \underbrace{2\pi H(-\omega)}_{\text{nach (22.3), aber eben nur, wenn } T \to \infty}\, d\omega$$

$$\underset{=}{\scriptstyle H(\omega)=H(-\omega)} \lim_{T \to \infty} \int_{-\infty}^{\infty} \frac{2\pi}{T} H^2(\omega)\, d\omega = \lim_{T \to \infty} \int_{0}^{\infty} \frac{4\pi}{T} H^2(\omega)\, d\omega = \lim_{\omega \to 0} \int_{0}^{\infty} 2\omega H^2(\omega)\, d\omega$$

oder

$$E(h^2) = \int_0^\infty \Phi_H(\omega)\, d\omega \quad \text{mit} \quad \Phi_H(\omega) = \lim_{T \to \infty} \frac{4\pi}{T} H^2(\omega).$$

$\Phi_H(\omega)$ heißt spektrale Leistungsdichte ($H(\omega)$ ist eine komplexwertige Funktion).
Analog gilt

$$E(h^2) = \int_0^\infty \Phi_H(\Omega)\, d\Omega \quad \text{mit} \quad \Phi_H(\Omega) = \lim_{l \to \infty} \frac{4\pi}{l} H^2(\Omega).$$

Mit $H(\omega) = \frac{1}{v} \cdot H(\Omega)$ folgt wieder

$$\Phi_H(\omega) = \lim_{T \to \infty} \frac{4\pi}{T} \frac{1}{v^2} \cdot H^2(\Omega) = \lim_{l \to \infty} \frac{4\pi}{l} \frac{1}{v} \cdot H^2(\Omega) = \frac{1}{v} \cdot \Phi_H(\Omega).$$

Den Übergang von der wegkreisfrequenzabhängigen spektralen Dichte über die Fahrgeschwindigkeit zur zeitkreisfrequenzabhängigen Spektraldichte, kann man auch bildlich in einem einzigen Kooordinatensystem darstellen (Abb. 22.1 rechts).

Begriffserklärung: $\Phi_H(\omega)$ und $\Phi_H(\Omega)$ sind Wahrscheinlichkeitsverteilungen. Sie geben für jede Kreisfrequenz die entsprechende Wahrscheinlichkeit dafür an, dass die quadratische Amplitude $H^2(\omega)$ bzw. $H^2(\Omega)$ im Spektrum von $h^2(t)$ bzw. $h^2(x)$ vorkommt.

Solche Verteilungen oder Spektraldichten haben wir bei der Fouriertransformation schon angetroffen. Beispielsweise erhielten wir bei einer Dreiecksanregung $\Phi_H(\omega) = \text{sinc}^4(\frac{\omega}{2})$. Für jedes ω lassen sich die Wahrscheinlichkeiten angeben.

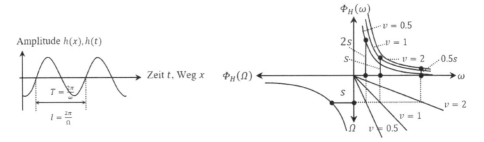

Abb. 22.1: Skizzen zur Fahrbahnunebenheiten

$E(h^2) = \int_0^\infty \Phi_H(\omega)\, d\omega$ ist dann der Erwartungswert für die quadratische Amplitude über den ganzen Frequenzraum und entspricht dem Flächeninhalt unter dem Graphen von $\Phi_H(\omega)$. Daraus wird ersichtlich, dass die Spektraldichte für $\omega \to \infty$ verschwinden muss, damit $\Phi_H(\omega)$ integrierbar ist, was eine notwendige Bedingung dafür war, dass die Fouriertransformation überhaupt existieret. Diesen Sachverhalt haben wir schon an Ort und Stelle im 2. Band gesehen.

Beispiele. Es sei jeweils $\Phi_H(\Omega_0) = 10^{-6}\,\mathrm{m}^3$.

1. $\Phi_H(\Omega) = \dfrac{\Phi_H(\Omega_0)}{1+\Omega^2} \quad \Longrightarrow \quad E(h^2) = \Phi_H(\Omega_0) \int_0^\infty \dfrac{1}{1+\Omega^2}\, d\Omega = \Phi_H(\Omega_0) \left[-\dfrac{1}{1+\Omega}\right]_0^\infty$

   $= 1 \cdot 10^{-6}\,\mathrm{m}^2\,.$

2. $\Phi_H(\Omega) = \dfrac{\Phi_H(\Omega_0)}{2^\Omega} \quad \Longrightarrow \quad E(h^2) = \Phi_H(\Omega_0) \int_0^\infty \dfrac{1}{2^\Omega}\, d\Omega = \Phi_H(\Omega_0) \left[-\dfrac{\ln 2}{2^\Omega}\right]_0^\infty$

   $= \ln 2 \cdot 10^{-6}\,\mathrm{m}^2\,.$

3. $\Phi_H(\Omega) = \Phi_H(\Omega_0) \cdot \operatorname{sinc}^4\left(\dfrac{\Omega}{2}\right) \quad \Longrightarrow \quad E(h^2) = \Phi_H(\Omega_0) \int_0^\infty \operatorname{sinc}^4\left(\dfrac{\Omega}{2}\right) d\Omega$

   $= 2{,}09 \cdot 10^{-6}\,\mathrm{m}^2\,.$

22.1 Bemessung von Fahrbahnen

Hierzu bedarf es zuerst einer Bezugsfrequenz Ω_0. Diese wird üblicherweise zu $\Omega_0 = 1[\frac{1}{m}]$ gewählt. Somit ist auch $l_0 = \frac{2\pi}{\Omega_0} = 6{,}28\,\mathrm{m}$ bestimmt. Man vergleicht nun $\Phi_H(\Omega)$ bezüglich $\Phi_H(\Omega_0)$, wenn Ω gegenüber Ω_0 wächst. $\Phi_H(\Omega_0)$ heißt Unebenheitsmaß (AUN), wobei ein Wert von $\Phi_H(\Omega_0) = 1\,\mathrm{cm}^3 = 10^{-6}\,\mathrm{m}^3$ eine gute Straße kennzeichnet (Abb. 22.2). Da die Werte auf beiden Achsen mehrere Zehnerpotenzen durchschreiten, trägt man $\log(\frac{\Phi_H(\Omega)}{\Phi_H(\Omega_0)})$ gegenüber $\log(\frac{\Omega}{\Omega_0})$ auf doppeltlogarithmisches Papier auf. Es ergibt sich für jede Straße ein ähnlicher Verlauf. Mit Hilfe einer Ausgleichsgeraden

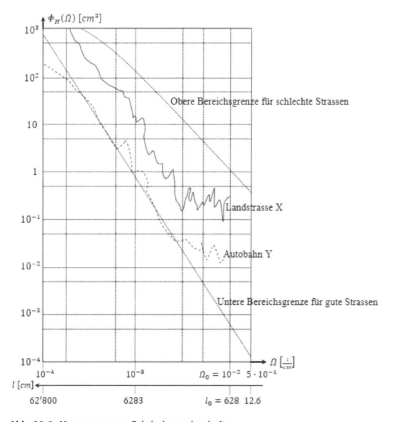

Abb. 22.2: Messungen von Fahrbahnunebenheiten

gelangt man zur Linearisierung

$$\log\left(\frac{\Phi_H(\Omega)}{\Phi_H(\Omega_0)}\right) = -w \log\left(\frac{\Omega}{\Omega_0}\right).$$

Daraus wird $\frac{\Phi_H(\Omega)}{\Phi_H(\Omega_0)} = \left(\frac{\Omega}{\Omega_0}\right)^{-w}$ und schließlich

$$\Phi_H(\Omega) = \Phi_H(\Omega_0) \cdot \left(\frac{\Omega}{\Omega_0}\right)^{-w}.$$

Man erhält annähernd eine potenzielle Abnahme. w heißt Welligkeit und schwankt zwischen den Werten 1,7 und 3,3, wohingegen die AUN-Werte zwischen 0,3 cm³ (sehr gut) und 18 cm³ (sehr schlecht) variieren. Der Zielwert beträgt $\Phi_H(\Omega_0) = 1$ cm³. Bei einem Schwellenwert von 9 cm³ wird die Prüfung baulicher Maßnahmen eingeleitet. Die Formel für $\Phi_H(\Omega)$ hat den Makel, dass $\lim_{\Omega \to 0} \Phi_H(\Omega) = \infty$ ($l \to \infty$ entspricht $\Omega \to 0$) und nicht endlich bleibt. Deswegen wird vielfach mit dem Ansatz $\Phi_H(\Omega) = \Phi_H(\Omega_0) \cdot \left(\frac{\Omega + \alpha}{\Omega_0}\right)^{-w}$, $\alpha > 0$ gerechnet.

Beispiel. $\Phi_H(\Omega_0) = 10^{-6}\,\text{m}^3$, $w = 2$, $\alpha = 1$, $\Omega_0 = 0{,}1$. $\Phi_H(\Omega) = \dfrac{\Phi_H(\Omega_0)}{(1+\Omega)^2}$.
Wahrscheinlichkeit für die quadratische Amplitude: $H^2(\Omega)$.

$$E(h^2) = \int_0^\infty \Phi_H(\Omega)\,d\Omega = 10^{-6}\,\text{m}^3 \left[-\frac{1}{1+\Omega}\right]_0^\infty = 10^{-6}\,\text{m}^2$$

$$= \text{Erwartungswert für die quadratische Amplitude}.$$

22.2 Der konkrete Fall der Messung von Unebenheiten

Eine beliebige Polynomfunktion $p(x) = c_n x^n + c_{n-1} x^{n-1} + \cdots + c_1 x + c_0$ wird durch die Koeffizienten $c_n, c_{n-1}, \ldots c_1, c_0$ eindeutig bestimmt, aber ebenso durch $n+1$ Datenpaare $(x_r, p(x_r))$. Sind mehr als $n+1$ Daten gegeben, dann verwendet man eine Interpolation mit Hilfe der Methode der kleinsten Quadrate.

Liegt ein periodischer Verlauf mit $2n+1$ gegebenen Werten zugrunde, dann ist

$$f(x) = a_0 + a_1 \cos(x) + b_1 \sin(x) + a_2 \cos(2x) + b_2 \sin(2x) + \cdots + a_n \cos(nx) + b_n \sin(nx)$$

die ursprüngliche Funktion. Sind es $2n$ Daten, die vorhanden sind, dann nimmt man als Ansatz

$$f(x) = a_0 + a_1 \cos(x) + b_1 \sin(x) + a_2 \cos(2x) + b_2 \sin(2x) + \cdots + a_n \cos(nx).$$

Natürlich kann man weitere Glieder der Fourierreihe weglassen, so muss aber interpoliert werden.

Bemerkung. In der Signaltechnik spricht man von Abtastwerten. Das ist das Grundprinzip der Digitalisierung von Signalen: Aus einem zeitkontinuierlichen Signal wird so ein zeitdiskretes Signal gewonnen, also mit 0 und 1 versehen. Beispielsweise wird bei der digitalen Telefonie (im Gegensatz zur analogen mit Kabel) das Sprachsignal mit einer Rate von 8 kHz abgetastet und die Daten dann übermittelt. Der Empfänger rekonstruiert aus den eingegangenen Daten das ursprüngliche Signal mit Hilfe der diskreten Fouriertransformation (DFT) oder noch effizienter mit der schnellen Fouriertransformation (FFT, „fast fourier transformation") wieder zu einem zeitkontinuierlichen (Sprach)signal.

Allgemeines Problem

Gegeben sind $N = 2n$ äquidistante (es ist einfacher, mit einer geraden Anzahl von Abtastwerten zu rechnen) Stützstellen $\{x_m = m\frac{2\pi}{N} \mid m = 0, \ldots, N-1\}$ einer periodischen Funktion auf dem Intervall $[0, 2\pi)$ und die zugehörigen Funktionswerte $\{y_m \mid m = 0, \ldots, N-1\}$.

Gesucht ist diejenige trigonometrische Funktion

$$f(x) = \sum_{k=0}^{n} a_k \cos(kx) + \sum_{l=1}^{n-1} b_l \sin(lx),$$

welche die Punkte $\{x_m, y_m\}$ enthält.

Setzt man die gegebenen Werte ein, so erhält man N Gleichungen

$$f(x_0) = a_0 + a_1 \cos(x_0) + a_2 \cos(2x_0) + \cdots + b_1 \sin(x_0) + b_2 \sin(2x_0) + \cdots$$
$$f(x_1) = a_0 + a_1 \cos(x_1) + a_2 \cos(2x_1) + \cdots + b_1 \sin(x_1) + b_2 \sin(2x_1) + \cdots$$
$$\vdots$$
$$f(x_{N-1}) = a_0 + a_1 \cos(x_{N-1}) + a_2 \cos(2x_{N-1}) + \cdots + b_1 \sin(x_{N-1}) + b_2 \sin(2x_{N-1}) + \cdots$$

Als Vektorgleichung geschrieben folgt

$$\begin{pmatrix} f(x_0) \\ f(x_1) \\ \vdots \\ f(x_{N-1}) \end{pmatrix} = a_0 \begin{pmatrix} 1 \\ 1 \\ \vdots \\ 1 \end{pmatrix} + a_1 \begin{pmatrix} \cos(x_0) \\ \cos(x_1) \\ \vdots \\ \cos(x_{N-1}) \end{pmatrix} + a_2 \begin{pmatrix} \cos(2x_0) \\ \cos(2x_1) \\ \vdots \\ \cos(2x_{N-1}) \end{pmatrix} + \cdots$$

$$+ b_1 \begin{pmatrix} \sin(x_0) \\ \sin(x_1) \\ \vdots \\ \sin(x_{N-1}) \end{pmatrix} + b_2 \begin{pmatrix} \sin(2x_0) \\ \sin(2x_1) \\ \vdots \\ \sin(2x_{N-1}) \end{pmatrix} + \cdots$$

Mit den entsprechenden Abkürzungen ist $\vec{f} = a_0 \vec{c}_0 + a_1 \vec{c}_1 + a_2 \vec{c}_2 + \cdots + b_1 \vec{s}_1 + b_2 \vec{s}_2 + \ldots$
oder schließlich

$$\vec{f} = \sum_{k=0}^{n} a_k \vec{c}_k + \sum_{l=1}^{n-1} b_l \vec{s}_l.$$

Folgendes soll gezeigt werden:

1. a) $\vec{c}_0 \circ \vec{c}_k = 0$ für $0 < k < N$
   b) $\vec{c}_0 \circ \vec{s}_l = 0$ für $0 \le l \le N$

2. a) $\vec{c}_k \circ \vec{c}_l = 0$ für $k \ne l$
   b) $\vec{s}_k \circ \vec{s}_l = 0$ für $k \ne l$

3. $\vec{c}_k \circ \vec{s}_l = 0$ für $\forall k, l$

4. a) $\|\vec{c}_0\|^2 = \|\vec{c}_n\|^2 = N$,
   $\|\vec{c}_k\|^2 = n$ für $0 < k < n$
   b) $\|\vec{s}_l\|^2 = n$ für $0 \le l \le n-1$

Beweis. 1. Wir zeigen a) und b) zusammen.

$$\vec{c}_0 \circ \vec{c}_k = \sum_{r=0}^{N-1} \cos\left(rk\frac{2\pi}{N}\right), \quad \vec{c}_0 \circ \vec{s}_l = \sum_{r=0}^{N-1} \sin\left(rk\frac{2\pi}{N}\right).$$

Betrachten wir die Vektorsumme
$$\sum_{r=0}^{N-1} \begin{pmatrix} \cos\left(rk\frac{2\pi}{N}\right) \\ \sin\left(rk\frac{2\pi}{N}\right) \end{pmatrix}.$$

(Es ist keine Einschränkung, wenn wir für den Beweis $k = l$ setzen.)
Dies entspricht einer Summe aus $N = 2n$ Ortsvektoren, die sich gerade zum Nullvektor addieren. Dasselbe erhielte man für eine ungerade Anzahl für N.

2. a) $\vec{c}_k \circ \vec{c}_l = \sum_{r=0}^{N-1} \cos\left(rk\frac{2\pi}{N}\right) \cos\left(rl\frac{2\pi}{N}\right)$

$= \frac{1}{2} \sum_{r=0}^{N-1} \left(\cos\left(r(k+l)\frac{2\pi}{N}\right) + \cos\left(r(k-l)\frac{2\pi}{N}\right) \right) \stackrel{\text{nach 1.a)}}{=} 0$

b) $\vec{s}_k \circ \vec{s}_l = \sum_{r=0}^{N-1} \sin\left(rk\frac{2\pi}{N}\right) \sin\left(rl\frac{2\pi}{N}\right)$

$= \frac{1}{2} \sum_{r=0}^{N-1} \left(\cos\left(r(k-l)\frac{2\pi}{N}\right) - \cos\left(r(k+l)\frac{2\pi}{N}\right) \right) \stackrel{\text{nach 1.a)}}{=} 0$

3. $\vec{s}_k \circ \vec{s}_l = \sum_{r=0}^{N-1} \cos\left(rk\frac{2\pi}{N}\right) \sin\left(rl\frac{2\pi}{N}\right)$

$= \frac{1}{2} \sum_{r=0}^{N-1} \left(\sin\left(r(k+l)\frac{2\pi}{N}\right) - \sin\left(r(k-l)\frac{2\pi}{N}\right) \right) \stackrel{\text{nach 1.b)}}{=} 0$

4. a) $\|\vec{c}_0\|^2 = \sum_{r=0}^{N-1} 1^2 = N$

$\|\vec{c}_n\|^2 = \sum_{r=0}^{N-1} \cos^2\left(rn\frac{2\pi}{N}\right) = \sum_{r=0}^{N-1} \cos^2\left(r\frac{N}{2}\frac{2\pi}{N}\right) = \sum_{r=0}^{N-1} 1^2 = N$

$\|\vec{c}_k\|^2_{0<k<n} = \sum_{r=0}^{N-1} \cos^2\left(rk\frac{2\pi}{N}\right) = \sum_{r=0}^{N-1} \left(\frac{1}{2} + \frac{1}{2}\cos^2\left(2rk\frac{2\pi}{N}\right)\right)$

$= \frac{1}{2} \sum_{r=0}^{N-1} \left(1 + \cos^2\left(rk\frac{4\pi}{N}\right)\right)$

$= \frac{1}{2}\left(N + \sum_{r=0}^{N-1} \cos^2\left(rk\frac{4\pi}{N}\right)\right) = \frac{1}{2}(N + 0) = \frac{N}{2} = n$

b) $\|\vec{s}_l\|^2_{0\leq l\leq n-1} = \sum_{r=0}^{N-1} \sin^2\left(rl\frac{2\pi}{N}\right) = \sum_{r=0}^{N-1} \left(\frac{1}{2} - \frac{1}{2}\cos^2\left(2rl\frac{2\pi}{N}\right)\right)$

$= \frac{1}{2} \sum_{r=0}^{N-1} \left(1 - \cos^2\left(rl\frac{4\pi}{N}\right)\right)$

$= \frac{1}{2}\left(N - \sum_{r=0}^{N-1} \cos^2\left(rl\frac{4\pi}{N}\right)\right) = \frac{1}{2}(N - 0) = \frac{N}{2} = n$

Mit den Beweisen 1)–4) und der Linearität von $f(x)$ bzw. $\vec{f} = \sum_{k=0}^{n} a_k \vec{c}_k + \sum_{l=1}^{n-1} b_l \vec{s}_l$ folgt unmittelbar

$$a_k = \frac{\vec{f} \circ \vec{c}_k}{\|\vec{c}_k\|^2} \quad \text{und} \quad b_l = \frac{\vec{f} \circ \vec{s}_l}{\|\vec{s}_l\|^2}.$$ □

Satz. Auf dem Intervall $[0, 2\pi)$ seien $N = 2n$ äquidistante Stützstellen x_m samt ihren Funktionswerten einer periodischen Funktion gegeben. $\vec{f} = (f(0), f(1 \cdot \frac{2\pi}{N}), f(2 \cdot \frac{2\pi}{N}), \ldots, f((N-1) \cdot \frac{2\pi}{N}))$ sei der oben beschriebene Vektor. Die eindeutig bestimmte trigonometrische Funktion, die durch die Punkte $\{(x_m, f(x_m)) \mid m = 0, \ldots, N-1\}$ verläuft, lautet

$$f(x) = \sum_{k=0}^{n} a_k \cos(kx) + \sum_{l=1}^{n-1} b_l \sin(lx),$$

wobei

$$a_k = \frac{\vec{f} \circ \vec{c}_k}{\|\vec{c}_k\|^2}, \quad b_l = \frac{\vec{f} \circ \vec{s}_l}{\|\vec{s}_l\|^2},$$

$$\vec{c}_k = \left(\cos(0), \cos\left(k\frac{2\pi}{N}\right), \cos\left(2k\frac{2\pi}{N}\right), \ldots, \cos\left((N-1)k\frac{2\pi}{N}\right)\right) \quad \text{und}$$

$$\vec{s}_l = \left(\sin(0), \sin\left(l\frac{2\pi}{N}\right), \sin\left(2l\frac{2\pi}{N}\right), \ldots, \sin\left((N-1)l\frac{2\pi}{N}\right)\right)$$

gilt.

Beispiel. Gegeben sind die vier Abtastwerte einer periodischen Funktion $y_0 = \frac{1}{2}$, $y_1 = 3$, $y_2 = -\frac{1}{2}$, $y_3 = 1$ an den Stützstellen $x_0 = 0$, $x_1 = \frac{\pi}{2}$, $x_2 = \pi$, $x_3 = \frac{3\pi}{2}$.

$$\vec{f} = \left(\frac{1}{2}, 3, -\frac{1}{2}, 1\right) = a_0 \vec{c}_0 + a_1 \vec{c}_1 + a_2 \vec{c}_2 + b_1 \vec{s}_1$$

$$\vec{c}_0 = (1, 1, 1, 1), \quad \|\vec{c}_0\|^2 = 4$$

$$\vec{c}_1 = \left(1, \cos\left(\frac{\pi}{2}\right), \cos\left(2\frac{\pi}{2}\right), \cos\left(3\frac{\pi}{2}\right)\right) = (1, 0, -1, 1), \quad \|\vec{c}_1\|^2 = 2$$

$$\vec{c}_2 = \left(1, \cos\left(2\frac{\pi}{2}\right), \cos\left(4\frac{\pi}{2}\right), \cos\left(6\frac{\pi}{2}\right)\right) = (1, -1, 1, -1), \quad \|\vec{c}_2\|^2 = 4$$

$$\vec{s}_1 = \left(1, \sin\left(\frac{\pi}{2}\right), \sin\left(2\frac{\pi}{2}\right), \sin\left(3\frac{\pi}{2}\right)\right) = (0, 1, 0, -1), \quad \|\vec{s}_1\|^2 = 2$$

$$a_0 = \frac{\vec{f} \circ \vec{c}_0}{\|\vec{c}_0\|^2} = 1, \quad a_1 = \frac{\vec{f} \circ \vec{c}_1}{\|\vec{c}_1\|^2} = \frac{1}{2}, \quad a_2 = \frac{\vec{f} \circ \vec{c}_2}{\|\vec{c}_2\|^2} = -1, \quad b_1 = \frac{\vec{f} \circ \vec{s}_1}{\|\vec{s}_1\|^2} = 1.$$

Die gesuchte Funktion lautet $f(x) = 1 + \frac{1}{2}\cos(x) - \cos(2x) + \sin(x)$.

In Komponenten geschrieben ist

$$\begin{pmatrix} \frac{1}{2} \\ 3 \\ -\frac{1}{2} \\ 1 \end{pmatrix} = 1 \cdot \begin{pmatrix} 1 \\ 1 \\ 1 \\ 1 \end{pmatrix} + \frac{1}{2} \cdot \begin{pmatrix} 1 \\ 0 \\ -1 \\ 0 \end{pmatrix} - 1 \cdot \begin{pmatrix} 1 \\ -1 \\ 1 \\ -1 \end{pmatrix} + 1 \cdot \begin{pmatrix} 0 \\ 1 \\ 0 \\ -1 \end{pmatrix}.$$

Bemerkung. Diese Art der Interpolation nennt man auch die diskrete Fouriertransformation (DFT). Es gibt einen Algorithmus, um die Koeffizienten a_k und b_l rekursiv zu bestimmen. Dafür braucht es aber $N = 2^p$ Stützwerte. Dies nennt man dann die 1965 entwickelte schnelle Fouriertransformation (FFT).

Um ein wahres Straßenlängsprofil zu messen, kann man beispielsweise im Abstand von jeweils $\Delta x = 0,1$ m die Auslenkung $h(x)$ messen. Bei 1024 Messungen hätte man das Profil der ersten 102,4 m der Fahrbahn. Dann bildet man dieses Längenintervall auf das Intervall $[0, 2\pi)$ ab. Die Fourierreihe enthält dann 511 Wellen, von denen die kleinste eine Wellenlänge von 0,2 m ($2 \cdot \Delta x$) und die größte eine Wellenlänge von 102,4 m ($1024 \cdot \Delta x$) aufweisen. Das heißt, die Fouriertransformierte bzw. das Spektrum weist 511 Linien oder Punkte auf, welche die Amplituden, aufgetragen über ihrer jeweiligen Wegkreisfrequenz $\Omega = \frac{2\pi}{T}$, markieren. Die Frequenzstützpunkte liegen zwischen

$$\Omega_{\min} = \frac{2\pi}{102,4} \frac{1}{m} \quad \text{und} \quad \Omega_{\max} = \frac{2\pi}{0,2} \frac{1}{m}$$

in Schrittweiten zu $\Delta \Omega = \Omega_{\min}$.

Aufgabe
Bearbeiten Sie die Übung 24.

23 Zweidimensionale partielle Differenzialgleichungen

Das Analogon zur Saite wird die dünne Membran ohne Steifigkeit sein. Wieder bestimmen die Dichte der Membran und die auf die Membran wirkende Spannung die Wellengeschwindigkeit. Der Balken wir durch die dünne Platte fortgesetzt. Anstelle der Balkensteifigkeit tritt die Plattensteifigkeit.

23.1 Freie Schwingungen der Rechtecksmembran

Die rechteckige Membran sei überall fest eingespannt (Abb. 23.1 links). $u(x, y, t)$ bezeichnet die Auslenkung in z-Richtung. Die Randbedingungen lauten $u(0, y, t) = u(a, y, t) = 0$ und $u(x, 0, t) = u(x, b, t) = 0$.

Die Anfangsbedingungen sind $u(x, y, 0) = g(x, y)$ und $\frac{\partial u}{\partial t}(x, y, 0) = h(x, y)$.

Die natürliche Fortsetzung der Saitengleichung auf zwei Dimensionen zur DGL der frei schwingenden Rechtecksmembran lautet

$$\frac{\partial^2 u}{\partial t^2} = c^2 \left(\frac{\partial^2 u}{\partial x^2} + \frac{\partial^2 u}{\partial y^2} \right).$$

Der Lösungsansatz ist wie bekannt $u(x, y, t) = v(x, y) \cdot w(t)$.

Eingesetzt in die Wellengleichung ergibt sich

$$v \cdot \ddot{w} = c^2 (v_{xx} + v_{yy}) \cdot w \quad \text{oder} \quad \frac{\ddot{w}}{w} = c^2 \left(\frac{v_{xx} + v_{yy}}{v} \right).$$

Die Separation mit der Konstanten $-\omega^2$ liefert

$$\frac{\ddot{w}}{w} = -\omega^2 \quad \text{und} \quad c^2 \left(\frac{v_{xx} + v_{yy}}{v} \right) = -\omega^2.$$

Für die Zeitlösung ist $w(t) = C_1 \cos(\omega t) + C_2 \sin(\omega t)$.

Den Ortsteil zerlegen wir abermals in ein Produkt $v(x, y) = X(x) \cdot Y(y)$.

Dies führt zu

$$X''Y + XY'' + \frac{\omega^2}{c^2} XY = 0 \quad \text{oder} \quad \frac{X''}{X} + \frac{Y''}{Y} = -\frac{\omega^2}{c^2}.$$

Mit $\frac{X''}{X} = -\varepsilon^2$ und $\frac{Y''}{Y} = -\mu^2$ folgt $\varepsilon^2 + \mu^2 = \frac{\omega^2}{c^2}$. Damit ist $\omega = c\sqrt{\varepsilon^2 + \mu^2}$.

Die Lösung der einzelnen Ortsteile ist $X(x) = D_1 \cos(\varepsilon x) + D_2 \sin(\varepsilon x)$ bzw. $Y(y) = E_1 \cos(\mu y) + E_2 \sin(\mu y)$. Insgesamt hat man

$$u(x, y, t) = (D_1 \cos(\varepsilon x) + D_2 \sin(\varepsilon x))(E_1 \cos(\mu y) + E_2 \sin(\mu y))(C_1 \cos(\omega t) + C_2 \sin(\omega t)).$$

Aus $u(0, y, t) = X(0) \cdot Y(y) \cdot w(t) = 0 \implies X(0) = 0 \implies D_1 = 0$.

Aus $u(a, y, t) = X(a) \cdot Y(y) \cdot w(t) = 0 \implies X(a) = 0 \implies D_m = \dfrac{m\pi}{a}$.

Aus $u(x, 0, t) = X(x) \cdot Y(0) \cdot w(t) = 0 \implies Y(0) = 0 \implies E_1 = 0$.

Aus $u(x, b, t) = X(x) \cdot Y(b) \cdot w(t) = 0 \implies Y(b) = 0 \implies E_n = \dfrac{n\pi}{b}$.

Somit bekommt die gesamte Lösung die Gestalt

$$u(x, y, t) = \sum_{m=1}^{\infty} \sum_{n=1}^{\infty} \sin\left(\frac{m\pi}{a}x\right) \sin\left(\frac{n\pi}{b}y\right) (a_{mn} \cos(\omega_{mn}t) + a_{mn} \sin(\omega_{mn}t))$$

mit $\omega_{mn} = c\pi \sqrt{\dfrac{m^2}{a^2} + \dfrac{n^2}{b^2}}$.

Sowohl die Anfangsauslenkung als auch die vom Ort abhängige Anfangsgeschwindigkeit werden in Eigenfunktionen entwickelt:

$$g(x, y) = u(x, y, 0) = \sum_{m=1}^{\infty} \sum_{n=1}^{\infty} a_{mn} \sin\left(\frac{m\pi}{a}x\right) \sin\left(\frac{n\pi}{b}y\right) \quad \text{und}$$

$$h(x, y) = u_t(x, y, 0) = c \sum_{m=1}^{\infty} \sum_{n=1}^{\infty} b_{mn} \omega_{mn} \sin\left(\frac{m\pi}{a}x\right) \sin\left(\frac{n\pi}{b}y\right).$$

Weiter gilt

$$\frac{4}{ab} \int_0^a \int_0^b \sin\left(\frac{m\pi}{a}x\right) \sin\left(\frac{n\pi}{b}y\right) \sin\left(\frac{k\pi}{a}x\right) \sin\left(\frac{l\pi}{b}y\right) dx\,dy = \begin{cases} 0, & \text{für } (m, n) \neq (k, l) \\ 1, & \text{für } (m, n) = (k, l). \end{cases}$$

Folglich erhält man die Koeffizienten zu

$$a_{mn} = \frac{4}{ab} \int_0^a \int_0^b g(x, y) \cdot \sin\left(\frac{m\pi}{a}x\right) \sin\left(\frac{n\pi}{b}y\right) dx\,dy \quad \text{und}$$

$$b_{mn} = \frac{4}{c\omega_{mn}ab} \int_0^a \int_0^b h(x, y) \cdot \sin\left(\frac{m\pi}{a}x\right) \sin\left(\frac{n\pi}{b}y\right) dx\,dy.$$

Speziell für eine anfangs ruhende Membran ist $b_{mn} = 0$ für alle m, n.

Ergebnis. Eine anfangs ruhende, um $u(x, y, 0) = g(x, y)$ ausgelenkte, an allen Seiten fest eingespannte rechteckige Membran vollführt die freien Schwingungen

$$u(x, y, t) = \sum_{m=1}^{\infty} \sum_{n=1}^{\infty} a_{mn} \sin\left(\frac{m\pi}{a}x\right) \sin\left(\frac{n\pi}{b}y\right) \cos\left(c\pi \sqrt{\frac{m^2}{a^2} + \frac{n^2}{b^2}}\,t\right)$$

mit

$$a_{mn} = \frac{4}{ab} \int_0^a \int_0^b g(x, y) \cdot \sin\left(\frac{m\pi}{a}x\right) \sin\left(\frac{n\pi}{b}y\right) dx\,dy.$$

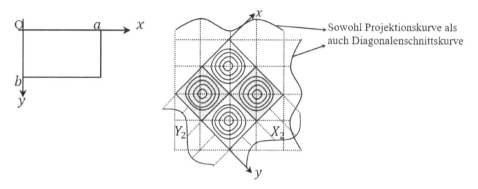

Abb. 23.1: Skizzen zur Schwingung einer freien Rechtecksmembran

Die Eigenfunktionen oder Moden sind $X_m(x) = \sin(\frac{m\pi}{a}x)$, $Y_n(x) = \sin(\frac{n\pi}{b}y)$ und entsprechen unabhängig voneinander stehenden Wellen. Jedem (m, n) entspricht eine eigene Mode.

Beispiel ($m = 2$, $n = 2$ (dargestellt an einem Quadrat) (Abb. 23.1 rechts)).
Als Grundfrequenzen nimmt man $\omega_{11} = \sqrt{2} \cdot \pi \cdot \frac{c}{a} \approx 4{,}4429 \cdot \frac{c}{a}$. $\omega_{22} = 2\omega_{11}$.

Entlang der gestrichenen Linien (Knotenlinien) bleibt bei dieser Schwingungsform die Membran in Ruhe. Dunkle Bereiche entsprechen Bergen, weiße Tälern.

Aufgabe
Bearbeiten Sie die Übung 25.

23.2 Erzwungene Schwingungen der Rechtecksmembran

Ausgangspunkt ist die DGL der freien Schwingungen der Saite bzw. der rechteckigen Membran

$$\rho A \frac{\partial^2 u}{\partial t^2} - \sigma A \frac{\partial^2 u}{\partial x^2} = 0 \quad \text{bzw.} \quad \rho A \frac{\partial^2 u}{\partial t^2} - \sigma A \left(\frac{\partial^2 u}{\partial x^2} + \frac{\partial^2 u}{\partial y^2} \right) = 0.$$

Die Einheit auf beiden Seiten beträgt jeweils $[\frac{N}{m^2}]$. Bei einer zusätzlich wirkenden periodischen Kraft $p(x, y) \cdot \cos(\varphi t)$ wird die Gleichung ergänzt zu

$$\rho A \frac{\partial^2 u}{\partial t^2} - \sigma A \left(\frac{\partial^2 u}{\partial x^2} + \frac{\partial^2 u}{\partial y^2} \right) = p(x, y) \cdot \cos(\varphi t), \quad p \text{ in } \left[\frac{N}{m^2} \right].$$

Kurz:

$$\ddot{u}(x, y, t) - c^2 \Delta u(x, y, t) = \frac{p(x, y)}{\rho} \cos(\varphi t) \quad \text{mit} \quad c = \sqrt{\frac{\sigma}{\rho}} \quad \text{und} \quad p \text{ in } \left[\frac{N}{m^2} \right].$$

Zur Lösung setzen wir $u(x, y, t) = v(x, y) \cdot \cos(\varphi t)$ an.

Sowohl $v(x, y)$ als auch $p(x, y)$ werden in Eigenfunktionen entwickelt:

$$v(x, y) = \sum_{m=1}^{\infty} \sum_{n=1}^{\infty} a_{mn} \sin\left(\frac{m\pi}{a}x\right) \sin\left(\frac{n\pi}{b}y\right) \quad \text{und}$$

$$p(x, y) = \sum_{m=1}^{\infty} \sum_{n=1}^{\infty} p_{mn} \sin\left(\frac{m\pi}{a}x\right) \sin\left(\frac{n\pi}{b}y\right).$$

Eingesetzt in die DGL ergibt sich $a_{mn} \cdot [c^2\pi^2(\frac{m^2}{a^2} + \frac{n^2}{b^2}) - \varphi^2] = \frac{p_{mn}}{\rho}$, wobei

$$p_{mn} = \frac{4}{ab} \int_0^a \int_0^b p(x, y) \cdot \sin\left(\frac{m\pi}{a}x\right) \sin\left(\frac{n\pi}{b}y\right) dx\, dy$$

ist.

Mit $\omega_{mn}^2 = c^2\pi^2(\frac{m^2}{a^2} + \frac{n^2}{b^2})$ folgt

$$a_{mn} = \frac{p_{mn}}{\rho(\omega_{mn}^2 - \varphi^2)} = \frac{p_{mn}}{\rho\omega_{mn}^2} \cdot \frac{1}{1 - \left(\frac{\varphi}{\omega_{mn}}\right)^2} = \frac{p_{mn}}{\rho\omega_{mn}^2} \cdot V(\omega_{mn}).$$

Dabei bezeichnet

$$V(\omega_{mn}) := \frac{1}{1 - \left(\frac{\varphi}{\omega_{mn}}\right)^2}$$

den Vergrößerungsfaktor (vgl. Kapitel 8).

Wir schränken $p(x, y)$ ein und betrachten im Folgenden eine gleichmäßig verteilte rechteckige Last p_0 mit Mittelpunkt $P(x_0, y_0)$ und Längen a_0 bzw. b_0, deren Seiten parallel zu den Rändern verlaufen (Abb. 23.2). Dann wird

$$p_{mn} = p_0 \cdot \frac{4}{ab} \int_{x_0-\frac{a_0}{2}}^{x_0+\frac{a_0}{2}} \int_{y_0-\frac{b_0}{2}}^{y_0+\frac{b_0}{2}} \sin\left(\frac{m\pi}{a}x\right) \sin\left(\frac{n\pi}{b}y\right) dx\, dy.$$

Weiter ist

$$\int_{x_0-\frac{a_0}{2}}^{x_0+\frac{a_0}{2}} \sin\left(\frac{m\pi}{a}x\right) dx = -\frac{a}{m\pi} \left[\cos\left(\frac{m\pi}{a}x\right)\right]_{x_0-\frac{a_0}{2}}^{x_0+\frac{a_0}{2}}$$

$$= -\frac{a}{m\pi}\left[\cos\left(\frac{m\pi}{a}\left(x_0 + \frac{a_0}{2}\right)\right) - \cos\left(\frac{m\pi}{a}\left(x_0 - \frac{a_0}{2}\right)\right)\right]$$

$$= \frac{2a}{m\pi}\left[\sin\left(\frac{m\pi}{a}\left(\frac{x_0 + \frac{a_0}{2} + x_0 - \frac{a_0}{2}}{2}\right)\right) \sin\left(\frac{m\pi}{a}\left(\frac{x_0 + \frac{a_0}{2} - (x_0 - \frac{a_0}{2})}{2}\right)\right)\right]$$

$$= \frac{2a}{m\pi} \sin\left(\frac{m\pi}{a}x_0\right) \sin\left(\frac{m\pi}{2a}a_0\right).$$

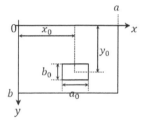

Abb. 23.2: Skizze zur erzwungenen Schwingung einer Rechtecksmembran

Insgesamt hat man

$$p_{mn} = \frac{16 p_0}{mn\pi^2} \sin\left(\frac{m\pi}{a} x_0\right) \sin\left(\frac{m\pi}{2a} a_0\right) \sin\left(\frac{n\pi}{b} y_0\right) \sin\left(\frac{n\pi}{2b} b_0\right).$$

Reduzieren wir nun die Last auf eine Einzelkraft $F_0 = \lim_{\substack{a_0 \to 0 \\ b_0 \to 0}} a_0 b_0 p_0$, dann erhält man

$$\lim_{\substack{a_0 \to 0 \\ b_0 \to 0}} p_{mn} = \lim_{\substack{a_0 \to 0 \\ b_0 \to 0}} p_{mn} \frac{a_0 b_0}{a_0 b_0}$$

$$= \frac{16 p_0}{mn\pi^2} a_0 b_0 p_0 \cdot \sin\left(\frac{m\pi}{a} x_0\right) \cdot \sin\left(\frac{n\pi}{b} y_0\right) \cdot \lim_{a_0 \to 0} \frac{\sin\left(\frac{m\pi}{2a} a_0\right)}{a_0} \cdot \lim_{b_0 \to 0} \frac{\sin\left(\frac{n\pi}{2b} b_0\right)}{b_0}$$

$$= \frac{16 p_0}{mn\pi^2} a_0 b_0 p_0 \cdot \sin\left(\frac{m\pi}{a} x_0\right) \cdot \sin\left(\frac{n\pi}{b} y_0\right) \cdot \frac{m\pi}{2a} \cdot \frac{n\pi}{2b} = \frac{4 F_0}{ab} \cdot \sin\left(\frac{m\pi}{a} x_0\right)$$

$$\cdot \sin\left(\frac{n\pi}{b} y_0\right).$$

Wählen wir speziell $x_0 = \frac{a}{2}$ und $y_0 = \frac{b}{2}$, dann sind $\sin(\frac{m\pi}{2})$ und $\sin(\frac{n\pi}{2})$ nur für ungerade m und n ungleich Null. Damit ergibt sich

$$\sin\left(\frac{m\pi}{2}\right) = (-1)^{\frac{m+1}{2}+1}, \quad \sin\left(\frac{n\pi}{2}\right) = (-1)^{\frac{n+1}{2}+1}.$$

Folglich ist $p_{mn} = \frac{4F_0}{ab} \cdot (-1)^{\frac{m+n}{2}+1}$. Für die dynamischen Koeffizienten a_{mn} erhält man dann

$$a_{mn} = \frac{p_{mn}}{\rho \omega_{mn}^2} \cdot V(\omega_{mn}) = \frac{p_{mn}}{\rho(\omega_{mn}^2 - \varphi^2)} = \frac{4F_0}{\rho ab} \cdot \frac{(-1)^{\frac{m+n}{2}+1}}{c^2 \pi^2 \left(\frac{m^2}{a^2} + \frac{n^2}{b^2}\right) - \varphi^2}.$$

Ergebnis. Eine im Zentrum mit der Kraft $F = F_0 \cdot \cos(\varphi t)$ periodisch angeregte rechteckige Membran vollführt nach der Einschwingzeit die erzwungenen Schwingungen

$$u(x, y, t) = \frac{4 F_0}{\rho ab} \sum_{m=1,3,5,\ldots}^{\infty} \sum_{n=1,3,5,\ldots}^{\infty} \frac{(-1)^{\frac{m+n}{2}+1}}{c^2 \pi^2 \left(\frac{m^2}{a^2} + \frac{n^2}{b^2}\right) - \varphi^2} \sin\left(\frac{m\pi}{a} x\right) \sin\left(\frac{n\pi}{b} y\right) \cos(\varphi t).$$

Das Ergebnis kann auf beliebig viele am Ort (x_i, y_i) wirkende Kräfte F_i erweitert werden.

Man erhält

$$p_{mn,k} = \frac{4F_k}{ab} \cdot \sin\left(\frac{m\pi}{a}x_i\right) \cdot \sin\left(\frac{n\pi}{b}y_i\right), \quad a_{mn,i} = \frac{4F_i}{\rho ab} \cdot \frac{\sin\left(\frac{m\pi}{a}x_i\right) \cdot \sin\left(\frac{n\pi}{b}y_i\right)}{c^2\pi^2\left(\frac{m^2}{a^2} + \frac{n^2}{b^2}\right) - \varphi^2}$$

und als Lösung

$$u(x, y, t) = \frac{4}{\rho ab} \sum_{i=1}^{k} F_i \sum_{m=1}^{\infty} \sum_{n=1}^{\infty} \frac{\sin\left(\frac{m\pi}{a}x_i\right) \cdot \sin\left(\frac{n\pi}{b}y_i\right)}{c^2\pi^2\left(\frac{m^2}{a^2} + \frac{n^2}{b^2}\right) - \varphi^2} \sin\left(\frac{m\pi}{a}x\right) \sin\left(\frac{n\pi}{b}y\right) \cos(\varphi t).$$

Aufgabe
Bearbeiten Sie die Übung 26.

23.3 Freie Schwingungen der Kreismembran

Die Kreismembran sei überall fest eingespannt. Für die Beschreibung benötigen wir den Laplace-Operator in Polarkoordinaten.

Dazu schreiben wir $r = \sqrt{x^2 + y^2}$ und $\theta = \arctan\frac{y}{x}$.

Wir benötigen zudem einige Ausdrücke als Vorbereitung:
Es gilt

$$\frac{\partial r}{\partial x} = \frac{x}{r}, \quad \frac{\partial r}{\partial y} = \frac{y}{r}, \quad \frac{\partial \theta}{\partial x} = \frac{1}{1 + \frac{y^2}{x^2}} \cdot \frac{\partial}{\partial x}\left(\frac{y}{x}\right) = -\frac{y}{r^2} \quad \text{und} \quad \frac{\partial \theta}{\partial y} = \frac{x}{r^2}.$$

Weiter folgt

$$\frac{\partial}{\partial x}\left(\frac{x}{r}\right) = \frac{\partial}{\partial x}\left(\frac{x}{\sqrt{x^2 + y^2}}\right) = \frac{y^2}{r^3}, \quad \frac{\partial}{\partial x}\left(\frac{y}{r^2}\right) = \frac{\partial}{\partial x}\left(\frac{y}{x^2 + y^2}\right) = -\frac{2xy}{r^4},$$

$$\frac{\partial}{\partial y}\left(\frac{y}{r}\right) = \frac{\partial}{\partial y}\left(\frac{y}{\sqrt{x^2 + y^2}}\right) = \frac{x^2}{r^3} \quad \text{und} \quad \frac{\partial}{\partial y}\left(\frac{x}{r^2}\right) = \frac{\partial}{\partial y}\left(\frac{x}{x^2 + y^2}\right) = -\frac{2xy}{r^4}.$$

Wir erhalten

$$\frac{\partial T}{\partial x} = \frac{\partial T}{\partial r} \cdot \frac{\partial r}{\partial x} + \frac{\partial T}{\partial \theta} \cdot \frac{\partial \theta}{\partial x} = \frac{\partial T}{\partial r} \cdot \frac{x}{r} - \frac{\partial T}{\partial \theta} \cdot \frac{y}{r^2} \quad \text{und}$$

$$\frac{\partial T}{\partial y} = \frac{\partial T}{\partial r} \cdot \frac{\partial r}{\partial y} + \frac{\partial T}{\partial \theta} \cdot \frac{\partial \theta}{\partial y} = \frac{\partial T}{\partial r} \cdot \frac{y}{r} + \frac{\partial T}{\partial \theta} \cdot \frac{x}{r^2}.$$

Nun bestimmen wir die eigentlichen zweiten Ableitungen:

$$\frac{\partial^2 T}{\partial x^2} = \frac{\partial}{\partial x}\left(\frac{\partial T}{\partial x}\right) = \frac{\partial}{\partial x}\left(\frac{\partial T}{\partial r}\cdot\frac{x}{r} - \frac{\partial T}{\partial \theta}\cdot\frac{y}{r^2}\right)$$

$$= \frac{\partial}{\partial x}\left(\frac{\partial T}{\partial r}\right)\cdot\frac{x}{r} + \frac{\partial T}{\partial r}\cdot\frac{\partial}{\partial x}\left(\frac{x}{r}\right) - \frac{\partial}{\partial x}\left(\frac{\partial T}{\partial \theta}\right)\cdot\frac{y}{r^2} - \frac{\partial T}{\partial \theta}\cdot\frac{\partial}{\partial x}\left(\frac{y}{r^2}\right)$$

$$= \frac{\partial^2 T}{\partial r^2}\cdot\frac{\partial r}{\partial x}\cdot\frac{x}{r} + \frac{\partial T}{\partial r}\cdot\frac{y^2}{r^3} - \frac{\partial^2 T}{\partial \theta^2}\cdot\frac{\partial \theta}{\partial x}\cdot\frac{y}{r^2} + \frac{\partial T}{\partial \theta}\cdot\frac{2xy}{r^4}$$

$$= \frac{\partial^2 T}{\partial r^2}\cdot\frac{x^2}{r^2} + \frac{\partial T}{\partial r}\cdot\frac{y^2}{r^3} + \frac{\partial^2 T}{\partial \theta^2}\cdot\frac{y^2}{r^4} + \frac{\partial T}{\partial \theta}\cdot\frac{2xy}{r^4}.$$

$$\frac{\partial^2 T}{\partial y^2} = \frac{\partial}{\partial y}\left(\frac{\partial T}{\partial y}\right) = \frac{\partial}{\partial y}\left(\frac{\partial T}{\partial r}\cdot\frac{y}{r} + \frac{\partial T}{\partial \theta}\cdot\frac{x}{r^2}\right)$$

$$= \frac{\partial}{\partial y}\left(\frac{\partial T}{\partial r}\right)\cdot\frac{y}{r} + \frac{\partial T}{\partial r}\cdot\frac{\partial}{\partial y}\left(\frac{y}{r}\right) + \frac{\partial}{\partial y}\left(\frac{\partial T}{\partial \theta}\right)\cdot\frac{x}{r^2} + \frac{\partial T}{\partial \theta}\cdot\frac{\partial}{\partial y}\left(\frac{x}{r^2}\right)$$

$$= \frac{\partial^2 T}{\partial r^2}\cdot\frac{\partial r}{\partial y}\cdot\frac{y}{r} + \frac{\partial T}{\partial r}\cdot\frac{x^2}{r^3} + \frac{\partial^2 T}{\partial \theta^2}\cdot\frac{\partial \theta}{\partial y}\cdot\frac{x}{r^2} - \frac{\partial T}{\partial \theta}\cdot\frac{2xy}{r^4}$$

$$= \frac{\partial^2 T}{\partial r^2}\cdot\frac{y^2}{r^2} + \frac{\partial T}{\partial r}\cdot\frac{x^2}{r^3} + \frac{\partial^2 T}{\partial \theta^2}\cdot\frac{x^2}{r^4} - \frac{\partial T}{\partial \theta}\cdot\frac{2xy}{r^4}.$$

Schließlich ergibt sich

$$\Delta T = \frac{\partial^2 T}{\partial x^2} + \frac{\partial^2 T}{\partial y^2} = \frac{\partial^2 T}{\partial r^2}\cdot\left(\frac{x^2}{r^2} + \frac{y^2}{r^2}\right) + \frac{\partial T}{\partial r}\cdot\left(\frac{x^2}{r^3} + \frac{y^2}{r^3}\right) + \frac{\partial^2 T}{\partial \theta^2}\cdot\left(\frac{x^2}{r^4} + \frac{y^2}{r^4}\right),$$

$$\Delta T = \frac{\partial^2 T}{\partial r^2} + \frac{1}{r}\cdot\frac{\partial T}{\partial r} + \frac{1}{r^2}\cdot\frac{\partial^2 T}{\partial \theta^2} \quad \text{oder}$$

$$\Delta = \frac{\partial^2}{\partial r^2} + \frac{1}{r}\cdot\frac{\partial}{\partial r} + \frac{1}{r^2}\cdot\frac{\partial^2}{\partial \theta^2}.$$

Mit dem Laplace-Operator in Polarkoordinaten ist dann

$$\frac{\partial^2 u}{\partial t^2} = c^2\left(\frac{\partial^2 u}{\partial r^2} + \frac{1}{r}\frac{\partial u}{\partial r} + \frac{1}{r^2}\frac{\partial^2 u}{\partial \theta^2}\right).$$

Der Ansatz $u(r, \theta, t) = v(r, \theta)\cdot w(t)$ führt nach Einsetzen auf

$$\ddot{w}v = c^2\left(v_{rr} + \frac{1}{r}v_r + \frac{1}{r^2}v_{\theta\theta}\right) \quad \text{oder} \quad \frac{\ddot{w}}{wc^2} = \frac{v_{rr} + \frac{1}{r}v_r + \frac{1}{r^2}v_{\theta\theta}}{v}.$$

Mit der Separationskonstanten λ entsteht $\frac{\ddot{w}}{wc^2} = -\lambda^2$ und $v_{rr} + \frac{1}{r}v_r + \frac{1}{r^2}v_{\theta\theta} = -\lambda^2 v$.
Aus $\ddot{w} + c^2\lambda^2 w = 0$ ergibt sich die Zeitlösung $w(t) = C_1 \cos(\lambda ct) + C_2 \sin(\lambda ct)$.
Für den Ortsteil erhalten wir $r^2 v_{rr} + r v_r + v_{\theta\theta} + \lambda^2 r^2 v = 0$.

Zur Trennung setzen wir $v(r, \theta) = R(r) \cdot \Omega(\theta)$, was zu

$$r^2 R'' \cdot \Omega + rR' \cdot \Omega + R \cdot \Omega'' + \lambda^2 r^2 R \cdot \Omega = 0 \quad \text{oder} \quad r^2 \frac{R''}{R} + r\frac{R'}{R} + \frac{\Omega''}{\Omega} + \lambda^2 r^2 = 0$$

führt.

Mit Hilfe der neuen Separationskonstanten μ wird daraus $r^2 \frac{R''}{R} + r\frac{R'}{R} + \lambda^2 r^2 = \mu^2$ und $-\frac{\Omega''}{\Omega} = \mu^2$.

Der Winkelteil führt zu $\Omega'' + \mu^2 \Omega = 0$ mit der Lösung $\Omega(\theta) = C_1 \cos(\mu\theta) + C_2 \sin(\mu\theta)$.

Da $\Omega(\theta + 2\pi) = \Omega(\theta)$, also Ω periodisch sein muss, kommen nur ganzzahlige μ in Frage: $\mu = n$, $n \in \mathbb{N}$. Somit ist $\Omega(\theta) = C_1 \cos(n\theta) + C_2 \sin(n\theta)$.

Schließlich bleibt noch, die DGL

$$r^2 R'' + rR' + (\lambda^2 r^2 - n^2)R = 0 \tag{23.1}$$

mit der Randbedingung $R(a) = 0$ zu lösen. Mit der Variablentransformation $z = \lambda r$ und $R(\lambda r) := Q(z)$ wird daraus

$$z^2 Q'' + zQ' + (z^2 - n^2)Q = 0 \quad \text{mit} \quad Q(\lambda a) = 0. \tag{23.2}$$

Dies sind die Bessel'schen DGLen. Für jedes n gibt es eine Lösung $J_n(z)$, eine Bessel'sche Funktion. Aus $Q(\lambda a) = 0$ folgt $J_n(\lambda a) = 0$, was bedeutet, dass λa Nullstelle sein muss. Jede Besselfunktion besitzt unendliche viele, abzählbare Nullstellen. Bezeichnet l_{nm} die m-te Nullstelle der n-ten Besselfunktion J_n, dann ist $l_{nm} = \lambda_{nm} \cdot a$. Ist $J_n(z)$ Lösung von (23.2), dann ist $J_n(\lambda_{nm} \cdot r) = J_n(\frac{l_{nm}}{a} \cdot r)$ Lösung von (23.1).

Bemerkung. Die Bessel'schen DGLen werden wir bei der Wärmeleitungsgleichung des Zylinders wieder antreffen, allerdings nur für $n = 0$, weil die Lösung radialsymmetrisch sein wird.

Die ersten zehn Nullstellen der n-ten Besselfunktion

m	l_{0m}	l_{1m}	l_{2m}	l_{3m}	l_{4m}	l_{5m}
1	2,404826	3,831706	5,135622	6,380162	7,588342	8,771484
2	5,520078	7,015587	8,417244	9,761023	11,064710	12,338604
3	8,653728	10,173468	11,619841	13,015201	14,372537	15,700174
4	11,791534	13,323692	14,795952	16,223466	17,615966	18,980134
5	14,930918	16,470630	17,959819	19,409415	20,826933	22,217800
6	18,071064	19,615859	21,116997	22,582730	24,019020	25,430341
7	21,211637	22,760084	24,270112	25,748167	27,199088	28,626618
8	24,352472	25,903672	27,420574	28,908351	30,371008	31,811717
9	27,493479	29,046829	30,569204	32,064852	33,537138	34,988781
10	30,634606	32,189680	33,716520	35,218671	36,699001	38,159869

Die einzelnen Lösungsteile lauten $R(r) = J_n(\lambda_{nm} \cdot r)$, $\Omega(\theta) = C_1 \cos(n\theta) + C_2 \sin(n\theta)$ und $w(t) = D_1 \cos(\lambda_{nm} ct) + D_2 \sin(\lambda_{nm} ct)$. Die gesamte Lösung erhält damit die Gestalt

$$u(r, \theta, t) = \sum_{n=0}^{\infty} \sum_{m=1}^{\infty} a_{nm}^* J_n(\lambda_{nm} r)(C_1 \cos(n\theta) + C_2 \sin(n\theta))$$
$$\cdot (D_1 \cos(\lambda_{nm} ct) + D_2 \sin(\lambda_{nm} ct)) \, .$$

Speziell für eine anfangs ruhende Membran ist $D_2 = 0$.
Es verbleibt also

$$u(r, \theta, t) = \sum_{n=0}^{\infty} \sum_{m=1}^{\infty} a_{nm} J_n(\lambda_{nm} r) \cos(n\theta) \cos(\lambda_{nm} ct)$$
$$+ \sum_{n=0}^{\infty} \sum_{m=1}^{\infty} b_{nm} J_n(\lambda_{nm} r) \sin(n\theta) \cos(\lambda_{nm} ct) \, .$$

Nun bauen wir die Anfangsbedingung ein. Mit der Abkürzung $\phi(r, \theta) = u(r, \theta, t = 0)$ muss gelten:

$$u_0(r, \theta) = \sum_{n=0}^{\infty} \sum_{m=1}^{\infty} a_{nm} J_n(\lambda_{nm} r) \cos(n\theta) + \sum_{n=0}^{\infty} \sum_{m=1}^{\infty} b_{nm} J_n(\lambda_{nm} r) \sin(n\theta) \, . \quad (23.3)$$

Zur Berechnung der Koeffizienten von Gleichung (23.3) müssen zuerst einige Zusammenhänge der Besselfunktion hergeleitet werden.

Die Orthogonalitätseigenschaft der *n*-ten Besselfunktion
Wir wollen zeigen, dass

$$\int_0^a r J_n(\lambda_{nk} r) J_n(\lambda_{nl} r) \, dr = 0 \quad \text{für} \quad k \neq l$$

ist.

Beweis. Sowohl $R_{nk} := J_n(\lambda_{nk} r)$ als auch $R_{nl} := J_n(\lambda_{nl} r)$ sind Lösungen der Bessel'schen DGL

$$r^2 R'' + r R' + (\lambda_{nm} r^2 - n^2) R = 0 \quad \text{mit} \quad R(a) = 0 \, .$$

Division durch r ergibt

$$r R'' + R' + \left(\lambda_{nm} r - \frac{n^2}{r} \right) R = 0$$
$$\implies (r R_{nk}'(r))' + \left(\lambda_{nk} r - \frac{n^2}{r} \right) R_{nk}(r) = 0 \quad \text{und} \quad (r R_{nl}'(r))' + \left(\lambda_{nl} r - \frac{n^2}{r} \right) R_{nl}(r) = 0 \, .$$

Multipliziert man die linke Gleichung mit R_{nl}, die rechte mit R_{nk} und subtrahiert die beiden resultierenden Gleichungen voneinander, so entsteht

$$(r R_{nk}')' R_{nl} - (r R_{nl}')' R_{nk} + (\lambda_{nk} - \lambda_{nl}) r R_{nk} R_{nl} = 0 \, .$$

Die Integration über die Radiuslänge liefert

$$(\lambda_{nk} - \lambda_{nl}) \int_0^a r R_{nk} R_{nl} \, dr = \int_0^a [(rR'_{nl})' R_{nk} - (rR'_{nk})' R_{nl}] \, dr \,,$$

wobei $k \neq l$ für $\lambda_{nk} \neq \lambda_{nl}$ ist. Wir integrieren die rechte Seite der Gleichung partiell:

$$= [rR_{nk}(r)R_{nl}(r)]_0^a - \int_0^a rR'_{nk} R'_{nl} \, dr - [rR_{nl}(r)R_{nl}(r)]_0^a + \int_0^a rR'_{nk} R'_{nl} \, dr = 0 \,.$$

Die Klammerausdrücke sind Null aufgrund der Randbedingung $R_{nk}(a) = R_{nl}(a) = 0$.
□

Die Darstellung der Besselfunktion $J_p(x)$ p-ter Ordnung

Es ist üblich, die Ordnung nicht mit n, sondern mit p zu bezeichnen, damit n als Index frei bleibt. Die zu lösende Besselgleichung lautet dann $x^2 y'' + xy' + (x^2 - p^2)y = 0$.
Ansatz: $y(x) = \sum_{k=0}^\infty c_k x^{k+p}$. Die ersten beiden Ableitungen sind

$$y'(x) = \sum_{k=0}^\infty c_k(k+p) x^{k+p-1} \quad \text{und} \quad y''(x) = \sum_{k=0}^\infty c_k(k+p)(k+p-1) x^{k+p-2} \,.$$

Aus $x^2 y$ wird

$$x^2 \sum_{k=0}^\infty c_k x^{k+p} = \sum_{k=0}^\infty c_k x^{k+p+2} = \sum_{k=2}^\infty c_{k-2} x^{k+p} = \sum_{k=0}^\infty c_{k-2} x^{k+p} \quad \text{mit} \quad c_{-2} := 0, \ c_{-1} := 0 \,.$$

Eingesetzt entsteht

$$\sum_{k=0}^\infty c_k(k+p)(k+p-1) x^{k+p} + \sum_{k=0}^\infty c_k(k+p) x^{k+p} + \sum_{k=0}^\infty c_{k-2} x^{k+p} - \sum_{k=0}^\infty c_k p^2 x^{k+p} = 0$$

$$\implies \sum_{k=0}^\infty [c_k(k+p)(k+p-1) + c_k(k+p) + c_{k-2} - c_k p^2] x^{k+p} = 0$$

$$\implies c_k(k^2 + kp - k + kp + p^2 - p + k + p - p^2) + c_{k-2} = 0$$

$$\implies c_k(k^2 + 2kp) + c_{k-2} = 0 \,.$$

$k = 0:$ c_0 beliebig $k = 1: c_1 = 0$

$k = 2:$ $c_2 \cdot 4(1+p) + c_0 = 0 \quad \implies \quad c_2 = -\dfrac{1}{4(1+p)} c_0$

$k:$ $c_k = -\dfrac{1}{k(k+2p)} c_{k-2} \,.$

Folglich ist $c_1 = c_3 = c_5 = \cdots = 0$.

Nun ersetzen wir k durch $2k$ und erhalten

$$c_{2k} = -\frac{1}{4k(p+k)} \cdot \left(-\frac{1}{4(k-1)(p+k-1)}\right) \cdot \left(-\frac{1}{4(k-2)(p+k-2)}\right) \cdots \left(-\frac{1}{4(p+1)}\right) \cdot c_0$$

$$= -\frac{(-1)^k p!}{4^k k!(p+k)!} \cdot c_0.$$

Wir wählen $c_0 = \frac{1}{2^p p!}$ und erhalten damit die Gestalt der Besselfunktion p-ter Ordnung zu

$$J_p(x) = \sum_{k=0}^{\infty} \frac{(-1)^k}{k!(p+k)!} \left(\frac{x}{2}\right)^{2k+p}.$$

Eigenschaften der Besselfunktion $J_p(x)$

I. $J_p'(x) = -J_{p+1}(x) + \frac{p}{x} \cdot J_p(x)$.

Beweis.

$$J_p'(x) = \sum_{k=0}^{\infty} \frac{(-1)^k}{k!(p+k)!} \frac{2k+p}{2} \left(\frac{x}{2}\right)^{2k+p-1} = \sum_{k=0}^{\infty} \frac{(-1)^{k+1}}{(k+1)!} \frac{2k+2+p}{(p+k+1)! \cdot 2} \left(\frac{x}{2}\right)^{2k+p+1},$$

$$-J_{p+1}(x) = -\sum_{k=0}^{\infty} \frac{(-1)^k}{k!(p+k+1)!} \left(\frac{x}{2}\right)^{2k+p+1},$$

$$\frac{p}{x} \cdot J_p(x) = \sum_{k=1}^{\infty} \frac{(-1)^k \cdot p}{k!(p+k)! \cdot 2} \left(\frac{x}{2}\right)^{2k+p-1} = \sum_{k=0}^{\infty} \frac{(-1)^{k+1} \cdot p}{(k+1)!(p+k+1)! \cdot 2} \left(\frac{x}{2}\right)^{2k+p+1}.$$

Der Koeffizientenvergleich liefert

$$\frac{(-1)^{k+1}(2k+2+p)}{(k+1)!(p+k+1)! \cdot 2} = \frac{-(-1)^k}{k!(p+k+1)!} + \frac{(-1)^{k+1} \cdot p}{(k+1)!(p+k+1)! \cdot 2}$$

$$\implies \frac{2k+2+p}{2 \cdot (k+1)} = 1 + \frac{p}{2 \cdot (k+1)}. \qquad \square$$

Ebenso zeigt man

II. $J_p'(x) = J_{p-1}(x) - \frac{p}{x} \cdot J_p(x)$.

Aus I. und II. folgt

III. $J_p'(x) = \frac{1}{2}[J_{p-1}(x) - J_{p+1}(x)]$.

Als Nächstes zeigen wir

IV. $\frac{d}{dx}\left[\frac{1}{2}x^2(J_0^2(x) + J_1^2(x))\right] = x \cdot J_0^2(x)$.

Beweis. Die linke Seite der Gleichung ergibt

$$\frac{1}{2}[2x \cdot J_0^2 + 2x^2 \cdot J_0 \cdot J_0' + 2x \cdot J_1^2 + 2x^2 \cdot J_1 \cdot J_1']$$

$$= x \cdot J_0^2 + x^2 \cdot J_0 \cdot J_0' + x \cdot J_1^2 + x^2 \cdot J_1 \cdot J_1' = x \cdot J_0^2 + x^2 \cdot J_0 \cdot J_0' + x \cdot J_1^2 + x^2 \cdot J_1 \cdot J_1'$$

$$= x \cdot J_0^2 + x^2 \cdot \underbrace{J_0 \cdot (-J_1)}_{\text{nach I.}} + x \cdot J_1^2 + x^2 \cdot J_1 \cdot \underbrace{\left(J_0 - \frac{1}{x} \cdot J_1\right)}_{\text{nach II.}}$$

$$= xJ_0^2 - x^2 J_0 J_1 + xJ_1^2 + x^2 J_0 J_1 - xJ_1^2 = xJ_0^2 \,. \qquad \square$$

Die Verallgemeinerung von IV. ist

V. $\quad \dfrac{d}{dx}\left[\dfrac{1}{2}x^2(J_p^2(x) - J_{p-1}(x) \cdot J_{p+1}(x))\right] = x \cdot J_p^2(x)\,.$

Beweis. Die linke Seite ist

$$\frac{1}{2}[2xJ_p^2 + 2x^2 J_p J_p' - 2x J_{p-1} J_{p+1} - x^2 J_{p-1}' J_{p+1} - x^2 J_{p-1} J_{p+1}']$$

$$= xJ_p^2 + x^2 J_p J_p' - x J_{p-1} J_{p+1} - \frac{x^2}{2} J_{p-1}' J_{p+1} - \frac{x^2}{2} J_{p-1} J_{p+1}' \,.$$

Nun werden alle Ableitungen ersetzt

$$= xJ_p^2 + x^2 J_p \underbrace{\left[\frac{1}{2}(J_{p-1} - J_{p+1})\right]}_{\text{nach III.}} - x J_{p-1} J_{p+1} - \frac{x^2}{2} J_{p+1} \underbrace{\left[-J_p + \frac{p-1}{x} J_{p-1}\right]}_{\text{nach I.}}$$

$$- \frac{x^2}{2} J_{p-1} \underbrace{\left[J_p - \frac{p+1}{x} J_{p+1}\right]}_{\text{nach II.}}$$

$$= xJ_p^2 + \frac{x^2}{2} J_p J_{p-1} - \frac{x^2}{2} J_p J_{p+1} - x J_{p-1} J_{p+1} + \frac{x^2}{2} J_p J_{p+1} - \frac{x(p-1)}{2} J_{p-1} J_{p+1} - \frac{x^2}{2} J_p J_{p-1}$$

$$+ \frac{x(p+1)}{2} J_{p-1} J_{p+1}$$

$$= xJ_p^2 - x J_{p-1} J_{p+1} - \frac{x(p-1)}{2} J_{p-1} J_{p+1} + \frac{x(p+1)}{2} J_{p-1} J_{p+1} = x \cdot J_p^2 \,. \qquad \square$$

VI. $\quad \displaystyle\int_0^1 r J_n^2(l_{nm} r)\, dr = -\dfrac{J_{n-1}(l_{nm}) \cdot J_{n+1}(l_{nm})}{2}\,.$

Beweis. In der Eigenschaft V. ersetzen wir x durch $l_{nm} \cdot r$ und gleichzeitig den Index p durch n:

$$\frac{1}{l_{nm}} \frac{d}{dr}\left[\frac{1}{2} l_{nm}^2 r^2 (J_n^2(l_{nm} r) - J_{n-1}(l_{nm} r) \cdot J_{n+1}(l_{nm} r))\right] = l_{nm} r \cdot J_n^2(l_{nm} r)\,.$$

Dann folgt

$$\int_0^1 r J_n^2(l_{nm} r)\, dr = \left[\frac{1}{2} r^2 [J_n^2(l_{nm} r) - J_{n-1}(l_{nm} r) \cdot J_{n+1}(l_{nm} r)]\right]_0^1$$

$$= \frac{1}{2}[J_n^2(l_{nm}) - J_{n-1}(l_{nm}) \cdot J_{n+1}(l_{nm})] = -\frac{J_{n-1}(l_{nm}) \cdot J_{n+1}(l_{nm})}{2}\,. \qquad \square$$

VII. $\int_0^1 r J_0^2(l_{0m}r)\,dr = \dfrac{J_0'^{\,2}(l_{0m})}{2}$.

Beweis. Dazu setzt man in VI. $n = 0$ und erhält

$$\int_0^1 r J_0^2(l_{0m}r)\,dr = -\frac{J_{-1}(l_{0m})\cdot J_1(l_{0m})}{2}\,.$$

Nach I. und II. ist $J_0'(x) = -J_1(x)$ bzw. $J_0'(x) = J_{-1}(x)$. □

Nun sind wir bereit, die Koeffizienten a_{nm} und b_{nm} von Gleichung (23.3) zu bestimmen.

Aus

$$\int_0^a J_n^2(\lambda_{nm}r)\,dr = \int_0^a J_n^2\left(\frac{l_{nm}}{a}r\right)dr$$

folgt mit $z = \frac{r}{a}$ und $dz = \frac{dr}{a}$, dass

$$= a^2 \int_0^1 z J_n^2(l_{nm}z)\,dz = a^2 \int_0^1 r J_n^2(l_{nm}r)\,dr \quad \text{(Variablenänderung)}$$

$$= a^2 c_{nm} \quad \text{mit der Abkürzung } c_{nm} := \int_0^1 r J_n^2(l_{nm}r)\,dr\,.$$

Mit Hilfe der Orthogonalitätseigenschaft der trigonometrischen Funktionen ist auch

$$\int_0^a \int_0^{2\pi} [rJ_n(\lambda_{nm}r)J_k(\lambda_{kl}r)\cos(n\theta)\cos(k\theta)]\,d\theta\,dr = 0 \quad \text{für } (n,m)\neq(k,l) \quad \text{und}$$

$$\int_0^a \int_0^{2\pi} [rJ_n(\lambda_{nm}r)J_k(\lambda_{kl}r)\sin(n\theta)\sin(k\theta)]\,d\theta\,dr = 0 \quad \text{für } (n,m)\neq(k,l)\,.$$

Im Fall $(n,m) = (k,l)$ erhält man

$$\int_0^a \int_0^{2\pi} rJ_n^2(\lambda_{nm}r)\cos^2(n\theta)\,d\theta\,dr = a^2\pi\cdot\begin{cases} 2c_{0m}, & \text{für } n = 0 \\ c_{nm}, & \text{für } n \neq 0 \end{cases} \quad \text{und}$$

$$\int_0^a \int_0^{2\pi} rJ_n^2(\lambda_{nm}r)\sin^2(n\theta)\,d\theta\,dr = a^2\pi\cdot c_{nm} \quad \text{für } n\neq m\,.$$

Schließlich folgt für die Koeffizienten a_{nm} und b_{nm}

$$a_{0m} = \frac{1}{2a^2\pi \cdot c_{0m}} \int_0^a \int_0^{2\pi} \phi(r,\theta) r J_0(\lambda_{0m} r)\, d\theta\, dr \quad \text{für} \quad n = 0,$$

$$a_{nm} = \frac{1}{a^2\pi \cdot c_{nm}} \int_0^a \int_0^{2\pi} \phi(r,\theta) r J_n(\lambda_{nm} r) \cos(n\theta)\, d\theta\, dr \quad \text{für} \quad n \neq 0 \quad \text{und}$$

$$b_{nm} = \frac{1}{a^2\pi \cdot c_{0m}} \int_0^a \int_0^{2\pi} \phi(r,\theta) r J_n(\lambda_{nm} r) \sin(n\theta)\, d\theta\, dr \quad \text{für} \quad n \neq 0.$$

Speziell für eine radialsymmetrische Anfangsfunktion $\phi(r)$ sind alle a_{nm} und b_{nm} Null.

Ergebnis. Eine anfangs ruhende Kreismembran mit der radialsymmetrischen Anfangsauslenkung $\phi(r)$ vollführt die freien Schwingungen

$$u(r,t) = \sum_{m=1}^{\infty} a_{0m} J_0\left(\frac{l_{0m}}{a} r\right) \cos\left(\frac{l_{0m}}{a} ct\right)$$

mit

$$a_{0m} = \frac{1}{a^2 c_{0m}} \int_0^a \phi(r) r J_0\left(\frac{l_{0m}}{a} r\right) dr \quad \text{und} \quad c_{0m} = \frac{J_0'^2(l_{0m})}{2},$$

wobei l_{0m} die m-te Nullstelle der Besselfunktion $J_0(x)$ ist.

Die Frequenz der einzelnen Moden ist $\omega_{nm} = \frac{l_{nm}}{a} \cdot c$. Da diese untereinander – im Gegensatz zur schwingenden Saite – keine ganzzahligen Vielfachen voneinander sind, nimmt man die Schwingung einer Pauke auch als Geräusch war.

Beispiel 1 (Abb. 23.3 links oben). Als Grundfrequenz der Kreismembran legt man $\omega_{01} = l_{01} \cdot \frac{c}{a} \approx 2{,}4048 \cdot \frac{c}{a}$ fest. Die zugehörige Mode lautet

$$v_{01}(r,\theta) = R_{01}(r)\Omega_0(\theta)$$
$$= R_{01}(r) \cdot (C_1 \cos(0 \cdot \theta) + C_2 \sin(0 \cdot \theta)) = J_0\left(\frac{l_{01}}{a} r\right) \approx J_0\left(2{,}4048 \frac{r}{a}\right).$$

Knotenlinien gibt es außer dem Rand ($r = a$) keine.

Beispiel 2 (Abb. 23.3 links unten). Es sei $\omega_{02} = l_{02} \cdot \frac{c}{a} \approx 5{,}5201 \cdot \frac{c}{a}$. Die zugehörige Mode ist

$$v_{02}(r,\theta) = R_{02}(r)\Omega_0(\theta) = J_0\left(\frac{l_{02}}{a} r\right) \approx J_0\left(5{,}5201 \frac{r}{a}\right).$$

Hier gibt es eine kreisförmige Knotenlinie im Innenraum mit dem Radius $r_1 = \frac{l_{01}}{l_{02}} a = \frac{2{,}4048}{5{,}5201} a \approx 0{,}4357 a$.

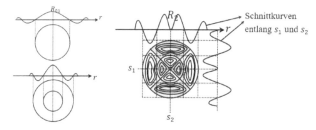

Abb. 23.3: Skizzen zu den Beispielen 1–3

Beispiel 3 (Abb. 23.3 rechts). Die Radialsymmetrie der Moden wird gebrochen, sobald $n > 0$ ist.

$$\omega_{22} = l_{22} \cdot \frac{c}{a} \approx 8{,}4172 \cdot \frac{c}{a},$$

$$v_{22}(r, \theta) = R_2(r)\Omega_2(\theta) = J_2\left(\frac{l_{22}}{a}r\right)(C_1 \cos(2\theta) + C_2 \sin(2\theta)).$$

Der Radius der kreisförmigen Knotenlinie ist $r_1 = \frac{l_{21}}{l_{22}}a = \frac{5{,}1356}{8{,}4172}a \approx 0{,}6101a$.

Zusätzlich entstehen zwei radiale Knotenlinien, denn aus $\Omega_2(\theta) = C_1 \cos(2\theta) + C_2 \sin(2\theta) = 0$ folgt $\tan(2\theta) = -\frac{C_1}{C_2}$.

Da der Tangens die Periode π besitzt, ist $\Omega_2(\theta) = 0$ im Abstand von $\theta = \frac{\pi}{2}$. R_2 und $-R_2$ ergeben sich für $\theta = 0$ bzw. $\theta = \frac{\pi}{2}$. Allgemein gilt für die Mode ω_{nm}: n = Anzahl radialer Knotenlinien und $m - 1$ = Anzahl kreisförmiger Knotenlinien.

Aufgabe
Bearbeiten Sie die Übung 27.

Beispiel. Wir simulieren den Schlag auf das Zentrum einer Pauke (Abb. 23.4 links). Damit hat die Membran zur Zeit $t = 0$ die Form eines Kegelmantels. Es gilt $\frac{\phi(r)}{h} = \frac{a-r}{a}$. Wir wählen $a = h = 1$. Dann ist $\phi(r) = 1 - r$.

Mit

$$c_{0m} = \frac{{J_0'}^2(l_{0m})}{2}, \quad J_0(x) = \sum_{k=0}^{\infty} \frac{(-1)^k}{(k!)^2}\left(\frac{x}{2}\right)^{2k}, \quad J_1(x) = \sum_{k=0}^{\infty} \frac{(-1)^k}{k!(k+1)!}\left(\frac{x}{2}\right)^{2k+1}$$

erhält man die nachstehende Tabelle:

m	l_{0m}	c_{0m}	a_{0m}
1	2,404826	0,134757	0,784520
2	5,520078	0,057890	0,068689
3	8,653728	0,036843	0,053114
4	11,791534	0,027019	0,017363
5	14,930918	0,021331	0,016981
6	18,071064	0,017621	0,007817

Abb. 23.4: Skizzen zum Paukenschlag

Die gesamte Lösung lautet demnach

$$\begin{aligned}u(r,t) = &\ 0{,}784520 \cdot J_1(2{,}404826 r) \cdot \cos(2{,}404826 t) \\ &+ 0{,}068689 \cdot J_1(5{,}520078 r) \cdot \cos(5{,}520078 t) \\ &+ 0{,}053114 \cdot J_1(8{,}653728 r) \cdot \cos(8{,}653728 t) \\ &+ 0{,}017363 \cdot J_1(11{,}791534 r) \cdot \cos(11{,}791534 t) \\ &+ 0{,}016981 \cdot J_1(14{,}930918 r) \cdot \cos(14{,}930918 t) \\ &+ 0{,}007817 \cdot J_1(18{,}071064 r) \cdot \cos(18{,}071064 t) + \cdots .\end{aligned}$$

Von der Seite betrachtet ergibt sich dasselbe Bild wie bei der ausgelenkten Saite (Abb. 23.4 rechts).

23.4 Erzwungene Schwingungen der Kreismembran

Analog zur Rechtecksmembran wird die DGL der freien Schwingungen ergänzt zu

$$\rho A \frac{\partial^2 u}{\partial t^2} - \sigma A \left(\frac{\partial^2 u}{\partial r^2} + \frac{1}{r} \frac{\partial u}{\partial r} + \frac{1}{r^2} \frac{\partial^2 u}{\partial \theta^2} \right) = p(r, \theta) \cdot \cos(\varphi t) .$$

Dabei ist $p(r, \theta) \cdot \cos(\varphi t)$ wieder die schwingungserzeugende periodische Kraft mit der Flächenlast $p(r, \theta)$. Im Weiteren sehen wir von einer Winkelabhängigkeit ab, so dass die DGL die Gestalt

$$\frac{\partial^2 u}{\partial t^2} - c^2 \left(\frac{\partial^2 u}{\partial r^2} + \frac{1}{r} \frac{\partial u}{\partial r} \right) = \frac{p(r)}{\rho} \cdot \cos(\varphi t) \quad \text{mit} \quad c = \sqrt{\frac{\sigma}{\rho}}$$

annimmt.

Der Ansatz lautet wie bei der Rechtecksmembran

$$u(r, t) = \sum_{m=1}^{\infty} a_{0m} J_0(\lambda_{0m} r)(\cos(\varphi t)) .$$

Gleichzeitig entwickeln wir $p(r)$ nach Eigenfunktionen:

$$p(r) = \sum_{m=1}^{\infty} p_{0m} J_0(\lambda_{0m} r) .$$

Die Besselfunktionen $J_0(\lambda_{0m} r)$ erfüllen die Bessel'sche DGL $r^2 R'' + r R' + \lambda^2 r^2 R = 0$.

Dann lösen die Funktionen $Q(z)$ mit $z = \lambda_{0m} r$ die DGL $z^2 Q'' + z Q' + z^2 Q = 0$.

Aufgrund der Randbedingung $Q(\lambda a) = 0$ ist $J_0(\lambda_{0m} a) = 0$ und $l_{0m} = \lambda_{0m} \cdot a$ bezeichnet wieder die m-te Nullstelle der Besselfunktion $J_0(x)$.

Eingesetzt in die DGL erhält man

$$a_{0m}\left[-\varphi^2 Q(z) - c^2\left(Q''(z) + \frac{Q'(z)}{r}\right)\right] = \frac{p_{0m}}{\rho} Q(z).$$

Ausführen der Ableitungen und Multiplikation mit r^2 ergibt

$$a_{0m}[-\varphi^2 r^2 J_0(\lambda_{0m} r) - c^2 \underbrace{(r^2 \lambda_{0m}^2 J_0''(\lambda_{0m} r) + r\lambda_{0m} J_0'(\lambda_{0m} r))}_{\text{Bessel'sche DGL}}] = \frac{p_{0m}}{\rho} r^2 J_0(\lambda_{0m} r)$$

$$= -\lambda_{0m}^2 r^2 J_0(\lambda_{0m} r)$$

$$\implies a_{0m}[-\varphi^2 r^2 J_0(\lambda_{0m} r) + c^2 \lambda_{0m}^2 r^2 J_0(\lambda_{0m} r)] = \frac{p_{0m}}{\rho} r^2 J_0(\lambda_{0m} r).$$

Der Vergleich liefert

$$\implies a_{0m}(c^2 \lambda_{0m}^2 - \varphi^2) = \frac{p_{0m}}{\rho} \implies a_{0m} = \frac{p_{0m}}{\rho(c^2 \lambda_{0m}^2 - \varphi^2)}.$$

Bei bekannten p_{0m} können die Koeffizienten a_{0m} ermittelt werden. Dies wollen wir für den Fall einer Gleichlast $p(r) = p_0$ durchführen.

In diesem Fall ist $p_0 = \sum_{m=1}^{\infty} p_{0m} J_0(\lambda_{0m} r)$. Multplikation mit $rJ_0(\lambda_{0n} r)$ führt auf

$$p_0 r J_0(\lambda_{0n} r) = \sum_{m=1}^{\infty} p_{0m} r J_0(\lambda_{0m} r) J_0(\lambda_{0n} r).$$

Aufgrund der in Kapitel 23.3 bewiesenen Orthogonalität $\int_0^a r J_0(\lambda_{0m} r) J_0(\lambda_{0n} r)\, dr = 0$ für $n \neq m$ bleibt nach der Integration über dem Intervall von 0 bis a übrig:

$$p_0 \int_0^a r J_0(\lambda_{0m} r)\, dr = p_{0m} \int_0^a r J_0^2(\lambda_{0m} r)\, dr$$

$$\implies p_{0m} = p_0 \cdot \frac{\int_0^a r J_0(\lambda_{0m} r)\, dr}{\int_0^a r J_0^2(\lambda_{0m} r)\, dr}.$$

Berechnung des Zählers. Mit $z = \lambda_{0m} r = \frac{l_{0m}}{a} r$ folgt

$$\int_0^a r J_0(\lambda_{0m} r)\, dr = \frac{1}{\lambda_{0m}^2} \int_0^{l_{0m}} z J_0(z)\, dz = -\frac{1}{\lambda_{0m}^2} \int_0^{l_{0m}} (z J_0''(z) + J_0'(z))\, dz$$

$$= -\frac{1}{\lambda_{0m}^2} \int_0^{l_{0m}} (z J_0'(z))'\, dz = -\frac{1}{\lambda_{0m}^2} [z J_0'(z)]_0^{l_{0m}} = -\frac{a^2}{l_{0m}} J_0'(l_{0m}).$$

Berechnung des Nenners.

$$\int_0^a r J_0^2(\lambda_{0m}r)\,dr = \lim_{\lambda_{0n}\to\lambda_{0m}} r J_0(\lambda_{0m}r) J_0(\lambda_{0n}r)$$

$$= \lim_{\lambda_{0n}\to\lambda_{0m}} \left[\frac{J_0(\lambda_{0n}r)\cdot Q'(z_m)r - J_0(\lambda_{0m}r)\cdot Q'(z_n)r}{\lambda_{0n}^2 - \lambda_{0m}^2}\right] \quad \text{mit} \quad Q'(z_m) = J_0(\lambda_{0m}r)$$

$$= \lim_{\lambda_{0n}\to\lambda_{0m}} a\left[\frac{J_0(\lambda_{0n}a)\lambda_{0m}\cdot J_0'(\lambda_{0m}a) - J_0(\lambda_{0m}a)\cdot\lambda_{0n}\cdot J_0'(\lambda_{0n}a)}{\lambda_{0n}^2 - \lambda_{0m}^2}\right].$$

Nach der Regel von de L'Hôspital mit λ_{0m} als Variable folgt

$$= \lim_{\lambda_{0n}\to\lambda_{0m}} a\left[\frac{J_0(\lambda_{0n}a)\cdot[\lambda_{0m}Q(z_m)]' - \lambda_{0n}\cdot J_0'(\lambda_{0n}a)\cdot[Q(z_m)]'}{(\lambda_{0n}^2 - \lambda_{0m}^2)'}\right]$$

$$= \lim_{\lambda_{0n}\to\lambda_{0m}} a\left[\frac{J_0(\lambda_{0n}a)\cdot[J_0'(\lambda_{0m}a) + \lambda_{0m}a J_0''(\lambda_{0m}a)] - \lambda_{0n}a\cdot J_0'^{\,2}(\lambda_{0n}a)}{-2\lambda_{0m}}\right].$$

Die Besselfunktion $J_0(\lambda_{0m}r)$ erfüllt die Gleichung $zv''(z) + v'(z) + zv(z) = 0$. Also ist

$$= \lim_{\lambda_{0n}\to\lambda_{0m}} a\left[\frac{-J_0(\lambda_{0n}a)\cdot J_0(\lambda_{0m}a)\lambda_{0m}a - \lambda_{0n}a\cdot J_0'^{\,2}(\lambda_{0n}a)}{-2\lambda_{0m}}\right]$$

$$= \frac{a^2}{2}[J_0^2(\lambda_{0m}a) + J_0'^{\,2}(\lambda_{0m}a)] = \frac{a^2}{2}[J_0^2(l_{0m}) + J_0'^{\,2}(l_{0m})] = \frac{a^2}{2}J_0'^{\,2}(l_{0m}),$$

da l_{0m} Nullstelle von $J_0(x)$ ist.

Insgesamt erhalten wir

$$p_{0m} = p_0\cdot\frac{-\frac{a^2}{l_{0m}}J_0'(l_{0m})}{\frac{a^2}{2}J_0'^{\,2}(l_{0m})} = -\frac{2p_0}{l_{0m}}\cdot\frac{1}{J_0'(l_{0m})}.$$

Ergebnis. Eine auf der gesamten Fläche mit der Gleichlast $p(r) = p_0\cos(\varphi t)$ periodisch angeregte Kreismembran vollführt die erzwungenen Schwingungen

$$u(r,t) = -\frac{2p_0}{\rho}\sum_{m=1}^\infty \frac{1}{l_{0m}J_0'(l_{0m})}\cdot\frac{1}{c^2\lambda_{0m}^2 - \varphi^2}\cdot J_0(\lambda_{0m}r)\cos(\varphi t).$$

24 Biegeflächen einer dünnen Rechtecksplatte

Die Herleitung der DGL für die schwingende Platte gestaltet sich erheblich schwieriger, verglichen mit dem Balken. Analog dazu kann man dieselben (Bernoulli-)Hypothesen zugrunde legen:
1. Die betrachtete Platte ist schlank, das bedeutet, die Dicke ist gegenüber Länge und Breite der Platte vernachlässigbar klein.
2. Plattenquerschnitte stehen vor und nach der Verformung normal auf der jeweiligen Mittelfläche.
3. Querschnitte bleiben auch nach der Verformung eben.
4. Die Biegeverformungen sind klein im Vergleich zu den Abmessungen des Balkens.
5. Die Platte besteht durchwegs aus gleichartigem Material. Dies zusammen mit Hypothese 4 gestattet die Verwendung des (linearen) Hooke'schen Gesetzes (vgl. 2. Band).

Bezeichnen wir mit x und y die Ausdehnungsrichtungen der rechteckigen Platte, dann ist mit $u(x, y, t)$ die Auslenkung in z-Richtung senkrecht zur Platte gemeint. Verändert sich u, so wirken auf die Platte Querkräfte q_x und q_y mit der Einheit $[\frac{N}{m}]$. (Beim Balken war es nur eine Querkraft.) Der Index gibt die jeweilige Richtung des Hebelarms an.

Zusätzlich ist die Platte den Biegemomenten m_x und m_y unterworfen. Die Indexierung richtet sich nach den entsprechenden Querkräften q_x und q_y.

Schließlich müssen noch Verdrillungen mit den zugehörigen Momenten m_{xy} und m_{yx} in Betracht gezogen werden. Der erste Index steht für die Richtung der Flächennormalen, der zweite für die Richtung des Biegemoments.

Beim Balken war das Biegemoment bei konstanter Breite b definiert als

$$M = \int_A \sigma z \, dA = b \int_{-\frac{h}{2}}^{\frac{h}{2}} \sigma z \, dz$$

mit der Einheit [Nm]. σ bezeichnet die (Flächen-)Spannung.

Im Fall der Platte gibt es zwei Normalspannungsanteile: σ_x und σ_y in verschiedene Richtungen x und y. Diese bezeichnen Kantenspannungen, was zu den Momenten

$$m_x = \int_{-\frac{h}{2}}^{\frac{h}{2}} \sigma_x z \, dz \quad \text{und} \quad m_y = \int_{-\frac{h}{2}}^{\frac{h}{2}} \sigma_y z \, dz$$

mit der Einheit $[\frac{Nm}{m}]$ führt.

Die Normalspannung σ_z wird Null gesetzt. Dies nennt man auch den ebenen Normalzustand. Er entspricht wie beim Balken der Annahme, dass die übereinanderliegenden Faserschichten beim Verbiegen keine Verwölbungen erzeugen (Hypothesen 2, 3) und somit keine Spannung in z-Richtung entstehen lassen.

Weiter bezeichnen ε_x, ε_y und ε_z die relativen Längenänderungen. Verändert sich eine der drei Größen, so sind auch die beiden anderen von Null verschieden. Für eine dünne Platte können wir die relativen Längenänderungen in z-Richtung vernachlässigen und setzen deshalb $\varepsilon_z = 0$ (Hypothesen 1, 4). σ und ε sind über das Hooke'sche Gesetz $\sigma = E \cdot \varepsilon$ miteinander verknüpft. (Hypothese 5). E bezeichnet den Elastizitätsmodul.

Zusätzlich zu den Normalspannungen σ_x und σ_y entstehen Torsions- oder Schubspannungen τ_{xy}, τ_{xz} und τ_{yz} mit den eingehenden Winkeländerungen γ_{xy}, γ_{xz} und γ_{yz}. Konsequenterweise werden $\gamma_{xz} = \gamma_{yz} = 0$ gesetzt und nur die Verzerrung oder Scherung entlang der xy-Ebene beachtet. Der Schubmodul G verbindet Schubspanung und Winkel zu $\tau_{xy} = G \cdot \gamma_{xy}$.

Nun betrachten wir im Folgenden ein kleines (ebenes) Plattenelement (Abb. 24.1):

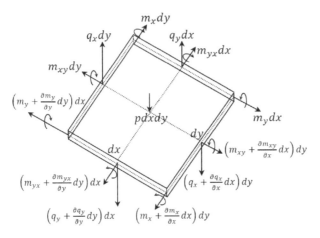

Abb. 24.1: Skizze eines Plattenelements

Die Kräfte q_x und q_y mit der Einheit $[\frac{N}{m}]$ lassen wir in der Mitte der Kante angreifen, was aber nicht zwingend ist. p bezeichnet die Last in $[\frac{N}{m^2}]$. Die Änderung der Kräfte und Momente mit der Länge d bzw. dy werden nur bis und mit der 1. Näherung beachtet. Kräfte in [N] und Momente in [Nm] werden mit den entsprechenden infinitesimalen Längen multipliziert.

1. Das Kräftegleichgewicht in z-Richtung lautet

$$-q_x\, dy - q_y\, dx + \left(q_x + \frac{\partial q_x}{\partial x} dx\right) dy + \left(q_y + \frac{\partial q_y}{\partial y} dy\right) dx + p\, dx\, dy = 0$$

$$\implies \frac{\partial q_x}{\partial x} + \frac{\partial q_y}{\partial y} + p = 0. \tag{24.1}$$

2. Das Momentengleichgewicht um die x-Achse ergibt

$$-m_y\,dx + \left(m_y + \frac{\partial m_y}{\partial y}\,dy\right)dx - m_{xy}\,dy + \left(m_{xy} + \frac{\partial m_{xy}}{\partial x}\,dx\right)dy$$
$$- q_y\,dx \cdot \underbrace{\frac{dy}{2}}_{\text{Hebelarme zum Drehzentrum}} - \left(q_y + \frac{\partial q_y}{\partial y}\,dy\right)dx \cdot \underbrace{\frac{dy}{2}}_{\text{Hebelarme zum Drehzentrum}} = 0\,.$$

Größen mit höheren Produkten als $dx\,dy$ werden vernachlässigt.

$$\Longrightarrow \quad \frac{\partial m_y}{\partial y}\,dx\,dy + \frac{\partial m_{xy}}{\partial x}\,dx\,dy - q_y\,dx\,dy = 0 \quad \Longrightarrow \quad \frac{\partial m_y}{\partial y} + \frac{\partial m_{xy}}{\partial x} = q_y\,. \quad (24.2)$$

3. Das Momentengleichgewicht um die y-Achse führt zu

$$-m_x\,dy + \left(m_x + \frac{\partial m_x}{\partial x}\,dx\right)dy - m_{yx}\,dx + \left(m_{yx} + \frac{\partial m_{yx}}{\partial y}\,dy\right)dx$$
$$- q_x\,dy \cdot \underbrace{\frac{dx}{2}}_{\text{Hebelarme zum Drehzentrum}} - \left(q_x + \frac{\partial q_x}{\partial x}\,dx\right)dy \cdot \underbrace{\frac{dx}{2}}_{\text{Hebelarme zum Drehzentrum}} = 0$$

$$\Longrightarrow \quad \frac{\partial m_x}{\partial x}\,dx\,dy + \frac{\partial m_{yx}}{\partial y}\,dx\,dy - q_x\,dx\,dy = 0 \quad \Longrightarrow \quad \frac{\partial m_{xy}}{\partial y} + \frac{\partial m_x}{\partial x} = q_x\,. \quad (24.3)$$

In (24.3) wurde die Gleichgewichtsbedingung $m_{yx} = m_{xy}$ benutzt.

Einsetzen von (24.2) und (24.3) in (24.1) liefert

$$\frac{\partial^2 m_x}{\partial x^2} + 2 \cdot \frac{\partial^2 m_{xy}}{\partial x \partial y} + \frac{\partial^2 m_y}{\partial y^2} = -p\,. \quad (24.4)$$

Zerlegt man $p = p_x + p_y + p_{xy}$, dann entspricht $\frac{\partial^2 m_x}{\partial x^2} = -p_x$ einer reinen Balkenbiegung in x-Richtung, $\frac{\partial^2 m_y}{\partial y^2} = -p_y$ einer reinen Balkenbiegung in y-Richtung und $2 \cdot \frac{\partial^2 m_{xy}}{\partial x \partial y} = -p_{xy}$ einer zusätzlichen Verdrillung.

Als Nächstes sollen die relativen Änderungen infolge der Verformung ermittelt werden. In Abb. 24.2 links sei ein beliebiger Punkt P im Abstand z zur x-Achse ausgewählt. Aufgrund der Verformung $u(x, y)$ wird der Punkt P um $-v$ in x-Richtung bzw. $-w$ in y-Richtung verschoben.

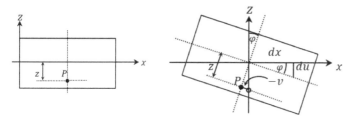

Abb. 24.2: Skizzen zu den relativen Änderungen

Für kleine φ gilt $-\frac{v}{z} = \sin\varphi \cong \tan\varphi = \frac{\partial u}{\partial x}$. Die absolute Änderung in x-Richtung beträgt somit $v = -z \cdot \frac{\partial u}{\partial x}$. Analog erhält man für die Verschiebung in y-Richtung $w = -z \cdot \frac{\partial u}{\partial y}$.

Nun müssen sowohl Dehnung als auch Scherung erfasst werden. Die Lage eines Punktes $P(x_0, y_0, z_0)$ wird auch durch einen Ortsvektor

$$\vec{p}_0 = \begin{pmatrix} x_0 \\ y_0 \\ z_0 \end{pmatrix}$$

festgelegt (Abb. 24.3 links). Gilt für den Verschiebungsvektor

$$\vec{a} = \begin{pmatrix} v \\ w \\ z \end{pmatrix},$$

dann ist $\vec{p}_0 + \vec{a} = \vec{p}$. Ist die Verschiebung klein, dann schreiben wir

$$d\vec{a} = \begin{pmatrix} dv \\ dw \\ dz \end{pmatrix}.$$

Die Koordinaten der Verschiebung lauten (zweidimensional) einzeln

$$dv = \frac{\partial v}{\partial x} dx + \frac{\partial v}{\partial y} dy \quad \text{und} \quad dw = \frac{\partial w}{\partial x} dx + \frac{\partial w}{\partial y} dy.$$

Betrachten wir der Einfachheit halber ein Rechteck $OABC$, das in das verzerrte Rechteck $OA'B'C'$ übergeht. Da nur die Verschiebung interessiert, setzen wir $O = O'$.

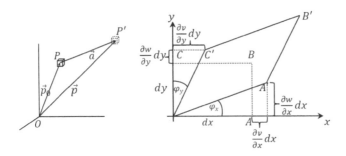

Abb. 24.3: Skizzen zur Dehnung und Scherung

Für die relativen Änderungen ε_x und ε_y in x- resp. y-Richtung gilt:

$$\varepsilon_x = \frac{\left(dx + \frac{\partial v}{\partial x} \cdot dx + \cdots\right) - dx}{dx} = \frac{\partial v}{\partial x} = -z \cdot \frac{\partial^2 u}{\partial x^2} \quad \text{und}$$

$$\varepsilon_y = \frac{\left(dy + \frac{\partial w}{\partial y} \cdot dy + \cdots\right) - dy}{dy} = \frac{\partial w}{\partial y} = -z \cdot \frac{\partial^2 u}{\partial y^2}.$$

Für die Torsion ist

$$\gamma_{xy} = \varphi_x + \varphi_y \approx \tan\left(\frac{\frac{\partial w}{\partial x} \cdot dx}{dx}\right) + \tan\left(\frac{\frac{\partial v}{\partial y} \cdot dx}{dy}\right) = \tan\left(\frac{\partial w}{\partial x}\right) + \tan\left(\frac{\partial v}{\partial y}\right)$$

$$\approx \frac{\partial w}{\partial x} + \frac{\partial v}{\partial y} = -z \cdot \frac{\partial^2 u}{\partial x \partial y} - z \cdot \frac{\partial^2 u}{\partial y \partial x} = -2z \cdot \frac{\partial^2 u}{\partial x \partial y}.$$

Nun verknüpfen wir die relativen Längenänderungen ε_x, ε_y mit den Normalspannungen σ_x, σ_y und die Winkeländerung γ_{xy} mit der Schubspannung τ_{xy}.

Es bezeichnen ε_{xx} die relative Längenänderung in x-Richtung aufgrund der Spannung σ_x, ε_{xy} die relative Längenänderung in x-Richtung aufgrund der Spannung σ_y, ε_{yx} die relative Längenänderung in y-Richtung aufgrund der Spannung σ_x und ε_{yy} die relative Längenänderung in y-Richtung aufgrund der Spannung σ_y.

Dann gilt

$$\varepsilon_x = \varepsilon_{xx} + \varepsilon_{xy} = \varepsilon_{xx} - v \cdot \varepsilon_{xx} = \frac{\sigma_x}{E} - v \cdot \frac{\sigma_y}{E} = \frac{1}{E}(\sigma_x - v\sigma_y)$$

und

$$\varepsilon_y = \varepsilon_{yx} + \varepsilon_{yy} = \varepsilon_{yx} - v \cdot \varepsilon_{yy} = -v \cdot \frac{\sigma_x}{E} + \frac{\sigma_y}{E} = \frac{1}{E}(\sigma_y - v\sigma_x).$$

Dabei ist v die Poisson'sche Kontraktionszahl.

Aufgelöst nach den Spannungen folgt

$$\sigma_x = \frac{E}{1-v^2}(\varepsilon_x + v\varepsilon_y) \quad \text{und} \quad \sigma_y = \frac{E}{1-v^2}(\varepsilon_y + v\varepsilon_x).$$

Dazu gesellt sich noch $\tau_{xy} = G \cdot \gamma_{xy} = \frac{E}{2(1+v)}\gamma_{xy}$. (vgl. 2. Band)

Zusammen erhalten wir

$$\sigma_x = -\frac{Ez}{1-v^2}\left(\frac{\partial^2 u}{\partial x^2} + v\frac{\partial^2 u}{\partial y^2}\right),$$

$$\sigma_y = -\frac{Ez}{1-v^2}\left(\frac{\partial^2 u}{\partial y^2} + v\frac{\partial^2 u}{\partial x^2}\right) \quad \text{und}$$

$$\tau_{xy} = -\frac{Ez}{1+v} \cdot \frac{\partial^2 u}{\partial x \partial y}.$$

Endlich können die Momente durch die Spannungen ersetzt werden:

$$m_x = \int_{-\frac{h}{2}}^{\frac{h}{2}} \sigma_x z\, dz = -\frac{Eh^3}{12(1-v^2)}\left(\frac{\partial^2 u}{\partial x^2} + v\frac{\partial^2 u}{\partial y^2}\right),$$

$$m_y = \int_{-\frac{h}{2}}^{\frac{h}{2}} \sigma_y z\, dz = -\frac{Eh^3}{12(1-v^2)}\left(\frac{\partial^2 u}{\partial y^2} + v\frac{\partial^2 u}{\partial x^2}\right) \quad \text{und}$$

$$m_{xy} = \int_{-\frac{h}{2}}^{\frac{h}{2}} \tau_{xy} z\, dz = -\frac{Eh^3}{12(1+v)} \cdot \frac{\partial^2 u}{\partial x \partial y} = -(1-v)\frac{Eh^3}{12(1-v^2)} \cdot \frac{\partial^2 u}{\partial x \partial y}.$$

$K := \frac{Eh^3}{12(1-v^2)}$ heißt Biegesteifigkeit der Platte oder kurz Plattensteifigkeit.

Schließlich setzen wir die Momente in Gleichung (24.4) ein:

$$\frac{\partial^2 m_x}{\partial x^2} = -K\left(\frac{\partial^4 u}{\partial x^4} + v\frac{\partial^4 u}{\partial x^2 \partial y^2}\right) \quad \text{und}$$

$$\frac{\partial^2 m_y}{\partial y^2} = -K\left(\frac{\partial^4 u}{\partial y^4} + v\frac{\partial^4 u}{\partial x^2 \partial y^2}\right)$$

$$2 \cdot \frac{\partial^2 m_{xy}}{\partial x \partial y} = -2K(1-v) \cdot \frac{\partial^4 u}{\partial x^2 \partial y^2} \,.$$

Zusammen erhält man das

Ergebnis. Die DGL für die Platte lautet

$$\frac{\partial^4 u}{\partial x^4} + 2\frac{\partial^4 u}{\partial x^2 \partial y^2} + \frac{\partial^4 u}{\partial y^4} = \frac{p}{K} \quad \text{mit} \quad K = \frac{Eh^3}{12(1-v^2)} \,.$$

Man schreibt dafür auch kurz $\Delta\Delta u = \frac{p}{K}$. Vergleicht man diese DGL mit derjenigen des Balkens, $u'''' = \frac{p}{EI}$, so erkennt man die Analogie:

$$u'''' = \frac{\partial}{\partial x^2}\left(\frac{\partial^2 u}{\partial x^2}\right) = \Delta\Delta u \quad \text{für} \quad u = u(x) \quad \text{und}$$

$$\Delta\Delta u = \left(\frac{\partial}{\partial x^2} + \frac{\partial}{\partial y^2}\right)\left(\frac{\partial}{\partial x^2} + \frac{\partial}{\partial y^2}\right)u \quad \text{für} \quad u = u(x,y) \,.$$

Schließlich wird die Steifigkeit $EI = \frac{E \cdot 1 \cdot h^3}{12}$ des Balkens durch die Steifigkeit $K = \frac{Eh^3}{12(1-v^2)}$ der Platte ersetzt. Da beim Balken die Breite b „klein" ist, geht sie nicht als Faktor in die Biegesteifigkeit ein. Man kann deshalb auch $b = 1$ für den Balken zugrunde legen.

Es gelten die Umrechnungen

$$q_x = -K\left(\frac{\partial^3 u}{\partial x^3} + \frac{\partial^3 u}{\partial x \partial y^2}\right) \quad \text{und} \quad q_y = -K\left(\frac{\partial^3 u}{\partial y^3} + \frac{\partial^3 u}{\partial x^2 \partial y}\right) \,.$$

Zudem ist noch festzuhalten, dass sich die Drillmomente in den Ecken nicht aufheben. Die resultierende Kraft heißt Eck(moment)kraft

$$F_E = |m_{xy}| + |m_{yx}| = 2m_{xy} = 2K(1-v)\frac{\partial^2 u}{\partial x \partial y} \,.$$

Bemerkung. Wie beim Balken kann p entweder das Eigengewicht pro m^2 der Platte selber, die gleichmäßig verteilte Last p_0 pro m^2 oder die Summe beider bezeichnen.

25 Lösung der Plattengleichung für Rechtecke, Biegeflächen

Die Lösungen der Plattengleichung stellen analog zur DGL des Balkens Biegeflächen dar. Die Form ist abhängig von zusätzlich aufgesetzter Last oder wirkender Kraft. Es bedarf vorerst der Zusammenstellung der verschiedenen Randbedingungen.

Im Unterschied zum Balken entsteht an einer Kante nebst dem Biegemoment m_x und der Querkraft q_x noch ein Drillmoment m_{xy}. Am Balken konnte man entweder m oder Q vorgeben, nicht aber beides. Entsprechend dürfen bei der Platte nur zwei der drei Schnittgrößen vorgegeben werden. Deshalb fasst man Drillmoment und Querkraft zu einer einzigen, sogenannten Ersatzquerkraft zusammen. Dies geschieht üblicherweise über die Summen

$$\bar{q}_x = q_x + \frac{\partial m_{xy}}{\partial y} = -K\left(\frac{\partial^3 u}{\partial x^3} + (2-v)\frac{\partial^3 u}{\partial x \partial y^2}\right) \quad \text{und}$$

$$\bar{q}_y = q_y + \frac{\partial m_{yx}}{\partial x} = -K\left(\frac{\partial^3 u}{\partial y^3} + (2-v)\frac{\partial^3 u}{\partial x^2 \partial y}\right)$$

(Die Ableitung der Momente ergibt eine Kraft.)

Randbedingungen. Dazu betrachten wir Abb. 25.1 links.
1. Eingespannter Rand
   I. $u(0,y) = 0 \implies \frac{\partial u}{\partial y} = \frac{\partial^2 u}{\partial y^2} = 0$.
   II. $\frac{\partial u}{\partial x}(0,y) = 0 \implies \frac{\partial^2 u}{\partial x \partial y} = 0 \implies m_{xy} = 0$
   $\implies F_E = 0$, $\bar{q}_x(0,y) = q_x(0,y)$.

2. Gelenkig gestützter Rand
   I. $u(0,y) = 0 \implies \frac{\partial u}{\partial y} = \frac{\partial^2 u}{\partial y^2} = 0$.
   II. $m_x(0,y) = 0 \implies \frac{\partial^2 u}{\partial x^2} + v\frac{\partial^2 u}{\partial y^2} = 0 \implies \frac{\partial^2 u}{\partial x^2} = 0$
   $\implies F_E = 2m_{xy} \neq 0$, $\bar{q}_x(0,y) \neq q_x(0,y)$.

3. Freier Rand
   I. $m_x(0,y) = 0 \implies \frac{\partial^2 u}{\partial x^2} + v\frac{\partial^2 u}{\partial y^2} = 0$.
   II. $\bar{q}_x(0,y) = 0 \implies \frac{\partial^3 u}{\partial y^3} + (2-v)\frac{\partial^3 u}{\partial x^2 \partial y} = 0$, $m_{xy} \neq 0$, $\bar{q}_x(0,y) = q_x(0,y)$.

Bemerkung. $q_x(0,y) = 0$ ergäbe zusammen mit $m_x(0,y) = 0$ eine reine Balkenbiegung.

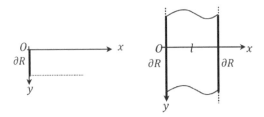

Abb. 25.1: Skizzen zu den Randbedingungen auf einer oder zwei Seiten

25.1 Biegeflächen von Rechtecksplatten mit Randbedingungen auf zwei Seiten

Biegelinien von Balken lassen sich nicht ohne Weiteres auf Platten übertragen. Tatsächlich funktioniert dies nur für den Fall einer (theoretisch) unendlich langen Platte mit endlicher Breite l (Abb. 25.1 rechts). Dabei sind die Randbedingungen für $x = 0$ und $x = a$ beliebig.

Die veränderliche Last darf die Form $p(x, y) = g(x) + h(x) \cdot y$ besitzen, damit die Plattengleichung immer noch erfüllt ist, falls man für $u(x, y)$ den Ansatz $u(x, y) = v(x) + w(x) \cdot y$ wählt.

Beweis. Man erhält

$$v'''' + w'''' \cdot y + (v'' + w'' \cdot y) \cdot 0 + 0 = \frac{g(x) + h(x) \cdot y}{K}$$

$$\Rightarrow \quad v'''' = \frac{g(x)}{K} \quad \text{und} \quad w'''' = \frac{h(x)}{K}.$$

Eine vierfache Integration ergibt die Biegefläche $u(x, y) = v(x) + w(x) \cdot y$. □

Spezialfälle. 1) Für $h(x) = 0$ erhält man eine nur von x abhängige Lastverteilung Beispiel: $g(x) = x$ (Abb. 25.2 links). Die Lösung wird in den Übungsteil verlegt.

Aufgabe
Bearbeiten Sie die Übung 28.

---

2) Für $g(x) = p_0 = $ konst. und $h(x) = 0$ entspricht dies einer gleichförmig verteilten Last (= Gleichlast) (Abb. 25.2 mitte). Aus $K \cdot v'''' = p_0$ folgt für eine beidseits gelenkig gelagerte Last die Biegefläche

$$v(x) = -\frac{p_0 \cdot l^4}{24K} \left(\left(\frac{x}{l}\right)^4 - 2\left(\frac{x}{l}\right)^3 + \frac{x}{l} \right) \quad \text{(vgl. 2. Band)}.$$

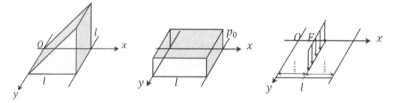

Abb. 25.2: Skizzen zu den Spezialfällen 1)–3)

3) Die Gleichlast kann zu einer Linienlast F parallel zur y-Achse zusammenschrumpfen (Abb. 25.2 rechts). Aus $K \cdot v'''' = 0$ entsteht (vgl. 2. Band, Eigenlast vernachlässigt) bei mittiger Kraft und denselben Randbedingungen wie in 2)

$$v_1(x) = \frac{Fl^3}{48K}\left(4\left(\frac{x}{l}\right)^3 - 3\left(\frac{x}{l}\right)\right), \quad 0 \le x \le \frac{l}{2} \quad \text{und}$$

$$v_2(x) = \frac{Fl^3}{48K}\left(4\left(\frac{l-x}{l}\right)^3 - 3\left(\frac{l-x}{l}\right)\right), \quad \frac{l}{2} \le x \le l.$$

Ein in x-Richtung ausgedehnter, aber in y-Richtung kurzer Balken besitzt nur ein Biegemoment m_x und eine Querkraft q_x. In y-Richtung sind sowohl Biegemoment m_y als auch Querkraft q_y Null.

Anders steht es bei der Platte. m_y und q_y sind nicht Null. Man kann sich das so erklären: Wir gehen von einem positiven Biegemoment m_x aus. Infolge der Verbiegung werden die Plattenfasern oberhalb der Spannungsnulllinie zusammengedrückt und unterhalb auseinandergezogen. Jede Spannung erzeugt auch eine Querdehnung mit der Poissonzahl ν. Aufgrund dieser Querdehnung würden sich die Plattenelemente oben wölben und unten zusammenstauchen. Damit dies nicht geschieht, muss zwangsweise ein (Quer)-Biegemoment m_y vorhanden sein, dass diese Unebenheiten verhindert.

Dies erklärt, warum theoretisch nur die unendlich lange Platte die Übertragung der Biegelinie auf die Biegefläche zulässt. Das Biegemoment $m_y \ne 0$ wird sozusagen immer weiter bis ins Unendliche verschoben. Deswegen führt eine endlich lange Platte mit der Randbedingung A an einem kurzen Ende nicht auf dasselbe Ergebnis wie eine unendlich lange Platte mit derselben Randbedingung A am gleichen kurzen Ende.

Aus demselben Grund lässt sich auch die Biegefläche einer an einer Seite fest eingespannten und an den restlichen drei Seiten freien Platte nicht unmittelbar aus der Biegelinie eines einseitig eingespannten Balkens übernehmen. Praktisch gesehen kann man aber auch für eine endlich lange Platte mit $b \gg a$ die Biegelinie als gute Näherung übernehmen.

Ergebnis. Bei einer unendlich langen Platte mit beliebigen Randbedingungen und endlicher Breite dürfen die Biegelinien als Biegeflächen übernommen werden, falls die Last die Form $p(x, y) = g(x) + h(x) \cdot y$ besitzt.
Dabei ist EI durch K zu ersetzen.

25.2 Biegelinien bzw. Biegeflächen als Sinus-Entwicklung

Obwohl Biegeflächen für $p(x, y) = g(x)$ als Polynome vorliegen, wollen wir die Biegeflächen für einige Spezialfälle von $g(x)$, insbesondere für die Gleichlast $g(x) = p_0$ als eine Sinusentwicklung angeben. Der Grund dafür liegt in der Gestalt der Lösung für die Plattengleichung $\Delta\Delta u(x, y) = \frac{p(x,y)}{K}$. Betrachten wir nur die allgemeine Lösung der homogenen DGL $\Delta\Delta u(x, y) = 0$.

Mit dem Produktansatz $u_0(x, y) = v(x) \cdot w(y)$ erhalten wir

$$\frac{d^4 v}{dx^4} w + 2 \frac{d^2 v}{dx^2} \cdot \frac{d^2 w}{dy^2} + v \frac{d^4 w}{dy^4} = 0.$$

Daraus wird

$$\frac{v_{xxxx}}{v} + 2 \frac{v_{xx}}{v} \cdot \frac{w_{yy}}{w} + \frac{w_{yyyy}}{w} = 0.$$

Mit der Separation $\frac{v_{xx}}{v} = -\lambda^2$ folgen die DGLen

$$v_{xxxx} = -\lambda^2 v_{xx} = \lambda^4 v \quad \text{und} \quad w_{yyyy} - 2\lambda^2 w_{yy} + \lambda^4 w = 0.$$

Letztere interessiert im Moment nicht.

Die DGL $v'''' = \lambda^4 v$ wird durch den Ansatz $v(x) = C_1 \sin(\lambda x) + C_2 \cos(\lambda x)$ gelöst.

Wenn wir uns, wie im Weiteren, auf gelenkig gestützte Ränder beschränken, dann muss $v(0) = 0$ und $v(a) = 0$ befriedigt werden. Erstes hat $C_2 = 0$ zur Folge, Letztes $\sin(\lambda a) = 0$.

Die Eigenwerte sind demnach $\lambda_n = \frac{n\pi}{a}$ und die Eigenfunktionen $v_n(x) = \sin(\frac{n\pi}{a} x)$. Deswegen wird die Belastung $g(x)$ nach $v_n(x)$ entwickelt.

Die allgemeine Lösung $u(x, y)$ der Plattengleichung setzt sich zusammen aus der allgemeinen Lösung $u_0(x, y)$ der homogenen Plattengleichung und einer partikulären Lösung $u_p(x, y)$ der inhomogenen Plattengleichung $u(x, y) = u_0(x, y) + u_p(x, y)$. Offensichtlich wird $u_p(x, y)$ von der Art der Belastung bestimmt.

Die Ansätze sind also

$$g(x) = \sum_{n=1}^{\infty} p_n \sin\left(\frac{n\pi}{a} x\right) \quad \text{und} \quad u_p(x, y) = \sum_{n=1}^{\infty} u_n \sin\left(\frac{n\pi}{a} x\right).$$

Setzt man $u_p(x, y)$ und $g(x)$ in die Plattengleichung ein, so erhält man

$$\sum_{n=1}^{\infty} \frac{n^4 \pi^4}{a^4} u_n \sin\left(\frac{n\pi}{a} x\right) = \frac{1}{K} \sum_{n=1}^{\infty} p_n \sin\left(\frac{n\pi}{a} x\right).$$

Der Vergleich liefert $u_n = \frac{a^4}{K \cdot n^4 \pi^4} \cdot p_n$.

Dabei sind

$$p_n = \frac{2}{a} \int_0^a g(x) \sin\left(\frac{n\pi}{a} x\right) dx$$

die Fourierkoeffizienten der Entwicklung von $g(x)$.

25.2 Biegelinien bzw. Biegeflächen als Sinus-Entwicklung

Die partikuläre Lösung ist dann von der Form

$$u_p(x) = \frac{a^4}{K\pi^4} \sum_{n=1}^{\infty} \frac{p_n}{n^4} \sin\left(\frac{n\pi}{a}x\right).$$

Beispiele. 1) Teilbehafteter Plattenstreifen mit konstanter Last p_0 (Ränder gelenkig gestützt, Abb. 25.3 links).
Dann ist

$$p_n = \frac{2}{a} \int_0^a g(x) \sin\left(\frac{n\pi}{a}x\right) dx = \frac{2}{a} \int_{c-s}^{c+s} g(x) \sin\left(\frac{n\pi}{a}x\right) dx$$

$$= -\frac{2p_0}{a} \frac{a}{n\pi} \left[\cos\left(\frac{n\pi}{a}x\right)\right]_{c-s}^{c+s}$$

$$= -\frac{2p_0}{n\pi} \left[\cos\left(\frac{n\pi}{a}(c+s)\right) - \cos\left(\frac{n\pi}{a}(c-s)\right)\right]$$

$$= \frac{4p_0}{n\pi} \cdot \sin\left(\frac{n\pi}{a}\left(\frac{(c+s)+(c-s)}{2}\right)\right) \cdot \sin\left(\frac{n\pi}{a}\left(\frac{(c+s)-(c-s)}{2}\right)\right)$$

$$= \frac{4p_0}{n\pi} \cdot \sin\left(\frac{n\pi}{a}c\right) \cdot \sin\left(\frac{n\pi}{a}s\right)$$

$$\Longrightarrow \quad u_n = \frac{4a^4 p_0}{K \cdot n^5 \pi^5} \cdot \sin\left(\frac{n\pi}{a}c\right) \cdot \sin\left(\frac{n\pi}{a}s\right)$$

$$\Longrightarrow \quad u_p(x) = \frac{4a^4 p_0}{K\pi^5} \sum_{n=1}^{\infty} \frac{1}{n^5} \sin\left(\frac{n\pi}{a}c\right) \sin\left(\frac{n\pi}{a}s\right) \sin\left(\frac{n\pi}{a}x\right).$$

2) Plattenstreifen unter konstanter Linienlast F (Ränder gelenkig gestützt, Abb. 25.3 mitte).
Ausgehend von der Teilflächenbelastung von 1) ist $F = \lim_{s\to 0} 2sp_0$. Wir müssen aber dafür sorgen, dass $2sp_0 = konst.$ bleibt. Dazu schreiben wir

$$u_n = \frac{4a^3 p_0 s}{K \cdot n^4 \pi^4} \cdot \sin\left(\frac{n\pi}{a}c\right) \frac{\sin\left(\frac{n\pi}{a}s\right)}{\frac{n\pi}{a}s}.$$

Dann ist

$$\lim_{s\to 0} u_n = \frac{4a^3 p_0 s}{K \cdot n^4 \pi^4} \cdot \sin\left(\frac{n\pi}{a}c\right) \lim_{s\to 0} \frac{\sin\left(\frac{n\pi}{a}s\right)}{\frac{n\pi}{a}s} = \frac{2a^3 F}{K \cdot n^4 \pi^4} \cdot \sin\left(\frac{n\pi}{a}c\right)$$

$$\Longrightarrow \quad u_p(x) = \frac{2a^3 F}{K\pi^4} \sum_{n=1}^{\infty} \frac{1}{n^4} \sin\left(\frac{n\pi}{a}c\right) \sin\left(\frac{n\pi}{a}x\right).$$

Aufgabe
Bearbeiten Sie die Übung 29.

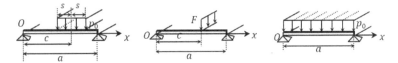

Abb. 25.3: Skizzen zu den Beispielen 1)–3)

3) Plattenstreifen unter Gleichlast (Ränder gelenkig gestützt, Abb. 25.3 rechts)
Dazu setzt man in 1) $c = s = \frac{a}{2}$ und erhält somit

$$u_n = \frac{4a^4 p_0}{K \cdot n^5 \pi^5} \cdot \sin^2\left(\frac{n\pi}{2}\right) = \begin{cases} 1, & \text{für } n = 1, 3, 5, \ldots \\ 0, & \text{sonst} \end{cases}$$

$$\implies u_p(x) = \frac{4a^4 p_0}{K\pi^5} \sum_{n=1,3,5,\ldots}^{\infty} \frac{1}{n^5} \sin\left(\frac{n\pi}{a} x\right).$$

Dies entspricht der Biegefläche

$$u_p(x) = \frac{a^4 p_0}{24K}\left(\left(\frac{x}{a}\right)^4 - 2\left(\frac{x}{a}\right)^3 + \frac{x}{a}\right).$$

Für die maximale Durchbiegung in der Mitte ist

$$u_p^{\max} = \frac{a^4 p_0}{24K}\left(\left(\frac{1}{2}\right)^4 - 2\left(\frac{1}{2}\right)^3 + \frac{1}{2}\right) = \frac{5a^4 p_0}{384K}.$$

Verglichen mit der Reihendarstellung folgt

$$\frac{4a^4 p_0}{K\pi^5} \sum_{n=1,3,5,\ldots}^{\infty} \frac{(-1)^{\frac{n+1}{2}+1}}{n^5} = \frac{5a^4 p_0}{384K}.$$

Daraus gewinnt man

$$\sum_{n=1,3,5,\ldots}^{\infty} \frac{(-1)^{\frac{n+1}{2}+1}}{n^5} = \frac{5\pi^5}{1536} = \sum_{n=1}^{\infty} \frac{(-1)^{n+1}}{(2n-1)^5}.$$

Zusammenfassend lässt sich festhalten, dass mit der Lösung der Plattengleichung für den unendlich langen Plattenstreifen zwangsweise eine partielle Lösung gemeint ist, weil die DGL sich zu einer nur von x abhängigen Gleichung reduziert.

Aufgabe
Bearbeiten Sie die Übung 30.

26 Biegeflächen von Rechtecksplatten mit Randbedingungen auf drei Seiten

Wie auch im vorhergehenden Kapitel wird das Ergebnis nicht für drei endliche Seiten, sondern für zwei unendlich lange, gegenüberliegende Seiten und eine endliche, kurze Seite hergeleitet werden. Die Form der Platte entspricht dann einem halbunendlichen Streifen (Abb. 26.1 links).

Für eine geschlossene Lösung müssen folgende zwei Voraussetzungen erfüllt sein:
a) Die beiden gegenüberliegenden Seiten sind gelenkig gestützt.
b) Ein Produktansatz $p(x, y) = r(x) \cdot s(y)$ der Belastungsfunktion ist möglich.

Gesucht ist die Lösung der Plattengleichung $\Delta\Delta u(x, y) = \frac{p(x,y)}{K}$.

Der Produktansatz $u_0(x, y) = v(x) \cdot w(y)$ für die allgemeine Lösung der homogenen DGL $\Delta\Delta u(x, y) = 0$ lieferte die Gleichung

$$\frac{v_{xxxx}}{v} + 2\frac{v_{xx}}{v} \cdot \frac{w_{yy}}{w} + \frac{w_{yyyy}}{w} = 0.$$

Daraus erhielten wir $v_{xxxx} = -\lambda^2 v_{xx} = \lambda^4 v$ mit den Eigenfunktionen $v_n(x) = \sin(\frac{n\pi}{a}x)$. Für den von y abhängigen Teil $w(y)$ lautete die Bestimmungsgleichung $w_{yyyy} - 2\lambda^2 w_{yy} + \lambda^4 w = 0$.

Der Ansatz hierzu ist $w(y) = e^{\alpha y}$. Eingesetzt folgt

$$\alpha^4 e^{\alpha y} - 2\lambda^2 \alpha^2 e^{\alpha y} + \lambda^4 e^{\alpha y} = 0$$
$$\implies \alpha^4 - 2\lambda^2 \alpha^2 + \lambda^4 = 0 \implies (\alpha^2 - \lambda^2)^2 = 0 \implies \alpha_1 = -\lambda, \quad \alpha_2 = \lambda.$$

Da es vier linear unabhängige Lösungen geben muss, sind es außer $e^{\lambda y}$ und $e^{-\lambda y}$ auch $ye^{\lambda y}$ und $ye^{-\lambda y}$ (vgl. 2. Band).

Die Durchbiegung bei beidseitiger Lagerung muss bei endlicher Breite auch im Unendlichen endlich sein, $u(x, \infty) < \infty$. Deshalb verbleibt $w(y) = D_1 e^{-\lambda y} + D_2 y e^{-\lambda y}$.

Die Randbedingungen $u_0(0, y) = u_0(a, y) = 0$ wurden schon verrechnet. Es fehlen noch $m_x(0, y) = m_x(a, y) = 0$.

Dazu schreiben wir

$$m_x = -K\left(\frac{\partial^2 u}{\partial x^2} + v\frac{\partial^2 u}{\partial y^2}\right) = -K(v_{xx}w + v \cdot vw_{yy})$$
$$= -KC_1(-\lambda_n^2 vw + v \cdot vw_{yy}) = -KC_1(-\lambda_n^2 w + v \cdot w_{yy})v.$$

Mit $v(0) = v(a) = 0$ ist also automatisch auch $m_x(0, y) = m_x(a, y) = 0$ gewährleistet.

Somit erfüllt die Lösung

$$u_0(x, y) = \sum_{n=1}^{\infty} (a_n + b_n y) \cdot e^{-\frac{n\pi}{a}y} \sin\left(\frac{n\pi}{a}x\right)$$

alle geforderten Randbedingungen.

Für die partikuläre Lösung $u_p(x, y)$ beachten wir Bedingung b) $p(x, y) = r(x) \cdot s(y)$ und setzen $u_p(x, y)$ entsprechend an zu $u_p(x, y) = v(x) \cdot w(y)$. Nun entwickelt man sowohl $r(x)$ als auch $v(x)$ in eine Fourierreihe mit den Eigenfunktionen $\sin(\frac{n\pi}{a}x)$. Man erhält

$$p(x, y) = s(y) \cdot \sum_{n=1}^{\infty} r_n \sin\left(\frac{n\pi}{a}x\right) = \sum_{n=1}^{\infty} p_n(y) \cdot \sin\left(\frac{n\pi}{a}x\right) \quad \text{und}$$

$$u_p(x, y) = w(y) \cdot \sum_{n=1}^{\infty} v_n \sin\left(\frac{n\pi}{a}x\right) = \sum_{n=1}^{\infty} w_{np}(y) \cdot \sin\left(\frac{n\pi}{a}x\right)$$

mit $p_n(y) = r_n \cdot s(y)$ und $w_{np}(y) = v_n \cdot w(y)$.

Eingesetzt in die Plattengleichung entsteht mit $\lambda_n = \frac{n\pi}{a}$ die Gleichung

$$\sum_{n=1}^{\infty} [\lambda_n^4 w_{np}(y) - 2\lambda_n^2 w_{np}''(y) + w_{np}''''(y)] \cdot \sin\left(\frac{n\pi}{a}x\right) = \sum_{n=1}^{\infty} \frac{p_n(y)}{K} \cdot \sin\left(\frac{n\pi}{a}x\right) .$$

Der Koeffizientenvergleich liefert die DGL

$$w_{np}''''(y) - 2\lambda_n^2 w_{np}''(y) + \lambda_n^4 w_{np}(y) = \frac{p_n(y)}{K} .$$

Hat man eine partikuläre Lösung von $w_{np}(y)$ gefunden, dann ist

$$\begin{aligned} u(x, y) &= u_p(x, y) + u_0(x, y) \\ &= \sum_{n=1}^{\infty} w_{np}(y) \sin\left(\frac{n\pi}{a}x\right) + \sum_{n=1}^{\infty} (a_n + b_n y) \cdot e^{-\frac{n\pi}{a}y} \sin\left(\frac{n\pi}{a}x\right) \\ &= \sum_{n=1}^{\infty} \left[w_{np}(y) + (a_n + b_n y) \cdot e^{-\frac{n\pi}{a}y}\right] \sin\left(\frac{n\pi}{a}x\right) \end{aligned}$$

die Gesamtlösung.

Die Koeffizienten a_n und b_n ergeben sich erst durch die Randbedingung des kurzen Randes.

Beispiel. $a = \pi$, $p(x) = x^2 y$ mit $r(x) = x^2$ und $s(y) = y$.

$$x^2 = \sum_{n=1}^{\infty} r_n \sin(nx) \quad \Longrightarrow \quad r_n = \frac{2}{\pi} \int_0^a x^2 \sin(nx) \, dx = \frac{2(n^2\pi^2 - 4)}{n^2\pi} .$$

Gesucht ist eine partikuläre Lösung von

$$w_{np}''''(y) - 2n^2\pi^2 w_{np}''(y) + n^4\pi^4 w_{np}(y) = \frac{2(n^2\pi^2 - 4)}{Kn^2\pi} y$$

$$\Longrightarrow \quad w_{np}(y) = \frac{2(n^2\pi^2 - 4)}{Kn^6\pi^5} y .$$

Die vollständige Lösung ist also

$$u(x, y) = \sum_{n=1}^{\infty} \left[\frac{2(n^2\pi^2 - 4)}{Kn^6\pi^5} y + (a_n + b_n \lambda_n y) e^{-ny}\right] \sin(nx) .$$

Bemerkung. Die Koeffizienten b_n werden zu $b_n \lambda_n$ ergänzt, weil sich die nachfolgenden Darstellungen damit übersichtlicher gestalten.

Im Weiteren gehen wir von einer Gleichlast $p(x,y) = p_0$ aus. Dafür haben wir die partikuläre Lösung $u_\mathrm{p}(x)$ schon bereitgestellt:

$$u_\mathrm{p}(x) = \frac{4a^4 p_0}{K\pi^5} \sum_{n=1,3,5,\ldots}^{\infty} \frac{1}{n^5} \sin\left(\frac{n\pi}{a}x\right).$$

Ergebnis. Der auf beiden unendlich langen Seiten gelenkig gestützte halbunendliche Plattenstreifen besitzt bei Gleichlast die Biegefläche

$$u(x,y) = \frac{4a^4 p_0}{K\pi^5} \sum_{n=1,3,5,\ldots}^{\infty} \left[\frac{1}{n^5} + (c_n + d_n \lambda_n y)e^{-\lambda_n y}\right] \sin(\lambda_n x) \quad \text{mit} \quad \lambda_n = \frac{n\pi}{a}.$$

Die weiteren Schnittgrößen sind

$$\frac{\partial u}{\partial y}(x,y) = -\frac{4a^3 p_0}{K\pi^4} \sum_{n=1,3,5,\ldots}^{\infty} n[c_n - d_n(1 - \lambda_n y)]e^{-\lambda_n y} \sin(\lambda_n x),$$

$$m_x(x,y) = \frac{4a^2 p_0}{\pi^3} \sum_{n=1,3,5,\ldots}^{\infty} n^2 \left(\frac{1}{n^5} + [2\nu d_n + (1-\nu)(c_n + d_n \lambda_n y)]e^{-\lambda_n y}\right) \sin(\lambda_n x),$$

$$m_y(x,y) = \frac{4a^2 p_0}{\pi^3} \sum_{n=1,3,5,\ldots}^{\infty} n^2 \left(\frac{\nu}{n^5} + [2 d_n - (1-\nu)(c_n + d_n \lambda_n y)]e^{-\lambda_n y}\right) \sin(\lambda_n x),$$

$$m_{xy}(x,y) = \frac{4(1-\nu)a^2 p_0}{\pi^3} \sum_{n=1,3,5,\ldots}^{\infty} n^2 [c_n - d_n(1-\lambda_n y)]e^{-\lambda_n y} \cos(\lambda_n x),$$

$$q_x(x,y) = \frac{4a p_0}{\pi^2} \sum_{n=1,3,5,\ldots}^{\infty} n^3 \left(\frac{1}{n^5} + 2 d_n e^{-\lambda_n y}\right) \cos(\lambda_n x) \quad \text{und}$$

$$q_y(x,y) = -\frac{8a p_0}{\pi^2} \sum_{n=1,3,5,\ldots}^{\infty} n^3 d_n e^{-\lambda_n y} \sin(\lambda_n x).$$

I. Gelenkig gestützter kurzer Rand (Abb. 25.3 mitte)

Dazu müssen die Randbedingungen $u(x,0) = 0$ und $m_y(x,0) = 0$ erfüllt werden.
Dies führt zu

$$c_n = -\frac{1}{n^5} \quad \text{und} \quad d_n = \frac{1}{2} c_n = -\frac{1}{2n^5}$$

$$\Longrightarrow \quad u(x,y) = \frac{4a^4 p_0}{K\pi^5} \sum_{n=1,3,5,\ldots}^{\infty} \frac{1}{n^5} \left[1 - \left(1 + \frac{n\pi}{2a} y\right) e^{-\frac{n\pi}{a} y}\right] \sin\left(\frac{n\pi}{a} x\right).$$

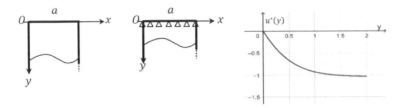

Abb. 26.1: Skizzen zu den Randbedingungen auf drei Seiten und Graph von (26.1)

Tragen wir

$$u^*(y) = \frac{u(x=\frac{a}{2},y)}{\frac{4a^4 p_0}{K\pi^5}} \quad \text{mit} \quad a = 1$$

gegen y auf, so ist (Abb. 26.1 rechts)

$$u^*(y) = \sum_{n=1,3,5,\ldots}^{\infty} \frac{(-1)^{n+1}}{n^5}\left[1-\left(1+\frac{n\pi}{2}y\right)e^{-n\pi y}\right]. \quad (26.1)$$

Die größte Durchbiegung in der Mitte entsteht für $y \to \infty$. Da $\lim_{y\to\infty} e^{-n\pi y} = 0$ und ebenfalls $\lim_{y\to\infty} y e^{-n\pi y} = 0$ ist, beträgt sie

$$-u^*_{\max}(y) = -\lim_{y\to\infty} u^*(y) = -\sum_{n=1,3,5,\ldots}^{\infty} \frac{1}{n^5} \approx -1{,}005 \ .$$

Zur weiteren Darstellung tragen wir

$$u^*(x) = \frac{u(x,y_0)}{\frac{4a^4 p_0}{K\pi^5}} \quad (26.2)$$

für $y_0 = 0{,}2$, $0{,}4$, $0{,}6$, $0{,}8$, $1{,}0$ auf (Abb. 26.2 links).

In der Ecke $(0,0)$ bleibt eine Kraft bestehen:

$$F_E = 2m_{xy}(0,0) = -\frac{2(1-\nu)a^2 p_0}{\pi^3} \sum_{n=1,3,5,\ldots}^{\infty} \frac{1}{n^3} \ .$$

Diese ist nach unten gerichtet. (Die Summe $\sum_{n=1,3,5,\ldots}^{\infty} \frac{1}{n^3}$ lässt sich nicht vereinfachen.) Entsprechend ändert F_E das Vorzeichen in der anderen Ecke und zeigt dann nach oben.

Interessant ist noch das Biegemoment

$$m^*(y) = \frac{m_y\left(x=\frac{a}{2},y\right)}{\frac{4a^2 p_0}{\pi^3}} \ .$$

Es ergibt sich zu

$$m^*(y) = \sum_{n=1,3,5,\ldots}^{\infty} \frac{(-1)^{n+1}}{n^3}\left(\nu - \left(\nu - \frac{1-\nu}{2}\cdot\frac{n\pi}{a}y\right)e^{-\frac{n\pi}{a}y}\right). \quad (26.3)$$

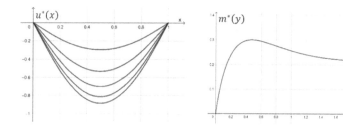

Abb. 26.2: Graphen von (26.2) und (26.3)

Für eine Skizze nehmen wir $v = 0{,}2$ und $a = 1$. Dann ist (Abb. 26.2 rechts)

$$m^*(y) = \sum_{n=1,3,5,\ldots}^{\infty} \frac{(-1)^{n+1}}{n^3}(0{,}2 - (0{,}2 - 0{,}4 n\pi y)e^{-n\pi y}).$$

Das maximale Biegemoment liegt bei $y = 0{,}494$. Für zunehmende v verschiebt sich das Maximum nach rechts.

II. Fest eingespannter kurzer Rand (Abb. 26.3 links)
Die Randbedingungen sind $u(x, 0) = 0$ und $\frac{\partial u}{\partial y}(x, 0) = 0$. Man erhält

$$c_n = -\frac{1}{n^5} \quad \text{und} \quad d_n = c_n$$

$$\Rightarrow u(x, y) = \frac{4a^4 p_0}{K\pi^5} \sum_{n=1,3,5,\ldots}^{\infty} \frac{1}{n^5}\left[1 - \left(1 + \frac{n\pi}{a}y\right)e^{-\frac{n\pi}{a}y}\right]\sin\left(\frac{n\pi}{a}x\right).$$

Die größte Durchbiegung in der Mitte beträgt ebenfalls $\approx -1{,}005$, denn im Unendlichen spielt die Verankerung des kurzen Rands keine Rolle.

III. Freier kurzer Rand (Abb. 26.3 mitte)
Aus den Randbedingungen $m_y(x, 0) = 0$ und $\bar{q}_y = q_y + \frac{\partial m_{xy}}{\partial y} = 0$ für $x = 0, y = 0$ entsteht

$$\frac{v}{n^5} = 2d_n - (1-v)c_n = 0 \quad \text{und} \quad \frac{4a p_0}{\pi^3}\left(-\frac{n\pi}{a}a(1-v)n^2(c_n - d_n) - 2\pi n^3 d_n\right) = 0$$

oder $(1-v)(c_n - d_n) + 2d_n = 0$.
  Daraus folgt

$$c_n = \frac{v(1+v)}{(3+v)(1-v)n^5} \quad \text{und} \quad d_n = -\frac{v}{(3+v)n^5}$$

$$\Rightarrow u(x, y) = \frac{4a^4 p_0}{K\pi^5} \sum_{n=1,3,5,\ldots}^{\infty} \frac{1}{n^5}\left[1 + \frac{v}{3+v}\left(\frac{1+v}{1-v} - \frac{n\pi}{a}y\right)e^{-\frac{n\pi}{a}y}\right]\sin\left(\frac{n\pi}{a}x\right).$$

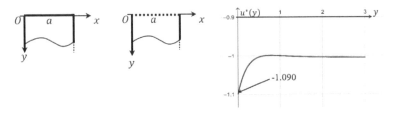

Abb. 26.3: Skizze zu weiteren Randbedingungen auf drei Seiten und Graph von (26.4)

Wir skizzieren

$$u^*(y) = \frac{u\left(x = \frac{a}{2}, y\right)}{\frac{4a^2 p_0}{K\pi^5}} \quad \text{mit} \quad v = 0{,}2 \text{ und } a = 1$$

und erhalten (Abb. 26.3 rechts)

$$u^*(y) = \sum_{n=1,3,5,\ldots}^{\infty} \frac{1}{n^5}\left[1 + \frac{1}{16}\left(\frac{3}{2} - n\pi y\right)e^{-n\pi y}\right]. \tag{26.4}$$

Das Maximum bei $0{,}797$ beträgt $u^* = -0{,}967$. Auch in diesem Fall beträgt die größte Durchbiegung in der Mitte $\approx -1{,}005$.

27 Biegeflächen von Rechtecksplatten mit Randbedingungen auf allen Seiten

Einen Fall wollen wir von allen weiteren absondern, nämlich die allseitig gelenkig gestützte Rechtecksplatte (Abb. 27.1 links). Ohne Umschweife können wir die Doppelsinusreihe als Lösung ansetzen:

$$u(x,y) = \sum_{m=1}^{\infty}\sum_{n=1}^{\infty} c_{mn} \sin\left(\frac{m\pi}{a}x\right)\sin\left(\frac{n\pi}{b}y\right).$$

Diese genügt den acht Randbedingungen

$$u(x,0) = u(x,b) = u(0,y) = u(a,y) = 0 \quad \text{und}$$
$$m_x(0,y) = m_x(a,y) = m_y(x,0) = m_y(x,b) = 0.$$

Die Belastung $p(x,y)$ wird nach Eigenfunktionen entwickelt:

$$p(x,y) = \sum_{m=1}^{\infty}\sum_{n=1}^{\infty} p_{mn} \sin\left(\frac{m\pi}{a}x\right)\sin\left(\frac{n\pi}{b}y\right), p_{mn}$$
$$= \frac{4}{ab}\int_0^a\int_0^b \sin\left(\frac{m\pi}{a}x\right)\sin\left(\frac{n\pi}{b}y\right) dx\,dy$$

und beide Ansätze in die Plattengleichung $\Delta\Delta u(x,y) = \frac{p(x,y)}{K}$ eingesetzt. Man erhält

$$\sum_{m=1}^{\infty}\sum_{n=1}^{\infty} c_{mn}\left(\frac{m^2}{a^2}+\frac{n^2}{b^2}\right)^2 \pi^4 \sin\left(\frac{m\pi}{a}x\right)\sin\left(\frac{n\pi}{b}y\right)$$
$$= \sum_{m=1}^{\infty}\sum_{n=1}^{\infty} \frac{p_{mn}}{K} \sin\left(\frac{m\pi}{a}x\right)\sin\left(\frac{n\pi}{b}y\right).$$

Der Koeffizientenvergleich liefert $K(\frac{m^2}{a^2}+\frac{n^2}{b^2})^2\pi^4 c_{mn} = p_{mn}$.

Bei bekannten p_{mn} können c_{mn} und schließlich die Lösung $u(x,y)$ bestimmt werden.

Für $p(x,y)$ nehmen wir nun speziell eine gleichmäßig verteilte Last p_0 auf einem Rechteck mit Mittelpunkt $P(x_0, y_0)$ und Längen a_0 und b_0, dessen Seiten parallel zu den Plattenrändern verlaufen (vgl. Kapitel 23.1). Dann ist

$$p_{mn} = \frac{4}{ab}\int_{x_0-\frac{a_0}{2}}^{x_0+\frac{a_0}{2}}\int_{y_0-\frac{b_0}{2}}^{y_0+\frac{b_0}{2}} \sin\left(\frac{m\pi}{a}x\right)\sin\left(\frac{n\pi}{b}y\right) dx\,dy.$$

Wie schon bei der Membranschwingung gezeigt, erhält man

$$p_{mn} = \frac{16p_0}{mn\pi^2}\sin\left(\frac{m\pi}{a}x_0\right)\sin\left(\frac{m\pi a_0}{2a}\right)\sin\left(\frac{n\pi}{b}y_0\right)\sin\left(\frac{n\pi b_0}{2b}\right).$$

Für eine gleichmäßig belastete Gesamtplatte setzt man $x_0 = \frac{a}{2}, y_0 = \frac{b}{2}, a_0 = a, b_0 = b$, was

$$p_{mn} = \frac{16p_0}{mn\pi^2} \sin^2\left(\frac{m\pi}{2}\right) \sin^2\left(\frac{n\pi}{2}\right) = \frac{16p_0}{mn\pi^2} \quad \text{für} \quad m, n = 1, 3, 5, \ldots$$

ergibt.

Ergebnis. Die allseitig gelenkig gestützte, gleichmäßig mit p_0 belastete Rechtecksplatte besitzt die Biegefläche

$$u(x, y) = \frac{16p_0}{K\pi^6} \sum_{m=1,3,5,\ldots}^{\infty} \sum_{n=1,3,5,\ldots}^{\infty} \frac{1}{mn\left(\frac{m^2}{a^2} + \frac{n^2}{b^2}\right)^2} \sin\left(\frac{m\pi}{a}x\right) \sin\left(\frac{n\pi}{b}y\right).$$

Reduziert man die Belastung auf eine Einzelkraft F im Punkt $P(x_0, y_0)$, dann ist

$$F = \lim_{\substack{a_0 \to 0 \\ b_0 \to 0}} a_0 b_0 p_0 \quad \text{und}$$

$$p_{mn} = \lim_{\substack{a_0 \to 0 \\ b_0 \to 0}} p_{mn} = \frac{4F}{ab} \sin\left(\frac{m\pi}{a}x_0\right) \sin\left(\frac{n\pi}{b}y_0\right) \quad \text{(Kapitel 25.1)}.$$

Wirkt die Kraft im Zentrum ($x_0 = \frac{a}{2}, y_0 = \frac{b}{2}$), so folgt

$$\sin\left(\frac{m\pi}{2}\right) \sin\left(\frac{n\pi}{2}\right) = (-1)^{\frac{m+n}{2}+1}.$$

Ergebnis. Die allseitig gelenkig gestützte, im Zentrum mit der Kraft F belastete Rechtecksplatte, besitzt die Biegefläche

$$u(x, y) = \frac{4F}{Kab\pi^4} \sum_{m=1,3,5,\ldots}^{\infty} \sum_{n=1,3,5,\ldots}^{\infty} \frac{(-1)^{\frac{m+n}{2}+1}}{\left(\frac{m^2}{a^2} + \frac{n^2}{b^2}\right)^2} \sin\left(\frac{m\pi}{a}x\right) \sin\left(\frac{n\pi}{b}y\right).$$

Wie bei der Membran lässt sich das Ergebnis auf beliebig viele am Ort (x_i, y_i) wirkende Kräfte F_i erweitern.

Man erhält

$$p_{mn,k} = \frac{4F_k}{ab} \cdot \sin\left(\frac{m\pi}{a}x_i\right) \cdot \sin\left(\frac{n\pi}{b}y_i\right), \quad c_{mn,i} = \frac{4F_i}{Kab\pi^2} \cdot \frac{\sin\left(\frac{m\pi}{a}x_i\right) \cdot \sin\left(\frac{n\pi}{b}y_i\right)}{\left(\frac{m^2}{a^2} + \frac{n^2}{b^2}\right)^2}$$

und als Lösung

$$u(x, y, t) = \frac{4}{Kab\pi^2} \sum_{i=1}^{k} F_i \sum_{m=1}^{\infty} \sum_{n=1}^{\infty} \frac{\sin\left(\frac{m\pi}{a}x_i\right) \cdot \sin\left(\frac{n\pi}{b}y_i\right)}{\left(\frac{m^2}{a^2} + \frac{n^2}{b^2}\right)^2} \sin\left(\frac{m\pi}{a}x\right) \sin\left(\frac{n\pi}{b}y\right).$$

Aufgabe
Bearbeiten Sie die Übung 31.

27.1 Allgemeiner Ansatz für die Biegefläche von Rechtecksplatten mit Randbedingungen auf allen Seiten

Ein allgemeiner Ansatz findet sich bei Iguchi (1933). Es wird die Forderung gestellt, dass die Platte auf mindestens zwei gegenüberliegenden Seiten verschwindet. O. B. d. A. sei dies für die beiden in Abb. 27.1 rechts waagrechten Seiten der Fall: $u(x, 0) = u(x, b) = 0$.

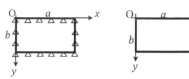

Abb. 27.1: Skizzen zu den Randbedingungen auf allen vier Seiten

Wir beschränken uns auf eine gleichmäßig verteilte Last p_0.

Der Ansatz lautet $(x, y) = \sum_{m=1}^{\infty} \sum_{n=1}^{\infty} a_{mn} v_{mn}(x) w_{mn}(y)$, wobei

$$v_{mn}(x) = \frac{C_1}{3}\left(\left(\frac{x}{a}\right)^3 - \frac{x}{a}\right) - \frac{C_2}{3}\left(\left(\frac{x}{a}\right)^3 - 3\left(\frac{x}{a}\right)^2 + 2\frac{x}{a}\right) + \frac{C_3}{3}\frac{x}{a}$$

$$+ C_4\left(1 - \frac{x}{a}\right) + \frac{1}{m\pi}\sin\left(\frac{m\pi}{a}x\right) \quad \text{und}$$

$$w_{mn}(x) = \frac{D_1}{3}\left(\left(\frac{y}{b}\right)^3 - \frac{y}{b}\right) - \frac{D_2}{3}\left(\left(\frac{y}{b}\right)^3 - 3\left(\frac{y}{b}\right)^2 + 2\frac{y}{b}\right) + \frac{1}{n\pi}\sin\left(\frac{n\pi}{b}y\right).$$

Die Bedingungen $u(x, 0) = u(x, b) = 0$ sind erfüllt, da $w_{mn} = 0$ wird.

I. Die allseitig gelenkig gestützte Rechtecksplatte

Es soll die bereits bekannte Lösung bestätigt werden. Zuerst bestimmt man die Ableitungen

$$\frac{\partial v_{mn}}{\partial x} = \frac{C_1}{3}\left(\frac{3}{a}\left(\frac{x}{a}\right)^2 - \frac{1}{a}\right) - \frac{C_2}{3}\left(\frac{3}{a}\left(\frac{x}{a}\right)^2 - \frac{6}{a}\frac{x}{a} + \frac{2}{a}\right) + \frac{C_3}{3}\frac{1}{a}$$

$$- C_4\frac{1}{a} + \frac{1}{a}\cos\left(\frac{m\pi}{a}x\right),$$

$$\frac{\partial^2 v_{mn}}{\partial x^2} = \frac{C_1}{3}\frac{6}{a^2}\frac{x}{a} - \frac{C_2}{3}\left(\frac{6}{a^2}\frac{x}{a} - \frac{6}{a^2}\right) - \frac{m\pi}{a^2}\sin\left(\frac{m\pi}{a}x\right),$$

$$\frac{\partial w_{mn}}{\partial y} = \frac{D_1}{3}\left(\frac{3}{b}\left(\frac{y}{b}\right)^2 - \frac{1}{b}\right) - \frac{D_2}{3}\left(\frac{3}{b}\left(\frac{y}{b}\right)^2 - \frac{6}{b}\frac{y}{b} + \frac{2}{b}\right) + \frac{1}{b}\cos\left(\frac{n\pi}{b}y\right) \quad \text{und}$$

$$\frac{\partial^2 w_{mn}}{\partial y^2} = \frac{D_1}{3}\frac{6}{b^2}\frac{y}{b} - \frac{D_2}{3}\left(\frac{6}{b^2}\frac{y}{b} - \frac{6}{b^2}\right) - \frac{n\pi}{b^2}\sin\left(\frac{n\pi}{b}y\right).$$

Die zusätzlichen Bedingungen $u(0, y) = u(a, y) = 0$, $m_x(0, y) = m_x(a, y) = 0$ und $m_y(x, 0) = m_y(x, b) = 0$ liefern in derselben Reihenfolge $C_4 = 0$, $C_3 = 0$, $C_2 = 0$,

$C_1 = 0$, $D_2 = 0$ und $D_1 = 0$. Es folgt

$$u(x,y) = \sum_{m=1}^{\infty}\sum_{n=1}^{\infty} a_{mn} \sin\left(\frac{m\pi}{a}x\right)\sin\left(\frac{n\pi}{b}y\right).$$

II. Die allseitig fest eingespannte Rechtecksplatte

Die Bedingungen $u(0,y) = u(a,y) = 0$ liefern $C_4 = 0$ und $C_3 = 0$.
Weiter muss

$$\frac{\partial v_{mn}}{\partial x}(0,y) = \frac{\partial v_{mn}}{\partial x}(a,y) = 0 \quad \text{und} \quad \frac{\partial w_{mn}}{\partial y}(x,0) = \frac{\partial w_{mn}}{\partial y}(x,b) = 0$$

erfüllt sein.

$$0 = -\frac{C_1}{3a} - \frac{2C_2}{3a} + \frac{1}{a} \qquad 0 = \frac{2C_1}{3a} + \frac{C_2}{3a} + \frac{1}{a}(-1)^m$$

$$0 = -\frac{D_1}{3b} - \frac{2D_2}{3b} + \frac{1}{b} \qquad 0 = \frac{2D_1}{3b} + \frac{D_2}{3b} + \frac{1}{b}(-1)^n.$$

Es folgt

$$C_1 = -1 - 2(-1)^m \qquad D_1 = -1 - 2(-1)^n$$
$$C_2 = 2 + (-1)^m \qquad D_2 = 2 + (-1)^n.$$

Setzen wir den Ansatz $u(x,y) = \sum_{m=1}^{\infty}\sum_{n=1}^{\infty} a_{mn} v_{mn}(x) w_{mn}(y)$ in die Plattengleichung ein, mit der Einschränkung, dass $p(x,y) = p_0$ auf der gesamten Platte gleichmäßig verteilt ist, so hat man

$$\sum_{m=1}^{\infty}\sum_{n=1}^{\infty} a_{mn}(v_{mn}'''' w_{mn} + 2v_{mn}'' w_{mn}'' + v_{mn} w_{mn}'''') = \frac{p_0}{K}.$$

Nun wird $a_{mn}(v_{mn}'''' w_{mn} + 2v_{mn}'' w_{mn}'' + v_{mn} w_{mn}'''')$ in eine Doppelsinusreihe entwickelt:

$$a_{mn}(v_{mn}'''' w_{mn} + 2v_{mn}'' w_{mn}'' + v_{mn} w_{mn}'''') = \sum_{r=1}^{\infty}\sum_{s=1}^{\infty} c_{rs} \sin\left(\frac{m\pi}{a}x\right)\sin\left(\frac{n\pi}{b}y\right) \quad \text{mit}$$

$$c_{rs} = \frac{4}{ab}\int_0^a\int_0^b a_{rs}(v_{rs}'''' w_{rs} + 2v_{rs}'' w_{rs}'' + v_{rs} w_{rs}'''') \sin\left(\frac{m\pi}{a}x\right)\sin\left(\frac{n\pi}{b}y\right) dx\, dy.$$

Gleichzeitig auch

$$p_0 = \sum_{m=1}^{\infty}\sum_{n=1}^{\infty} p_{mn} \sin\left(\frac{m\pi}{a}x\right)\sin\left(\frac{n\pi}{b}y\right) \quad \text{mit}$$

$$p_{mn} = \frac{4}{ab}\int_0^a\int_0^b p_0 \sin\left(\frac{m\pi}{a}x\right)\sin\left(\frac{n\pi}{b}y\right) dx\, dy = \frac{16p_0}{mn\pi^2}.$$

Gehen wir mit diesen beiden Ansätzen noch einmal in die Plattengleichung, dann entsteht

$$\frac{4}{ab}\sum_{m=1}^{\infty}\sum_{n=1}^{\infty}\left[\sum_{r=1}^{\infty}\sum_{s=1}^{\infty}\frac{4}{ab}\int_0^a\int_0^b a_{rs}(v_{rs}''''w_{rs} + 2v_{rs}''w_{rs}'' + v_{rs}w_{rs}'''')\sin\left(\frac{m\pi}{a}x\right)\right.$$
$$\left.\cdot\sin\left(\frac{n\pi}{b}y\right)\,dx\,dy\right]\sin\left(\frac{m\pi}{a}x\right)\sin\left(\frac{n\pi}{b}y\right)$$
$$= \frac{1}{K}\sum_{m=1}^{\infty}\sum_{n=1}^{\infty}\frac{16p_0}{mn\pi^2}\sin\left(\frac{m\pi}{a}x\right)\sin\left(\frac{n\pi}{b}y\right).$$

Da diese Gleichung für alle x und y gelten muss, ist

$$\sum_{r=1}^{\infty}\sum_{s=1}^{\infty}\int_0^a\int_0^b a_{rs}(v_{rs}''''w_{rs} + 2v_{rs}''w_{rs}'' + v_{rs}w_{rs}'''')\sin\left(\frac{m\pi}{a}x\right)\sin\left(\frac{n\pi}{b}y\right)\,dx\,dy$$
$$= \frac{4abp_0}{Kmn\pi^2}, \quad m, n = 1, 3, 5, \ldots \tag{27.1}$$

Wir kürzen ab:

$$b_{rs} := \int_0^a\int_0^b a_{rs}(v_{rs}''''w_{rs} + 2v_{rs}''w_{rs}'' + v_{rs}w_{rs}'''')\sin\left(\frac{m\pi}{a}x\right)\sin\left(\frac{n\pi}{b}y\right)\,dx\,dy.$$

Da m und n ungerade sind, folgt $C_1 = C_2 = D_1 = D_2 = 1$. Weiter ist

$$\frac{\partial v_{rs}}{\partial x} = \frac{2x}{a^2} - \frac{1}{a} + \frac{1}{a}\cos\left(\frac{r\pi}{a}x\right), \qquad \frac{\partial w_{rs}}{\partial y} = \frac{2y}{b^2} - \frac{1}{b} + \frac{1}{b}\cos\left(\frac{s\pi}{b}y\right),$$

$$\frac{\partial^2 v_{rs}}{\partial x^2} = \frac{2}{a^2} - \frac{r\pi}{a^2}\sin\left(\frac{r\pi}{a}x\right), \qquad \frac{\partial^2 w_{rs}}{\partial y^2} = \frac{2}{b^2} - \frac{s\pi}{b^2}\sin\left(\frac{s\pi}{b}y\right),$$

$$\frac{\partial^3 v_{rs}}{\partial x^3} = -\frac{r^2\pi^2}{a^3}\cos\left(\frac{r\pi}{a}x\right), \qquad \frac{\partial^3 w_{rs}}{\partial y^3} = -\frac{s^2\pi^2}{b^3}\cos\left(\frac{s\pi}{b}y\right),$$

$$\frac{\partial^4 v_{rs}}{\partial x^4} = \frac{r^3\pi^3}{a^4}\sin\left(\frac{r\pi}{a}x\right) \quad \text{und} \quad \frac{\partial^4 w_{rs}}{\partial y^4} = \frac{s^3\pi^3}{b^4}\sin\left(\frac{s\pi}{b}y\right).$$

Als Letztes noch

$$\frac{\partial^2 v_{rs}}{\partial x^2}\cdot\frac{\partial^2 w_{rs}}{\partial y^2} = \frac{1}{a^2b^2}\left[2 - r\pi\sin\left(\frac{r\pi}{a}x\right)\right]\left[2 - s\pi\sin\left(\frac{s\pi}{b}y\right)\right].$$

In diesem Fall ist somit $v_{rs}(x) = v_r(x)$ und $w_{rs}(y) = w_s(y)$.

Wir benötigen noch einige bestimmte Integrale:

i) $\displaystyle\int_0^a \sin\left(\frac{m\pi}{a}x\right) dx = \frac{2a}{m\pi}$ für $m = 1, 3, 5, \ldots$,

ii) $\displaystyle\int_0^a \sin\left(\frac{m\pi}{a}x\right)\frac{x}{a} dx = \frac{a}{m\pi}$ für $m = 1, 3, 5, \ldots$,

iii) $\displaystyle\int_0^a \sin\left(\frac{m\pi}{a}x\right)\left(\frac{x}{a}\right)^2 dx = \frac{a(m^2\pi^2 - 4)}{m^3\pi^3}$ für $m = 1, 3, 5, \ldots$,

iv) $\displaystyle\int_0^a \sin\left(\frac{r\pi}{a}x\right)\sin\left(\frac{m\pi}{a}x\right) dx = \begin{cases} \dfrac{a}{2}, & \text{für } r = m \\ 0, & \text{sonst.} \end{cases}$

Aufgrund des Integrals iv) verbleiben in der unendlichen Doppelsumme (27.1) nur die Terme mit $r = m$ und $s = n$. Das heißt,

$$\sum_{r=1}^{\infty}\sum_{s=1}^{\infty} a_{rs} \cdot b_{rs}$$

$$= \sum_{r=1}^{\infty}\sum_{s=1}^{\infty} a_{rs} \cdot \left\{\frac{r^3\pi^3}{a^4}\int_0^a\int_0^b \sin\left(\frac{r\pi}{a}x\right)\left[\left(\frac{y}{b}\right)^2 - \frac{y}{b} + \frac{1}{s\pi}\sin\left(\frac{s\pi}{b}y\right)\right]\right.$$
$$\cdot \sin\left(\frac{m\pi}{a}x\right)\sin\left(\frac{n\pi}{b}y\right) dx\, dy$$
$$+ \frac{2}{a^2 b^2}\int_0^a\int_0^b \left[2 - r\pi\sin\left(\frac{r\pi}{a}x\right)\right]\left[2 - s\pi\sin\left(\frac{s\pi}{b}y\right)\right]\sin\left(\frac{m\pi}{a}x\right)\sin\left(\frac{n\pi}{b}y\right) dx\, dy$$
$$+ \left.\frac{s^3\pi^3}{b^4}\int_0^a\int_0^b \sin\left(\frac{s\pi}{b}y\right)\left[\left(\frac{x}{a}\right)^2 - \frac{x}{a} + \frac{1}{r\pi}\sin\left(\frac{r\pi}{a}x\right)\right]\sin\left(\frac{m\pi}{a}x\right)\sin\left(\frac{n\pi}{b}y\right) dx\, dy\right\}$$

reduziert sich zu

$$a_{mn} = \left\{\frac{m^3\pi^3}{a^3}\cdot\frac{b}{2}\left[\frac{n^2\pi^2 - 4}{n^3\pi^3} - \frac{1}{n\pi} + \frac{1}{n\pi}\cdot\frac{1}{2}\right]\right.$$
$$+ \frac{2}{ab}\left[\frac{4}{m\pi} - m\pi\cdot\frac{1}{2}\right]\left[\frac{4}{n\pi} - n\pi\cdot\frac{1}{2}\right]$$
$$+ \left.\frac{n^3\pi^3}{b^3}\cdot\frac{a}{2}\left[\frac{m^2\pi^2 - 4}{m^3\pi^3} - \frac{1}{m\pi} + \frac{1}{m\pi}\cdot\frac{1}{2}\right]\right\}$$

$$\implies a_{mn} = \frac{1}{2ab}\left[\frac{m^3 b^2}{2n^3 a^2}(n^2\pi^2 - 8) + \frac{(m^2\pi^2 - 8)(n^2\pi^2 - 8)}{mn\pi^2} + \frac{n^3 a^2}{2m^3 b^2}(m^2\pi^2 - 8)\right]$$

$$= \frac{4abp_0}{Kmn\pi^2}$$

und schließlich

$$a_{mn} = \frac{16a^4b^4p_0}{K}$$

$$\cdot \frac{m^2n^2}{m^6b^4\pi^2(n^2\pi^2-8)+2m^2n^2(m^2\pi^2-8)(n^2\pi^2-8)a^2b^2+n^6a^4\pi^2(m^2\pi^2-8)}.$$

Ergebnis. Die allseitig fest eingespannte gleichmäßig mit p_0 belastete Rechtecksplatte besitzt die Biegefläche

$$u(x,y) = \frac{16a^4b^4p_0}{K} \sum_{m=1,3,5,\ldots}^{\infty} \sum_{n=1,3,5,\ldots}^{\infty} a_{mn}\left[\left(\frac{x}{a}\right)^2 - \frac{x}{a} + \frac{1}{m\pi}\sin\left(\frac{m\pi}{a}x\right)\right]$$

$$\cdot \left[\left(\frac{y}{b}\right)^2 - \frac{y}{b} + \frac{1}{n\pi}\sin\left(\frac{n\pi}{b}y\right)\right]$$

mit

$$a_{mn} = \frac{m^2n^2}{m^6b^4\pi^2(n^2\pi^2-8)+2m^2n^2(m^2\pi^2-8)(n^2\pi^2-8)a^2b^2+n^6a^4\pi^2(m^2\pi^2-8)}.$$

Für eine Skizze ist $a = b = 1$, $y = y_0 = 0{,}5$ und wir tragen

$$u^*(x) = \frac{u(x,y_0)}{\frac{16a^4b^4p_0}{K}}$$

gegen x auf (Abb. 27.2).

Das Minimum für $x = 0{,}5$ beträgt $u^* = -0{,}0000852$. Ein maximales Biegemoment erhält man bei $x = 0{,}205$ und $u^* = -0{,}0000369$. Zum Vergleich ist die Biegefläche für die allseitig gelenkig gestützte quadratische Platte bei derselben Normierung mit einer maximalen Auslenkung von $u^* = -0{,}000254$ gestrichelt eingezeichnet.

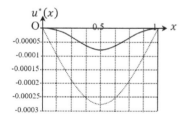

Abb. 27.2: Graph von $u^*(x)$

Teillast und Punktlast

Wird die Platte auf einem Rechteck parallel zu den Rändern mit dem Mittelpunkt $P(x_0, y_0)$ und den Längen a_0 bzw. b_0 belastet, dann ändert sich die rechte Seite von (27.1) zu

$$\frac{1}{K}\int_{x_0-\frac{a_0}{2}}^{x_0+\frac{a_0}{2}}\int_{y_0-\frac{b_0}{2}}^{y_0+\frac{b_0}{2}} p_0 \sin\left(\frac{m\pi}{a}x\right)\sin\left(\frac{n\pi}{b}y\right) dx\, dy$$

$$= \frac{4ab p_0}{Kmn\pi^2}\sin\left(\frac{m\pi}{a}x_0\right)\sin\left(\frac{m\pi a_0}{2a}\right)\sin\left(\frac{n\pi}{b}y_0\right)\sin\left(\frac{n\pi b_0}{2b}\right).$$

An der Berechnung der Koeffizienten a_{mn} ändert sich nichts. Aufgelöst nach a_{mn} erhält man

$$a_{mn} = \frac{16a^4 b^4 p_0}{K}$$
$$\cdot \frac{m^2 n^2 \cdot \sin\left(\frac{m\pi}{a}x_0\right)\sin\left(\frac{m\pi a_0}{2a}\right)\sin\left(\frac{n\pi}{b}y_0\right)\sin\left(\frac{n\pi b_0}{2b}\right)}{m^6 b^4 \pi^2 (n^2\pi^2 - 8) + 2m^2 n^2 (m^2\pi^2 - 8)(n^2\pi^2 - 8)a^2 b^2 + n^6 a^4 \pi^2 (m^2\pi^2 - 8)}.$$

Um zu einer Punktlast F im Punkt $P(x_0, y_0)$ überzugehen führen wir abermals den bekannten Grenzprozess durch: $F = \lim_{\substack{a_0 \to 0 \\ b_0 \to 0}} a_0 b_0 p_0$. Es ergibt sich

$$\lim_{\substack{a_0 \to 0 \\ b_0 \to 0}} a_{mn} = \frac{16 a^4 b^4}{K} \cdot \frac{m^2 n^2}{c_{mn}} \sin\left(\frac{m\pi}{a}x_0\right)\sin\left(\frac{n\pi}{b}y_0\right)\frac{m\pi}{2a}\cdot\frac{n\pi}{2b}\cdot F$$

$$= \frac{4a^3 b^3}{K}\cdot \frac{m^3 n^3 \pi^2}{c_{mn}} \sin\left(\frac{m\pi}{a}x_0\right)\sin\left(\frac{n\pi}{b}y_0\right)\cdot F,$$

wobei

$$c_{mn} := m^6 b^4 \pi^2 (n^2\pi^2 - 8) + 2m^2 n^2 (m^2\pi^2 - 8)(n^2\pi^2 - 8)a^2 b^2 + n^6 a^4 \pi^2 (m^2\pi^2 - 8).$$

Für eine mittig wirkende Kraft ist $x_0 = \frac{a}{2}$, $y_0 = \frac{b}{2}$, was zu

$$a_{mn} = \frac{4a^3 b^3}{K}\frac{m^3 n^3 \pi^2}{c_{mn}}(-1)^{\frac{m+n}{2}+1}\cdot F$$

führt.

Ergebnis. Die allseitig fest eingespannte, im Zentrum mit der Kraft F belastete Rechtecksplatte besitzt die Biegefläche

$$u(x,y) = \frac{4a^3 b^3 \pi^2 F}{K}\sum_{m=1,3,5,\ldots}^{\infty}\sum_{n=1,3,5,\ldots}^{\infty} a_{mn}\left[\left(\frac{x}{a}\right)^2 - \frac{x}{a} + \frac{1}{m\pi}\sin\left(\frac{m\pi}{a}x\right)\right]$$
$$\cdot \left[\left(\frac{y}{b}\right)^2 - \frac{y}{b} + \frac{1}{n\pi}\sin\left(\frac{n\pi}{b}y\right)\right]$$

mit

$$a_{mn} = \frac{m^3 n^3 \cdot (-1)^{\frac{m+n}{2}+1}}{m^6 b^4 \pi^2 (n^2\pi^2 - 8) + 2m^2 n^2 (m^2\pi^2 - 8)(n^2\pi^2 - 8)a^2 b^2 + n^6 a^4 \pi^2 (m^2\pi^2 - 8)}.$$

28 Biegeflächen runder Platten

Die zugehörige Plattengleichung lautet

$$\Delta\Delta u(r,\theta) = \frac{p(r,\theta)}{K} \quad \text{mit} \quad \Delta u = \frac{\partial^2 u}{\partial r^2} + \frac{1}{r}\cdot\frac{\partial u}{\partial r} + \frac{1}{r^2}\cdot\frac{\partial^2 u}{\partial \theta^2}.$$

Identifizieren wir $\frac{\partial^2 u}{\partial x^2}$ mit $\frac{\partial^2 u}{\partial r^2}$ und $\frac{\partial^2 u}{\partial y^2}$ mit $\frac{1}{r}\cdot\frac{\partial u}{\partial r} + \frac{1}{r^2}\cdot\frac{\partial^2 u}{\partial \theta^2}$, dann sind die Schnittgrößen

$$m_r = -K\left[\frac{\partial^2 u}{\partial r^2} + \nu\left(\frac{1}{r}\frac{\partial u}{\partial r} + \frac{1}{r^2}\frac{\partial^2 u}{\partial \theta^2}\right)\right],$$

$$m_\theta = -K\left[\frac{1}{r}\frac{\partial u}{\partial r} + \frac{1}{r^2}\frac{\partial^2 u}{\partial \theta^2} + \nu\frac{\partial^2 u}{\partial r^2}\right],$$

$$m_{r\theta} = -(1-\nu)K\frac{\partial}{\partial r}\left(\frac{1}{r}\frac{\partial u}{\partial \theta}\right),$$

$$q_r = -K\frac{\partial}{\partial r}(\Delta u) \quad \text{und}$$

$$q_\theta = -K\frac{1}{r}\frac{\partial u}{\partial \theta}(\Delta u).$$

Speziell im Fall einer rotationssymmetrischen Belastung $p = p(r)$ wird auch $u = u(r)$ und es ist

$$\Delta\Delta u(r) = \frac{\partial^4 u}{\partial r^4} + \frac{2}{r}\cdot\frac{\partial^3 u}{\partial r^2} - \frac{1}{r^2}\cdot\frac{\partial^2 u}{\partial r^2} + \frac{1}{r^3}\cdot\frac{\partial u}{\partial r} = \frac{1}{r}\frac{\partial}{\partial r}\left[r\frac{\partial}{\partial r}\left(\frac{1}{r}\frac{\partial}{\partial r}\left[r\frac{\partial u}{\partial r}\right]\right)\right] = \frac{p(r)}{K}.$$

Folglich hat man

$$m_r = -K\left[\frac{\partial^2 u}{\partial r^2} + \frac{\nu}{r}\cdot\frac{\partial u}{\partial r}\right],$$

$$m_\theta = -K\left[\frac{1}{r}\cdot\frac{\partial u}{\partial r} + \nu\frac{\partial^2 u}{\partial r^2}\right],$$

$$m_{r\theta} = 0,$$

$$q_r = -K\frac{\partial}{\partial r}\left(\frac{1}{r}\cdot\frac{\partial}{\partial r}\left[r\frac{\partial u}{\partial r}\right]\right) \quad \text{und}$$

$$q_\theta = 0.$$

28.1 Die Biegefläche der fest eingespannten Ellipse und Kreisplatte

Für die überall gleichmäßig mit p_0 belastete und am Rand fest eingespannte Ellipse $\frac{x^2}{a^2} + \frac{y^2}{b^2} = 1$ machen wir den Ansatz $u(x,y) = C(\frac{x^2}{a^2} + \frac{y^2}{b^2} - 1)^2$ (Abb. 28.1 links). Mit

$$\frac{\partial u}{\partial x} = \frac{4Cx}{a^2}\left(\frac{x^2}{a^2} + \frac{y^2}{b^2} - 1\right) \quad \text{und} \quad \frac{\partial u}{\partial y} = \frac{4Cy}{b^2}\left(\frac{x^2}{a^2} + \frac{y^2}{b^2} - 1\right)$$

genügt $u(x,y)$ den drei Randbedingungen $u = 0$ und $\frac{\partial u}{\partial x} = \frac{\partial u}{\partial y} = 0$.

Weiter ist
$$\frac{\partial^4 u}{\partial x^4} = \frac{24}{a^4}, \quad \frac{\partial^4 u}{\partial x^2 \partial y^2} = \frac{8}{a^2 b^2}, \quad \frac{\partial^4 u}{\partial y^4} = \frac{24}{b^4}.$$

Eingesetzt in die Plattengleichung folgt
$$C \cdot \left(\frac{24}{a^4} + \frac{8}{a^2 b^2} + \frac{24}{b^4}\right) = \frac{p_0}{K} \implies C = \frac{a^4 b^4 p_0}{8K[3(a^2 + b^2) + 2a^2 b^2]}.$$

Ergebnis. Die allseitig fest eingespannte, gleichmäßig mit p_0 belastete elliptische Platte, besitzt die Biegefläche
$$u(x, y) = \frac{a^4 b^4 p_0}{8K[3(a^2 + b^2) + 2a^2 b^2]} \left(\frac{x^2}{a^2} + \frac{y^2}{b^2} - 1\right)^2.$$

Insbesondere für $a = b$ folgt das

Ergebnis. Die allseitig fest eingespannte, gleichmäßig mit p_0 belastete Kreisplatte besitzt die Biegefläche
$$u(r) = \frac{p_0}{64K}(r^2 - a^2)^2.$$

Der Ansatz kommt zugegebenermaßen aus heiterem Himmel. Deswegen zeigen wir eine systematischere Herleitung.

Zuerst lösen wir die homogene Plattengleichung
$$\Delta\Delta u(r) = \frac{1}{r}\frac{\partial}{\partial r}\left[r\frac{\partial}{\partial r}\left(\frac{1}{r}\frac{\partial}{\partial r}\left[r\frac{\partial u}{\partial r}\right]\right)\right] = 0.$$

Man erhält nacheinander
$$\frac{\partial}{\partial r}\left[r\frac{\partial}{\partial r}\left(\frac{1}{r}\frac{\partial}{\partial r}\left[r\frac{\partial u}{\partial r}\right]\right)\right] = 0,$$
$$r\frac{\partial}{\partial r}\left(\frac{1}{r}\frac{\partial}{\partial r}\left[r\frac{\partial u}{\partial r}\right]\right) = A_1,$$
$$\frac{\partial}{\partial r}\left(\frac{1}{r}\frac{\partial}{\partial r}\left[r\frac{\partial u}{\partial r}\right]\right) = \frac{A_1}{r},$$
$$\frac{1}{r}\frac{\partial}{\partial r}\left[r\frac{\partial u}{\partial r}\right] = A_1 \ln r + A_2,$$
$$\frac{\partial}{\partial r}\left[r\frac{\partial u}{\partial r}\right] = A_1 r \ln r + A_2 r,$$
$$r\frac{\partial u}{\partial r} = B_1 r^2 \ln r + B_2 r^2 + C_3,$$
$$\frac{\partial u}{\partial r} = B_1 r \ln r + B_2 r + \frac{C_3}{r} \quad \text{und}$$
$$u_0(r) = C_1 r^2 \ln r + C_2 r^2 + C_3 \ln r + C_4.$$

Damit $u_0(r)$ für $r \to 0$ endlich bleibt, genügt es $C_3 = 0$ zu setzen, denn

$$\lim_{r \to 0}(r^2 \ln r) = 0.$$

$u_0'(r) = C_1(2r \ln r + r) + 2C_2 r$ bleibt aufgrund von $\lim_{r \to 0}(r \ln r) = 0$ endlich. Schließlich muss auch noch das Biegemoment endlich bleiben, was

$$u_0''(r) = 2C_1(\ln r + 1) + 2C_2 < \infty$$

verlangt. Dies fordert $C_1 = 0$. Es verbleibt für die allgemeine Lösung $u_0(r) = D_1 + D_2 r^2$.

Für eine partikuläre Lösung führen wir dieselben Integrationsschritte nochmals durch:

$$p(r) = p_0 \implies \frac{1}{r}\frac{\partial}{\partial r}\left[r\frac{\partial}{\partial r}\left(\frac{1}{r}\frac{\partial}{\partial r}\left[r\frac{\partial u}{\partial r}\right]\right)\right] = \frac{p_0}{K},$$

$$\frac{\partial}{\partial r}\left[r\frac{\partial}{\partial r}\left(\frac{1}{r}\frac{\partial}{\partial r}\left[r\frac{\partial u}{\partial r}\right]\right)\right] = \frac{p_0}{K}r,$$

$$r\frac{\partial}{\partial r}\left(\frac{1}{r}\frac{\partial}{\partial r}\left[r\frac{\partial u}{\partial r}\right]\right) = \frac{p_0}{K}\frac{r^2}{2},$$

$$\frac{\partial}{\partial r}\left(\frac{1}{r}\frac{\partial}{\partial r}\left[r\frac{\partial u}{\partial r}\right]\right) = \frac{p_0}{K}\frac{r}{2},$$

$$\frac{1}{r}\frac{\partial}{\partial r}\left[r\frac{\partial u}{\partial r}\right] = \frac{p_0}{K}\frac{r^2}{4},$$

$$\frac{\partial}{\partial r}\left[r\frac{\partial u}{\partial r}\right] = \frac{p_0}{K}\frac{r^3}{4},$$

$$r\frac{\partial u}{\partial r} = \frac{p_0}{K}\frac{r^4}{16},$$

$$\frac{\partial u}{\partial r} = \frac{p_0}{K}\frac{r^3}{16} \quad \text{und}$$

$$u_p(r) = \frac{p_0 r^4}{64K}.$$

Die allgemeine Lösung der Plattengleichung lautet somit

$$u(r) = u_p(r) + u_0(r) \quad \text{oder} \quad u(r) = D_1 + D_2 r^2 + \frac{p_0}{64K}r^4.$$

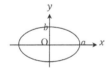 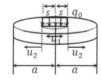

Abb. 28.1: Skizzen zu den runden Platten

1. Die rundum fest eingespannte Kreisplatte bei Gleichlast

Es müssen die Randbedingungen $u(a) = 0$ und $u'(a) = 0$ erfüllt sein, wenn mit a der Radius der Platte gemeint ist. Man erhält

$$u(a) = 0 = D_1 + D_2 a^2 + \frac{p_0 a^4}{64K} \quad \text{und}$$

$$u'(a) = 0 = 2D_2 a + \frac{p_0 a^3}{16K} \implies D_2 = -\frac{p_0 a^2}{32K} \implies D_1 = \frac{p_0 a^4}{64K}.$$

Damit ist

$$u(r) = \frac{p_0 a^4}{64K} - \frac{p_0 a^2}{32K} r^2 + \frac{p_0}{64K} r^4 = \frac{p_0}{64K}(r^4 - 2a^2 r^2 + a^4) = \frac{p_0}{64K}(r^2 - a^2)^2.$$

Dies entspricht der schon weiter oben hergeleiteten Biegefläche.

2. Die rundum fest eingespannte Kreisplatte mit mittiger (zylinderförmiger) Teillast (Abb. 28.1 rechts)

Die Biegefläche muss in zwei getrennte Funktionen aufgespalten werden:
$u_1(r)$ für $0 \leq r \leq s$ und $u_2(r)$ für $s \leq r \leq a$. Dabei ist $u_1(r) = \frac{p_0}{64K} r^4 + D_1 r^2 + D_2$.
$u_2(r)$ besitzt die Gestalt $u_2(r) = C_1 r^2 \ln r + C_2 r^2 + C_3 \ln r + C_4$. Es folgt nacheinander

$$u_1'(r) = \frac{p_0}{16K} r^3 + 2D_1 r, \qquad u_2'(r) = 2C_1 r \cdot \ln r + (C_1 + 2C_2)r + \frac{C_3}{r},$$

$$u_1''(r) = \frac{3p_0}{16K} r^2 + 2D_1, \qquad u_2''(r) = 2C_1 \ln r + 3C_1 + 2C_2 - \frac{C_3}{r^2},$$

$$u_1'''(r) = \frac{3p_0}{8K} r \quad \text{und} \qquad u_2'''(r) = \frac{2C_1}{r} + \frac{2C_3}{r^3}.$$

Die Randbedingungen lauten I. $u_2(a) = 0$ und II. $u_2'(a) = 0$ oder
I. $C_1 a^2 \ln a + C_2 a^2 + C_3 \ln a + C_4 = 0$ und

II. $2C_1 a \cdot \ln a + (C_1 + 2C_2)a + \frac{C_3}{a} = 0$

Die ersten zwei Übergangsbedingungen sind
III. $u_1(s) = u_2(s)$,
IV. $u_1'(s) = u_2'(s)$

oder
III. $\frac{p_0 s^4}{64K} + D_1 s^2 + D_2 = C_1 s^2 \ln s + C_2 s^2 + C_3 \ln s + C_4$

IV. $\frac{p_0 s^3}{16K} + 2D_1 s = 2C_1 s \cdot \ln s + (C_1 + 2C_2)s + \frac{C_3}{s}$

28.1 Die Biegefläche der fest eingespannten Ellipse und Kreisplatte

Die letzten zwei Übergangsbedingungen lauten V. $m_{r_1}(s) = m_{r_2}(s)$, VI. $q_{r_1}(s) = q_{r_2}(s)$, wobei $m_r = -K(u'' + \frac{v}{r}u')$ und $q_r = -K(u''' + \frac{1}{r}u'' - \frac{1}{r^2}u')$ zu verwenden ist.

V. $\dfrac{3p_0s^2}{16K} + 2D_1 + \dfrac{v}{s}\left[\dfrac{p_0s^3}{16K} + 2D_1s\right]$

$= 2C_1 \ln s + 3C_1 + 2C_2 - \dfrac{C_3}{s^2} + \dfrac{v}{s}\left[2C_1 s \cdot \ln s + (C_1 + 2C_2)s + \dfrac{C_3}{s}\right]$

VI. $\dfrac{3p_0 s}{8K} + \dfrac{1}{s}\left[\dfrac{3p_0 s^2}{16K} + 2D_1\right] - \dfrac{1}{s^2}\left[\dfrac{p_0 s^3}{16K} + 2D_1 s\right]$

$= \dfrac{2C_1}{s} + \dfrac{2C_3}{s^3} + \dfrac{1}{s}\left[2C_1 \ln s + 3C_1 + 2C_2 - \dfrac{C_3}{s^2}\right]$

$- \dfrac{1}{s^2}\left[2C_1 s \cdot \ln s + (C_1 + 2C_2)s + \dfrac{C_3}{s}\right]$

Die Lösung des Gleichungssystems ergibt

$$C_1 = \dfrac{p_0 s^2}{8K}, \quad C_2 = -\dfrac{p_0 s^2}{32a^2 K}[s^2 + 2a^2(2\ln a + 1)],$$

$$C_3 = \dfrac{p_0 s^4}{16K}, \quad C_4 = -\dfrac{p_0 s^2}{32K}[(2\ln a - 1)s^2 - 2a^2],$$

$$D_1 = \dfrac{p_0 s^2}{32a^2 K}[4a^2 \ln s - s^2 - 4a^2 \ln a] \quad \text{und}$$

$$D_2 = \dfrac{p_0 s^2}{64K}[4s^2 \ln s - (4\ln a + 3)s^2 + 4a^2].$$

Die Biegeflächen besitzen schließlich die Gestalt

$$u_1(r) = \dfrac{p_0}{64K}\left[r^4 + \dfrac{2s^2}{a^2}(4a^2 \ln s - s^2 - 4a^2 \ln a)r^2 + s^2(4s^2 \ln s - (4\ln a + 3)s^2 \right.$$
$$\left. + 4a^2)\right] \quad 0 \le r \le s$$

$$u_2(r) = \dfrac{p_0 s^2}{32K}\left[4r^4 \ln r - \dfrac{1}{a^2}(s^2 + 2a^2(2\ln a + 1))r^2 + 2s^2 \ln r - ((2\ln a - 1)s^2 \right.$$
$$\left. - 2a^2)\right] \quad s \le r \le a.$$

Spezialfälle. I. $s \to 0$, aber $p_0 \pi s^2 = \text{konst.} = F$. Man erhält

$$u_2(r) = \dfrac{\pi p_0 s^2}{32\pi K}\left[4r^2 \ln r - \dfrac{1}{a^2}(2a^2(2\ln a + 1))r^2 + 2a^2\right].$$

Ergebnis. Die rundum fest eingespannte, mittig mit der Kraft F belastete Kreisplatte besitzt die Biegefläche

$$u_2(r) = \frac{F}{16\pi K}[2r^2 \ln r - (2\ln a + 1)r^2 + a^2].$$

Spezialfälle. II. $s = a$. Es folgt

$$u_1(r) = \frac{p_0}{64K}(r^4 - 2a^2 r^2 + a^4)$$
$$= \frac{p_0}{64K}(r^2 - a^2)^2.$$

Wieder erhalten wir die Bestätigung der Biegefläche bei Gleichlast.

28.2 Die Biegefläche der gelenkig gestützten Kreisplatte

1. Die rundum gelenkig gestützte Kreisplatte bei Gleichlast
Die Lösung $u(r) = \frac{p_0}{64K}r^4 + D_1 r^2 + D_2$ muss den Randbedingungen I. $u = 0$, II. $m_r(a) = 0$ genügen.

I. $\quad u(r) = \dfrac{p_0 a^4}{64K} + D_1 a^2 + D_2 = 0$

II. $\left[-K\left(u'' + \dfrac{\nu}{r}u'\right)\right]_{r=a} = 0 \implies \dfrac{3p_0 a^2}{16K} + 2D_1 + \dfrac{\nu}{a}\left[\dfrac{p_0 a^3}{16K} + 2D_1 a\right] = 0$

$\implies D_1 = -\dfrac{3p_0 a^2}{16K} \cdot \dfrac{\nu + 3}{\nu + 1} \implies D_2 = \dfrac{p_0 a^4}{64K} \cdot \dfrac{\nu + 5}{\nu + 1}.$

Ergebnis. Die rundum gelenkig gestützte, gleichmäßig mit p_0 belastete Kreisplatte besitzt die Biegefläche

$$u_2(r) = \frac{p_0}{64K}\left[r^4 + 2a^2 \cdot \frac{\nu+3}{\nu+1}r^2 + a^4 \cdot \frac{\nu+5}{\nu+1}\right].$$

2. Die rundum gelenkig gestützte Kreisplatte mit mittiger (zylinderförmiger) Teillast (Abb. 28.1 rechts)
Wieder lauten die Ansätze

$$u_1(r) = \frac{p_0}{64K}r^4 + D_1 r^2 + D_2 \quad \text{für} \quad 0 \le r \le s \quad \text{und}$$
$$u_2(r) = C_1 r^2 \ln r + C_2 r^2 + C_3 \ln r + C_4 \quad \text{für} \quad s \le r \le a.$$

28.2 Die Biegefläche der gelenkig gestützten Kreisplatte

Der einzige Unterschied zur rundum festen Platte besteht in der zweiten Randbedingung: $m_{r_2}(a) = 0$ mit $m_r = -K(u'' + \frac{v}{r}u')$.

Ausgeschrieben lautet sie

II. $2C_1 \ln a + 3C_1 + 2C_2 - \dfrac{C_3}{a^2} + \dfrac{v}{s}\left[2C_1 a \cdot \ln a + (C_1 + 2C_2)a + \dfrac{C_3}{a}\right] = 0$.

Das System bestehend aus sechs Gleichungen besitzt die Lösung

$$C_1 = \frac{p_0 s^2}{8K}, \quad C_2 = -\frac{p_0 s^2}{32 a^2 K(v+1)}[s^2(v-1) + 2a^2(2\ln a(v+1) + v + 3)],$$

$$C_3 = \frac{p_0 s^4}{16K}, \quad C_4 = -\frac{p_0 s^2}{32K(v+1)}[s^2(2\ln a(v+1) - v + 1) - 2a^2(v+3)],$$

$$D_1 = \frac{p_0 s^2}{32 a^2 K(v+1)}[4a^2 \ln s(v+1) - s^2(v-1) - 4a^2(\ln a(v+1) + 1)] \quad \text{und}$$

$$D_2 = \frac{p_0 s^2}{64K(v+1)}[4s^2 \ln s(v+1) - (s^2(4\ln a(v+1) + 3v + 7) - 4a^2(v+3))].$$

Spezialfälle. I. $s \to 0$, aber $p_0 \pi s^2 = \text{konst.} = F$. Man erhält

$$C_1 = \frac{F}{8\pi K}, \quad C_2 = -\frac{F}{16\pi K(v+1)}[(2\ln a(v+1) + v + 3)],$$

$$C_3 = \frac{F s^2}{16\pi K} \quad \text{und} \quad C_4 = \frac{F a^2(v+3)}{16\pi K(v+1)}.$$

Ergebnis. Die rundum fest eingespannte, mittig mit der Kraft F belastete Kreisplatte besitzt die Biegefläche

$$u_2(r) = \frac{F}{16\pi K}\left[2r^2 \ln r - \frac{2\ln a(v+1) + v + 3}{v+1}r^2 + a^2 \cdot \frac{v+3}{v+1}\right].$$

Spezialfälle. II. $s = a$

$$\Rightarrow \quad D_1 = \frac{p_0 a^2(v+1)}{32K(v+1)}, \quad D_2 = \frac{p_0 a^4(v+5)}{64K(v+1)}$$

Man erhält die weiter oben hergeleitete Biegefläche bei Gleichlast

$$u_1(r) = \frac{p_0}{64K}\left[r^4 - 2a^2 \cdot \frac{v+3}{v+1}r^2 + a^4 \cdot \frac{v+5}{v+1}\right].$$

29 Biegeschwingungen der Platte

Für die Herleitung der DGL der schwingenden Platte ziehen wir die DGL des schwingenden Balkens heran: $EIu''''(x,t) + \rho A\ddot{u}(x,t) = p$. ρ bezeichnet die Flächendichte pro m². Der Balken besitzt eine „kleine" Breite b, die man auch 1 setzen kann. Somit ist $A = h \cdot b = h \cdot 1$.

Ersetzt man nun wie bei der Herleitung der Plattengleichung u'''' durch $\Delta\Delta u$ und EI durch $K = \frac{Eh^3}{12(1-v^2)}$, dann erhält man die DGL der ungedämpft schwingenden Platte.

Ergebnis. Die DGL für die ungedämpft schwingende Platte lautet

$$\frac{\partial^4 u}{\partial x^4} + 2\frac{\partial^4 u}{\partial x^2 \partial y^2} + \frac{\partial^4 u}{\partial y^4} + \frac{\rho h}{K} \cdot \frac{\partial^2 u}{\partial t^2} = \frac{p}{K} \quad \text{mit} \quad K = \frac{Eh^3}{12(1-v^2)}.$$

29.1 Freie Biegeschwingungen der Platte

In diesem Fall sind die Lösungen der unbelasteten Platte gesucht:

$$\frac{\partial^4 u}{\partial x^4} + 2\frac{\partial^4 u}{\partial x^2 \partial y^2} + \frac{\partial^4 u}{\partial y^4} + \frac{\rho h}{K} \cdot \frac{\partial^2 u}{\partial t^2} = 0.$$

Der Ansatz $u(x,y,t) = v(x,y) \cdot w(t)$ führt auf $(\Delta\Delta v) \cdot w + \frac{\rho h}{K} \cdot vw = 0$. Die Entkopplung mit einer Konstanten μ ergibt

$$\Delta\Delta v - \mu^4 v = 0 \quad \text{und} \quad \frac{\rho h}{K} \cdot \ddot{w} + \mu^4 w = 0.$$

Aus $w(t) = C_1 \sin(\omega t) + C_2 \cos(\omega t)$ folgt

$$\mu^4 = \omega^2 \cdot \frac{\rho h}{K}.$$

I. Die Lösung für die allseitig gelenkig gestützte Rechtecksplatte

Analog zur Plattengleichung mit denselben Randbedingungen setzen wir zur Lösung von $\Delta\Delta v - \mu^4 v = 0$ eine Doppelsinus-Funktion an: $v(x,y) = \sin(\varepsilon x) \cdot \sin(\eta y)$.

Diese erfüllt sämtliche Randbedingungen: $v(x,0) = v(x,b) = v(0,y) = v(a,y) = 0$ und $m_x(0,y) = m_x(a,y) = m_y(x,0) = m_y(x,b) = 0$, falls $\varepsilon = \frac{m\pi}{a}$ und $\eta = \frac{n\pi}{b}$ gilt.

Eingesetzt in $\Delta\Delta v - \mu^4 v = 0$ ergibt das

$$\varepsilon^4 + 2\varepsilon^2\eta^2 + \eta^4 = \mu^4$$

$$\implies (\varepsilon^2 + \eta^2)^2 = \mu^4 \implies \left(\left(\frac{m\pi}{a}\right)^2 + \left(\frac{n\pi}{b}\right)^2\right)^2 = \mu^4$$

$$\implies \pi^4\left(\frac{m^2}{a^2} + \frac{n^2}{b^2}\right)^2 = \mu^4.$$

29.1 Freie Biegeschwingungen der Platte

Die Eigenkreisfrequenzen sind dann

$$\omega_{mn} = \sqrt{\frac{K}{\rho h}} \cdot \mu_{mn}^2 = \sqrt{\frac{K}{\rho h}} \cdot \pi^2 \left(\frac{m^2}{a^2} + \frac{n^2}{b^2} \right).$$

Für die Eigenfrequenzen ergibt sich

$$f_{mn} = \frac{\omega_{mn}}{2\pi} = \frac{\pi}{2} \sqrt{\frac{K}{\rho h}} \cdot \left(\frac{m^2}{a^2} + \frac{n^2}{b^2} \right).$$

Da $\sin(\varepsilon x)$ und $\sin(\eta y)$ sowohl in x- als auch in y-Richtung periodisch sind, folgt

$$v_{mn}(x,y) = \sin\left(\frac{m\pi}{a}x\right) \cdot \sin\left(\frac{n\pi}{b}y\right) = \sin\left(\frac{m\pi}{a}(x+\lambda_m)\right) \cdot \sin\left(\frac{n\pi}{b}(y+\lambda_n)\right)$$
$$= v_{mn}(x+\lambda_m, y+\lambda_n).$$

Dies zieht $\frac{m\pi}{a}\lambda_m = 2\pi$ und $\frac{n\pi}{b}\lambda_n = 2\pi$ nach sich. Somit ist $\lambda_m = \frac{2a}{m}$, $\lambda_n = \frac{2b}{n}$.

Zu jeder Eigenfrequenz f_{mn} gibt es also zwei Wellenlängen und folglich zwei Eigenformen (= Moden). Beispielsweise für $a = 2$, $b = 1$ ist

$$f_{mn} = \frac{\omega_{mn}}{2\pi} = \frac{\pi}{2} \sqrt{\frac{K}{\rho h}} \cdot \left(\frac{m^2}{a^2} + n^2 \right).$$

Damit besitzen beispielsweise v_{41} und v_{22} oder v_{62} und v_{43} dieselbe Eigenfrequenz usw.

O. B. d. A. sei nun $a < b$. Die Wellenlänge λ_m ist am kleinsten, wenn m möglichst groß und n möglichst klein, also 1 ist. Aus $\frac{2}{\pi}f_{mn}\sqrt{\frac{\rho h}{K}} = (\frac{m^2}{a^2} + \frac{1}{b^2})$ wird

$$a^2 \left(\frac{2}{\pi}f_{mn}\sqrt{\frac{\rho h}{K}} - \frac{1}{b^2} \right) = m^2$$

$$\implies \lambda_{m,\min} = \frac{2a}{m} = \frac{2}{\sqrt{\frac{2}{\pi}f_{mn}\sqrt{\frac{\rho h}{K}} - \frac{1}{b^2}}}.$$

Analog ergibt sich

$$\lambda_{n,\min} = \frac{2b}{n} = \frac{2}{\sqrt{\frac{2}{\pi}f_{mn}\sqrt{\frac{\rho h}{K}} - \frac{1}{a^2}}}.$$

Zur Abschätzung der Frequenzzahl unterhalb der Frequenz f_{mn} beachten wir, dass durch $f_{mn} = \frac{\pi}{2}\sqrt{\frac{K}{\rho h}} \cdot (\frac{m^2}{a^2} + \frac{n^2}{b^2})$ eine Ellipse der Form

$$\left(\frac{m}{c}\right)^2 + \left(\frac{n}{d}\right)^2 = 1 \quad \text{mit} \quad c = a\sqrt{\frac{2f_{mn}}{\pi}} \cdot \sqrt[4]{\frac{\rho h}{K}} \quad \text{und} \quad d = b\sqrt{\frac{2f_{mn}}{\pi}} \cdot \sqrt[4]{\frac{\rho h}{K}}$$

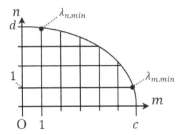

Abb. 29.1: Skizze zur Modendichte

dargestellt wird (Abb. 29.1). Die Anzahl $N(f_{mn})$ der Eigenfrequenzen kleiner als f_{mn} entspricht etwa dem Flächeninhalt der Viertelellipse:

$$N(f_{mn}) \approx \frac{1}{4}\pi cd = \frac{1}{4}\pi ab \frac{2f_{mn}}{\pi} \cdot \sqrt{\frac{\rho h}{K}} = \frac{ab}{h}\sqrt{3(1-\nu^2)\frac{\rho}{E}} \cdot f_{mn}$$

$$= N(f_{mn}) = \frac{ab}{h}\sqrt{\frac{3\rho}{E}(1-\nu^2)} \cdot f_{mn} \,.$$

Als Modendichte bezeichnet man die Anzahl der Eigenfrequenzen pro Frequenzintervall:

$$n(f_{mn}) = \frac{dN(f_{mn})}{df_{mn}} = \frac{ab}{h}\sqrt{\frac{3\rho}{E}(1-\nu^2)} \cdot \frac{df_{mn}}{df_{mn}} = \frac{ab}{h}\sqrt{\frac{3\rho}{E}(1-\nu^2)} \,.$$

Für eine gelenkig gestützte Stahlplatte mit $a = 1\,\text{m}$, $b = 0,5\,\text{m}$, $h = 0,01\,\text{m}$, $E = 2,0 \cdot 10^{11}\,\frac{\text{N}}{\text{m}^2}$, $\rho = 7850\,\frac{\text{kg}}{\text{m}^3}$ und $\nu = 0,3$ befinden sich unterhalb von beispielsweise $f_{mn} = 5\,\text{kHz}$

$$N(5\,\text{kHz}) = \frac{1 \cdot 0,5}{0,01}\sqrt{\frac{3 \cdot 7850}{2,0 \cdot 10^{11}}(1-0,3^2)} \cdot 5000 \approx 81$$

Eigenfrequenzen.

Das Wissen um die Modendichte dient der gezielten Schalldämpfung.

Nun zurück zur Lösung der Biegeschwingungsgleichung. Wir benötigen dazu noch die Auslenkung zur Zeit $t = 0$. Nehmen wir dazu die mittig mit der Kraft F (und dann entfernte) belastete Platte.

Es ist

$$u(x,y,0) = \frac{4F}{Kab\pi^4}\sum_{m=1,3,5\ldots}^{\infty}\sum_{n=1,3,5,\ldots}^{\infty}\frac{(-1)^{\frac{m+n}{2}+1}}{\left(\frac{m^2}{a^2}+\frac{n^2}{b^2}\right)^2} \cdot \sin\left(\frac{m\pi}{a}x\right)\sin\left(\frac{n\pi}{b}y\right).$$

Andererseits lautet die dynamische Lösung

$$u(x,y,t) = \sum_{m=1,3,5\ldots}^{\infty}\sum_{n=1,3,5,\ldots}^{\infty} a_{mn} \cdot \sin\left(\frac{m\pi}{a}x\right)\sin\left(\frac{n\pi}{b}y\right)\cos(\omega_{mn}t).$$

Da sowohl statische als auch dynamische Lösung als Doppelsinusreihe (Eigenfunktionen) vorliegen, folgt für $t = 0$ schlicht

$$a_{mn} = \frac{4F}{Kab\pi^4}\frac{(-1)^{\frac{m+n}{2}+1}}{\left(\frac{m^2}{a^2}+\frac{n^2}{b^2}\right)^2} \,.$$

Ergebnis. Die anfangs ruhende, im Zentrum mit der Kraft F belastete und an allen Seiten gelenkig gestützte Rechtecksplatte der Dicke h vollführt die freien Biegeschwingungen

$$u(x,y) = \frac{4F}{Kab\pi^4} \sum_{m=1,3,5,\ldots}^{\infty} \sum_{n=1,3,5,\ldots}^{\infty} \frac{(-1)^{\frac{m+n}{2}+1}}{\left(\frac{m^2}{a^2}+\frac{n^2}{b^2}\right)^2} \sin\left(\frac{m\pi}{a}x\right) \sin\left(\frac{n\pi}{b}y\right)$$
$$\cdot \cos\left(\sqrt{\frac{K}{\rho h}} \cdot \pi^2 \left(\frac{m^2}{a^2}+\frac{n^2}{b^2}\right)t\right).$$

Wirkt am Ort (x_i, y_i) die Kraft F_i, dann lautet die Biegeschwingung

$$u(x,y) = \frac{4}{Kab\pi^4} \sum_{i=1}^{k} F_i \sum_{m=1,3,5,\ldots}^{\infty} \sum_{n=1,3,5,\ldots}^{\infty} \frac{\sin\left(\frac{m\pi}{a}x_i\right) \cdot \sin\left(\frac{m\pi}{a}y_i\right)}{\left(\frac{m^2}{a^2}+\frac{n^2}{b^2}\right)^2} \sin\left(\frac{m\pi}{a}x\right)$$
$$\cdot \sin\left(\frac{n\pi}{b}y\right) \cos\left(\sqrt{\frac{K}{\rho h}}\pi^2\left(\frac{m^2}{a^2}+\frac{n^2}{b^2}\right)t\right).$$

Aufgabe
Bearbeiten Sie die Übung 32.

II. Die Lösung für die allseitig fest eingespannte Rechtecksplatte

Es müssen die zwei DGLen $\Delta\Delta v - \mu^4 v = 0$ und $\frac{\rho h}{K} \cdot \ddot{w} + \mu^4 w = 0$ mit $\mu^4 = \omega^2 \cdot \frac{\rho h}{K}$ gelöst werden. Als Anfangsbedingung sei die Platte mit einer Kraft F im Zentrum belastet. Die zugehörige Biegefläche wurde schon in Kapitel 27.1 hergeleitet.

Wieder ergibt sich die dynamische Lösung über einen Koeffizientenvergleich.

Ergebnis. Die anfangs ruhende, im Zentrum mit der Kraft F belastete und an allen Seiten fest eingespannte Rechtecksplatte der Dicke h vollführt die freien Biegeschwingungen

$$u(x,y,t) = \frac{4a^3b^3\pi^2 F}{K} \sum_{m=1,3,5,\ldots}^{\infty} \sum_{n=1,3,5,\ldots}^{\infty} a_{mn} \left[\left(\frac{x}{a}\right)^2 - \frac{x}{a} + \frac{1}{m\pi}\sin\left(\frac{m\pi}{a}x\right)\right]$$
$$\cdot \left[\left(\frac{y}{b}\right)^2 - \frac{y}{b} + \frac{1}{n\pi}\sin\left(\frac{n\pi}{b}y\right)\right] \cos(\omega_{mn}t)$$

mit

$$a_{mn} = \frac{(-1)^{\frac{m+n}{2}+1} \cdot m^3 n^3}{m^6 b^4 \pi^2 (n^2\pi^2 - 8) + 2m^2 n^2(m^2\pi^2 - 8)(n^2\pi^2 - 8)a^2 b^2 + n^6 a^4 \pi^2(m^2\pi^2 - 8)}.$$

Die Eigenfrequenzen ω_{mn} können in diesem Fall nicht geschlossen über die Gleichung $\Delta\Delta v - \mu^4 v = 0$ angegeben werden. Es existieren nur numerische Lösungen.

Für die allseitig gelenkig gestützte Rechtecksplatte gilt

$$\omega_{mn} = \sqrt{\frac{K}{\rho h}} \cdot \pi^2 \left(\frac{m^2}{a^2} + \frac{n^2}{b^2}\right).$$

Mit $\gamma = \frac{a}{b}$ ist dann $\omega_{mn}^2 = \frac{\pi^2}{a^2}(m^2 + \gamma^2 n^2)$ oder $a^2 \omega_{mn}^2 = \pi^2(m^2 + \gamma^2 n^2)$.

Für einige Verhältnisse γ und einige Moden (m, n) vergleichen wir die Werte $a^2 \omega_{mn}^2$ der allseitig gelenkig gestützten Platte mit den numerisch bestimmten Werten der allseitig fest eingespannten Platte in der folgenden Tabelle:

γ	Allseitig gelenkig gestützt		Allseitig fest eingespannt	
0,4	11,45	24,08	23,65	35,45
	(1,1)	(1,3)	(1,1)	(1,3)
$\frac{2}{3}$	14,26	49,35	27,01	66,55
	(1,1)	(1,3)	(1,1)	(1,3)
1,0	19,74	108,57	35,99	140,66
	(1,1)	(1,3)	(1,1)	(1,3)
1,5	32,08	111,00	60,77	149,74
	(1,1)	(3,1)	(1,1)	(3,1)
2,5	71,56	150,50	147,80	221,50
	(1,1)	(3,1)	(1,1)	(3,1)

III. Die Lösung für die fest eingespannte Kreisplatte

Die zugehörige DGL für die freien Biegeschwingungen der Kreisplatte in Polarkoordinaten lautet $\Delta\Delta u(r, \theta, t) + \frac{\rho h}{K} \cdot \frac{\partial^2 u}{\partial t^2} = 0$. Die Abspaltung $u(r, \theta, t) = v(r, \theta) \cdot w(t)$ ergibt

$$\Delta\Delta v - \lambda^4 v = 0 \quad \text{und} \quad \frac{\rho h}{K} \cdot \ddot{w} + \lambda^4 w = 0 \quad \text{mit} \quad \lambda^4 = \omega^2 \cdot \frac{\rho h}{K},$$

wobei die Lösung des Zeitteils zu $w(t) = C_1 \sin(\omega t) + C_2 \cos(\omega t)$ angesetzt wird.

Man erkennt die Zerlegung $(\Delta - \lambda^2)(\Delta + \lambda^2)v = 0$.

Der Ansatz $v(r, \theta) = R(r) \cdot \Omega(\theta)$ führt auf

$$\left(\frac{\partial}{\partial r^2} + \frac{1}{r}\frac{\partial}{\partial r} + \frac{1}{r^2}\frac{\partial^2}{\partial \theta^2} - \lambda^2\right)\left(\frac{\partial}{\partial r^2} + \frac{1}{r}\frac{\partial}{\partial r} + \frac{1}{r^2}\frac{\partial^2}{\partial \theta^2} + \lambda^2\right)R(r) \cdot \Omega(\theta) = 0.$$

Daraus entstehen zwei getrennte DGLen

$$\left(R'' + \frac{1}{r}R'\right)\Omega(\theta) + \frac{1}{r^2}R(r)\Omega''(\theta) - \lambda^2 R(r)\Omega(\theta) = 0 \quad \text{und}$$

$$\left(R'' + \frac{1}{r}R'\right)\Omega(\theta) + \frac{1}{r^2}R(r)\Omega''(\theta) + \lambda^2 R(r)\Omega(\theta) = 0.$$

Mit Hilfe der Konstanten μ wird entkoppelt:

$$\frac{\Omega''(\theta)}{\Omega(\theta)} = -\mu^2 \, .$$

Da $\Omega(\theta)$ periodisch ist, folgt $\mu = n$, $n \in \mathbb{N}$. Somit entstehen zwei Bessel'sche Gleichungen

I. $\quad r^2 R'' + rR' + (\lambda^2 r^2 - n^2)R = 0\quad$ und
II. $\quad r^2 R'' + rR' + (-\lambda^2 r^2 - n^2)R = 0 \, .$

Beschränken wir uns auf radialsymmetrische Biegeschwingungen, dann besitzt die 1. Gleichung die Lösung $J_0(\lambda_0 r)$ ($n = 0$).

Die Lösungen der 2. Gleichung sind $I_0(\lambda_0 r)$ und heißen modifizierte Besselfunktionen. Es gilt

$$I_0(x) := J_0(ix) = \sum_{k=0}^{\infty} \frac{(-1)^k}{(k!)^2}\left(\frac{ix}{2}\right)^{2k} = \sum_{k=0}^{\infty} \frac{(-1)^k(-1)^k}{(k!)^2}\left(\frac{x}{2}\right)^{2k} = \sum_{k=0}^{\infty} \frac{1}{(k!)^2}\left(\frac{x}{2}\right)^{2k}.$$

Damit ist auch jede Linearkombination $v_0(r) = A \cdot J_0(\lambda_0 r) + B \cdot I_0(\lambda_0 r)$ eine Lösung von $\Delta\Delta v - \lambda^4 v = 0$. Die Randbedingungen sind
I. $\quad u(a) = 0 \quad$ und $\quad$ II. $\quad u'(a) = 0$.

Man erhält daraus das System

$$A \cdot J_0(\lambda_0 a) + B \cdot I_0(\lambda_0 a) = 0$$

$$\lambda_0 A \cdot J_0'(\lambda_0 a) + \lambda_0 B \cdot I_0'(\lambda_0 a) = 0 \, .$$

Dies führt auf die charakteristische Gleichung

$$J_0(\lambda_0 a) \cdot I_0'(\lambda_0 a) + J_0'(\lambda_0 a) \cdot I_0(\lambda_0 a) = 0 \, .$$

Die ersten drei Lösungen sind $\lambda_{01} a = 3{,}196$, $\lambda_{02} a = 6{,}306$, $\lambda_{03} a = 9{,}425$.

Mit $\omega^2 = \frac{K\lambda^4}{\rho h}$ erhält man die ersten drei Eigenfrequenzen

$$\omega_{01} = \frac{10{,}176}{a^2}\sqrt{\frac{K}{\rho h}}, \quad \omega_{02} = \frac{39{,}766}{a^2}\sqrt{\frac{K}{\rho h}}, \quad \omega_{03} = \frac{88{,}831}{a^2}\sqrt{\frac{K}{\rho h}} \, .$$

Aus $\frac{A}{B} = -\frac{I_0'(\lambda_0 a)}{J_0'(\lambda_0 a)}$ folgen die Eigenfunktionen zu (Abb. 29.2)

$$v_{0m}(r) = I_0'(\lambda_{0m} a) \cdot J_0(\lambda_{0m} r) - J_0'(\lambda_{0m} a) \cdot I_0(\lambda_{0m} r) \, . \tag{29.1}$$

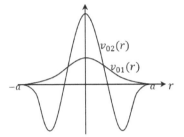

Abb. 29.2: Graphen der ersten beiden Eigenfunktionen von (29.1)

Beschränken wir uns auf eine anfangs ruhende Platte, so erhalten wir gesamthaft die Lösung

$$u(r,t) = \sum_{m=1}^{\infty} a_{0m} v_{0m}(r) \cos\left(\lambda_{0m}^2 \sqrt{\frac{K}{\rho h}} t\right).$$

Die Koeffizienten a_{0m} werden durch die Anfangsbedingung bestimmt.

Beispiel. Anfangs sei auf der gesamten Platte eine Gleichlast p_0 verteilt. Die Biegefläche lautet in diesem Fall $\phi(r) = \frac{p_0}{64K}(r^2 - a^2)^2$. Wir wählen $a = 1$.

Dann ist $\phi(r) = \sum_{m=1}^{\infty} a_{0m} v_{0m}(r)$. Multiplikation mit $r \cdot v_{0n}(r)$ ergibt

$$\phi(r) \cdot r \cdot v_{0n}(r) = \sum_{m=1}^{\infty} a_{0m} \cdot r \cdot v_{0m}(r) \cdot v_{0n}(r).$$

Integration von 0 bis a führt zu

$$\int_0^a \phi(r) \cdot r \cdot v_{0n}(r)\, dr = a_{0m} \int_0^a r \cdot v_{0m}^2(r)\, dr \quad \Longrightarrow \quad a_{0m} = \frac{\int_0^a \phi(r) \cdot r \cdot v_{0n}(r)\, dr}{\int_0^a r \cdot v_{0m}^2(r)\, dr}.$$

Die ersten drei Werte sind

$$\frac{p_0}{64K} \cdot \begin{cases} a_{01} = 0{,}6131 \\ a_{02} = 0{,}0404 \\ a_{03} = 0{,}0075 \,. \end{cases}$$

Ergebnis. Die anfangs ruhende, kurz mit der Gleichlast p_0 belastete, rundum fest eingespannte Kreisplatte der Dicke h und Radius 1 vollführt die freien Biegeschwingungen

$$u(x,y,t) = \frac{p_0}{64K} \sum_{m=1}^{\infty} a_{0m} [I_0'(\lambda_{0m}a) \cdot J_0(\lambda_{0m}r) - J_0'(\lambda_{0m}a) \cdot I_0(\lambda_{0m}r)] \cos\left(\lambda_{0m}^2 \sqrt{\frac{K}{\rho h}} t\right)$$

mit $\lambda_{0m} = 3{,}196,\, 6{,}306,\, 9{,}425$ und $a_{0m} = 0{,}6131,\, 0{,}0404,\, 0{,}0075$.

29.2 Erzwungene Biegeschwingungen der Rechtecksplatte

Ausgangspunkt ist die DGL

$$\Delta\Delta u + \frac{\rho h}{K} \cdot \frac{\partial^2 u}{\partial t^2} = \frac{p(x,y)\cos(\varphi t)}{K}$$

der periodisch erregenden Last $p(x,y)\cos(\varphi t)$. Zur Lösung setzen wir $u(x,y,t) = v(x,y)\cos(\varphi t)$ an. Sowohl $v(x,y)$ als auch $p(x,y)$ werden in Eigenfunktionen entwickelt. Für die allseitig gelenkig gestützte Platte bedeutet dies

$$v(x,y) = \sum_{m=1}^{\infty}\sum_{n=1}^{\infty} a_{mn} \sin\left(\frac{m\pi}{a}x\right)\sin\left(\frac{n\pi}{b}y\right) \quad \text{und}$$

$$p(x,y) = \sum_{m=1}^{\infty}\sum_{n=1}^{\infty} p_{mn} \sin\left(\frac{m\pi}{a}x\right)\sin\left(\frac{n\pi}{b}y\right).$$

Eingesetzt in die DGL erhält man

$$a_{mn}\left[\pi^4\left(\frac{m^2}{a^2}+\frac{n^2}{b^2}\right)^2 - \frac{\rho h}{K}\varphi^2\right] = \frac{p_{mn}}{K}.$$

Mit $\omega_{mn} = \sqrt{\frac{K}{\rho h}} \cdot \pi^2(\frac{m^2}{a^2}+\frac{n^2}{b^2})$ wird daraus

$$\rho h \cdot a_{mn}(\omega_{mn}^2 - \varphi^2) = p_{mn}$$

$$\Rightarrow \quad a_{mn} = \frac{p_{mn}}{\rho h(\omega_{mn}^2 - \varphi^2)} = \frac{p_{mn}}{\rho h \omega_{mn}^2} \cdot \frac{1}{1-\left(\frac{\varphi}{\omega_{mn}}\right)^2} = \frac{p_{mn}}{\rho h \omega_{mn}^2} \cdot V(\omega_{mn}).$$

Bei bekannten p_{mn} können die Koeffizienten a_{mn} ermittelt werden. Beschränkt auf eine Gleichlast p_0 ist dann

$$p_{mn} = \frac{4}{ab} \int_0^a \int_0^b p_0 \sin\left(\frac{m\pi}{a}x\right)\sin\left(\frac{n\pi}{b}y\right) dx\, dy$$

(vgl. Kapitel 23.2).

Wie bei der Rechtecksmembran und der Rechtecksplatte betrachten wir wiederum eine Teillast p_0 im Punkt $P(x_0, y_0)$ der Platte mit den Längen a_0 bzw. b_0 und finden

$$p_{mn} = \frac{16 p_0}{mn\pi^2} \sin\left(\frac{m\pi}{a}x_0\right)\sin\left(\frac{m\pi}{2a}a_0\right)\sin\left(\frac{n\pi}{b}y_0\right)\sin\left(\frac{n\pi}{2b}y_0\right).$$

Reduziert auf eine mittig wirkende Einzelkraft F_0 entsteht $p_{mn} = \frac{4F_0}{ab}(-1)^{\frac{m+n}{2}+1}$, m, n ungerade.

Ergebnis. Die im Zentrum mit der Kraft $F = F_0 \cos(\varphi t)$ periodisch angeregte, allseitig gelenkig gestützte Rechtecksplatte der Dicke h vollführt die erzwungenen Biegeschwingungen

$$u(x,y,t) = \frac{4F_0}{\rho h a b} \sum_{m=1,3,5,\ldots}^{\infty} \sum_{n=1,3,5,\ldots}^{\infty} \frac{(-1)^{\frac{m+n}{2}+1}}{\frac{K\pi^4}{\rho h}\left(\frac{m^2}{a^2} + \frac{n^2}{b^2}\right)^2 - \varphi^2} \sin\left(\frac{m\pi}{a}x\right) \cdot \sin\left(\frac{n\pi}{b}y\right) \cos(\varphi t).$$

Wirkt am Ort (x_i, y_i) die Kraft F_i, dann lautet die Biegeschwingung

$$u(x,y) = \frac{4}{\rho h a b} \sum_{i=1}^{k} F_i \sum_{m=1,3,5,\ldots}^{\infty} \sum_{n=1,3,5,\ldots}^{\infty} \frac{\sin\left(\frac{m\pi}{a}x_i\right) \cdot \sin\left(\frac{m\pi}{a}y_i\right)}{\frac{K\pi^4}{\rho h}\left(\frac{m^2}{a^2} + \frac{n^2}{b^2}\right)^2 - \varphi^2} \sin\left(\frac{m\pi}{a}x\right) \cdot \sin\left(\frac{n\pi}{b}y\right) \cos(\varphi t).$$

Bemerkung. Bei der allseitig fest eingespannten Rechtecksplatte können die Koeffizienten a_{mn} nicht geschlossen über die Koeffizienten p_{mn} angegeben werden. In diesem Fall existiert keine geschlossene Lösung für $u(x, y, t)$.

30 Chladni'sche Klangfiguren

Die Eigenformen oder Moden einer quadratischen, runden, dreieckigen oder beliebig geformten Platte können durch Anregung sichtbar gemacht werden, indem man feinen Sand auf die Platte streut und diese beispielsweise mit einem Geigenbogen zum Schwingen bringt. Durch die Vibration der Platte werden die Sandkörner hin zu den während des Schwingungsvorgangs in Ruhe bleibenden Knotenlinien verschoben. Auf diese Weise werden die Knotenlinien sichtbar. Dies ist nichts Neues und gilt für alle bisherigen Membranen und Platten.

Das Besondere des Chladni-Experiments liegt in der Randbedingung für das Zentrum oder den Schwerpunkt. Dieser ist fest eingespannt, wohingegen die Ränder allesamt frei sind.

Wir betrachten den Spezialfall einer quadratischen Platte mit der Seitenlänge l (Abb. 30.1 links).

Ausgehend von der Separation $u(x,y,t) = v(x,y)w(t)$ für die Lösung der Plattengleichung $\Delta\Delta u + \frac{\rho h}{K} \cdot \ddot{u} = 0$ entsteht wie gehabt $\Delta\Delta v - \mu^4 v = 0$ mit $\mu^4 = \omega^2 \cdot \frac{\rho h}{K}$.

Ein Doppelsinus $v(x,y) = \sin(\frac{m\pi}{l}x)\sin(\frac{n\pi}{l}y)$ kommt für die Eigenfunktionen nicht in Frage. Zwar ist $v(\frac{l}{2}, \frac{l}{2}) = 0$ für m, n ungerade, aber v wäre auch an den Rändern Null. Diese müssen aber frei sein. Ein anderer Ansatz lautet beispielsweise

$$v(x,y) = \sin\left(\frac{m\pi}{l}x\right)\sin\left(\frac{n\pi}{l}y\right) - \sin\left(\frac{n\pi}{l}x\right)\sin\left(\frac{m\pi}{l}y\right).$$

Auch in diesem Fall wäre v zwar im Zentrum Null, aber eben auch an den Rändern. Setzt man hingegen

$$v(x,y) = \cos\left(\frac{m\pi}{l}x\right)\cos\left(\frac{n\pi}{l}y\right) - \cos\left(\frac{n\pi}{l}x\right)\cos\left(\frac{m\pi}{l}y\right) := v_1(x,y) - v_2(x,y),$$

so erreicht man $v(\frac{l}{2}, \frac{l}{2}) = 0$ und $v \neq 0$ an den Rändern, falls $m \neq n$.

Nun setzen wir $v(x,y)$ in die DGL $\Delta\Delta v - \mu^4 v = 0$ ein und berechnen nacheinander

$$\frac{\partial^4 v}{\partial x^4} = \left(\frac{m\pi}{l}\right)^4 v_1 - \left(\frac{n\pi}{l}\right)^4 v_2,$$

$$\frac{\partial^4 v}{\partial y^4} = \left(\frac{n\pi}{l}\right)^4 v_1 - \left(\frac{m\pi}{l}\right)^4 v_2 \quad \text{und}$$

$$\frac{\partial^4 v}{\partial x^2 y^2} = \left(\frac{m\pi}{l}\right)^2 \left(\frac{n\pi}{l}\right)^2 v_1 - \left(\frac{m\pi}{l}\right)^2 \left(\frac{n\pi}{l}\right)^2 v_2 = \left(\frac{m\pi}{l}\right)^2 \left(\frac{n\pi}{l}\right)^2 (v_1 - v_2).$$

Es folgt

$$\left[\left(\frac{m\pi}{l}\right)^4 + \left(\frac{n\pi}{l}\right)^4 + \left(\frac{m\pi}{l}\right)^2 \left(\frac{n\pi}{l}\right)^2\right] v = \mu^4 v.$$

Für die Eigenkreisfrequenzen erhält man

$$\omega_{mn} = \sqrt{\left(\frac{m\pi}{l}\right)^4 + \left(\frac{n\pi}{l}\right)^4 + \left(\frac{m\pi}{l}\right)^2 \left(\frac{n\pi}{l}\right)^2} \cdot \sqrt{\frac{K}{\rho h}}.$$

Näher kommt man der allgemeinen Lösung nicht.

$v(x, y)$ lässt sich entgegen der allseitig gelenkig gestützten und der allseitig fest eingespannten Rechtecksplatte nicht als $v(x, y) = X(x)Y(y)$ entkoppeln. Zudem müssten noch die Randbedingungen

$$\frac{\partial^2 u}{\partial x^2} + v\frac{\partial^2 u}{\partial y^2} = 0 \quad \text{und} \quad \frac{\partial^3 u}{\partial x^3} + (2-v)\frac{\partial^3 u}{\partial x \partial y^2} = 0 \quad \text{für} \quad (0, y), (l, y),$$

$$\frac{\partial^2 u}{\partial y^2} + v\frac{\partial^2 u}{\partial x^2} = 0 \quad \text{und} \quad \frac{\partial^3 u}{\partial y^3} + (2-v)\frac{\partial^3 u}{\partial x^2 \partial y} = 0 \quad \text{für} \quad (x, 0), (x, l)$$

der freien Ränder eingebaut werden.

An den Ecken wäre noch das Verschwinden des Biegemoments $\frac{\partial^2 u}{\partial x \partial y} = 0$ zu beachten. Das ist jedoch für $v(x, y)$ automatisch erfüllt.

Somit existiert keine geschlossene Lösung für dieses Problem.

Beispiel ($m = 2, n = 0$). Gesucht sind die zugehörige Mode und die Knotenlinien (Abb. 30.1 rechts). Man erhält

$$v(x, y) = \cos\left(\frac{2\pi}{l}x\right) - \cos\left(\frac{2\pi}{l}y\right).$$

v wird Null für $y = \pm x$.

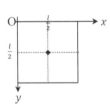
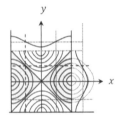

Abb. 30.1: Skizzen zu den Chladni-Figuren

Aufgabe
Bearbeiten Sie die Übung 33.

Übungen

1. Betrachten Sie nochmals das Beispiel 1 in Kapitel 3 mit der gegebenen Funktion $g(x)$ für die Auslenkung der Saite

$$g(x) = \begin{cases} \frac{2h}{l}x, & \text{für } 0 \leq x \leq \frac{l}{2} \\ \frac{2h}{l}(l-x), & \text{für } \frac{l}{2} \leq x \leq l \end{cases}$$

   mit $h = 1$, $l = \pi$.
   Die zugehörige Fourierreihe ergab

$$g(x) = \frac{8}{\pi^2} \cdot \sum_{n=1}^{\infty} \left(\frac{\sin\left(\frac{n\pi}{2}\right)}{n^2} \right) \cdot \sin(nx).$$

   a) Stellen Sie $g(x)$ und die drei Approximationen für $n = 1, 3, 5$ dar.
   b) Stellen Sie $u(x, t)$ für $n = 100$ und $t = 0, \frac{\pi}{8}, \frac{\pi}{4}, \frac{3\pi}{8}, \frac{\pi}{2}$ dar. Interpretieren Sie den Verlauf.
   c) Stellen Sie $u(x, t)$ für $n = 100$ und $x = \frac{\pi}{8}, \frac{\pi}{4}, \frac{3\pi}{8}, \frac{\pi}{2}$ dar. Interpretieren Sie den Verlauf.

2. Betrachten Sie nochmals das Beispiel 1, Kapitel 3 mit der gegebenen Funktion $g(x)$ für die Auslenkung der Saite

$$g(x) = \begin{cases} \frac{2h}{l}x, & \text{für } 0 \leq x \leq \frac{l}{4} \\ \frac{2h}{l}(l-x), & \text{für } \frac{l}{4} \leq x \leq l \end{cases} \quad \text{mit } h = 1, \quad l = \pi.$$

   Die zugehörige Fourierreihe ergab

$$g(x) = \frac{32}{3\pi^2} \cdot \sum_{n=1}^{\infty} \left(\frac{\sin\left(\frac{n\pi}{4}\right)}{n^2} \right) \cdot \sin(nx).$$

   Stellen Sie $u(x, t)$ für $n = 100$ und $t = 0, \frac{\pi}{8}, \frac{\pi}{4}, \frac{3\pi}{8}, \frac{\pi}{2}, \frac{5\pi}{8}, \frac{3\pi}{4}, \frac{7\pi}{8}, \pi$ dar.
   Interpretieren Sie den Verlauf.

3. Bestimmen Sie die ersten drei Eigenfrequenzen einer eingespannten Saite von 0,65 m Länge und 0,35 mm Durchmesser, die mit 50 N bespannt ist. Dichte = $8 \cdot 10^3 \frac{kg}{m^3}$.

4. Zeigen Sie, dass die Reihenlösung für die periodische Anregung eines beidseits freien Stabs mit der direkten Lösung übereinstimmt:

$$2u_l c^2 \sum_{n=1}^{\infty} \frac{(-1)^n}{(nc\pi)^2 - (l\varphi)^2} \cos\left(\frac{n\pi}{l}x\right) \cos(\varphi t) = \frac{F_0}{EA \frac{\varphi}{c} \sin\left(\frac{\varphi}{c}l\right)} \cdot \cos\left(\frac{\varphi}{c}x\right) \cos(\varphi t).$$

   Bestimmen Sie dazu die Entwicklungskoeffizienten von

$$\cos\left(\frac{\varphi}{c}x\right) = \sum_{n=1}^{\infty} b_n \cos\left(\frac{n\pi}{l}x\right).$$

5. Bei vielen dynamischen Prozessen an Maschinen treten Drehungleichförmigkeiten (Schwankungen der Drehzahl) auf. Diese entstehen durch periodisch auftretende Drehmomente und können zu Torsionsschwingungen führen. Schallwellen sind auch der Schrecken eines jeden Raketeningenieurs: Beim Betrieb von Raketen können energiereiche und instabile Schallwellen auftreten. Sie können mitunter so stark werden, dass sie eine Rakete förmlich auseinanderreißen. Nicht nur in Trägerraketen, auch in militärischen Flugkörpern und Gasturbinen tauchen die merkwürdigen Schwingungen hin und wieder auf. Die zerstörerischen Wellen gewinnen an Energie, während sie mit rund 5000 Umdrehungen pro Sekunde im Motor umherwirbeln, was etwa einer der Eigenfrequenzen der Stahlturbine entsprechen muss.
   a) Wir fassen die Turbine als einen Kreisring auf.
      Geben Sie den Ausdruck f_n für die n-te Eigenfrequenz eines Kreisrings an.
   b) Im Text ist von 5000 Hz die Rede, die die Turbine zerstören. Der wievielten Eigenfrequenz aus Aufgabe a) entspricht das etwa?

6. Wir betrachten das Modell eines einstöckigen Gebäudes von Kapitel 10 mit der Masse der Decke $m = 650$ kg, Höhe der Wand $l = 3{,}5$ m, Dicke der Wand $h = 0{,}3$ m, Breite der Wand $b = 4$ m. Setzen Sie das Trägheitsmoment I für diese Wand in die Formel für c ein und berechnen Sie die Ausbreitungsgeschwindigkeit c der Scherwellen.

7. Betrachten Sie den 2. Euler'schen Knickfall (Abb. 2 links).
   a) Schreiben Sie die vier zugehörigen Randbedingungen auf.
   b) Stellen Sie vier Gleichungen für die Koeffizienten C_1, C_2, C_3, C_4 auf.
   c) Bestimmen Sie das kleinste k für den Knickfall.
   d) Wie lauten Knicklast und Knickfunktion?

8. Betrachten Sie den 4. Euler'schen Knickfall (Abb. 2 rechts).
   a) Schreiben Sie die vier zugehörigen Randbedingungen auf.
   b) Stellen Sie vier Gleichungen für die Koeffizienten C_1, C_2, C_3, C_4 auf.
   c) Bestimmen Sie das kleinste k für den Knickfall.
   d) Wie lauten Knicklast und Knickfunktion?

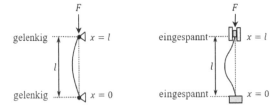

Abb. 2: Skizzen zu den Übungen 7 und 8

9. Wir betrachten ein Schilfrohr.
   a) Welcher Euler'sche Knickfall gehört zu dieser Pflanze? Berechnen Sie die kritische Knickkraft, wenn man für das Trägheitsmoment I einen Kreisring annimmt.
   b) Wann wird die Knickkraft F_{Knick}, bzw. I maximal, wenn die Länge l und der Querschnitt A gegeben sind? Interpretation!

10. Bestätigen Sie mit dem Vergleich der Energien

$$E_{\text{pot}} = \frac{1}{2} EI \int_0^l (u'')^2 \, dx \quad \text{und} \quad W = \frac{1}{2} F \int_0^l (u')^2 \, dx$$

die Knickkraft für den 2. Euler'schen Fall: $F_{\text{Knick}} = EI \cdot \frac{\pi^2}{l^2}$.

11. Als Anwendung des 1. Falls freier Biegeschwingungen betrachten wir eine Stimmgabel mit einem festen und einem freien Ende (Abb. 3 links). Für die Abmessungen nehmen wir $r = 3$ mm, $l = 20$ cm. Die Materialkonstanten seien $\rho = 7{,}8 \cdot 10^3 \, \frac{\text{kg}}{\text{m}^3}$, $E = 2{,}1 \cdot 10^{11} \, \frac{\text{N}}{\text{m}^2}$.
Bestimmen Sie die erste Eigenfrequenz bezüglich Biegeschwingung.

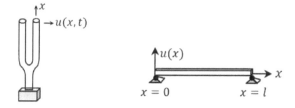

Abb. 3: Skizzen zu den Übungen 11 und 12

12. Betrachten Sie den 3. Biegeschwingungsfall (Abb. 3 rechts).
    a) Schreiben Sie die vier zugehörigen Randbedingungen auf.
    b) Stellen Sie Gleichungen für die Koeffizienten C_1, C_2, C_3, C_4 auf.
    c) Geben Sie einen Ausdruck für die n-te Eigenfrequenz f_n an.
    d) Berechnen Sie die ersten drei Eigenfrequenzen für $l = 1$ m, $\rho = 7{,}8 \cdot 10^3 \, \frac{\text{kg}}{\text{m}^3}$, $E = 2{,}1 \cdot 10^{11} \, \frac{\text{N}}{\text{m}^2}$, $I = \frac{1}{12} A h^2$, $h = 0{,}05$ m.
    e) Wie lauten die Eigenformen?

13. Betrachten Sie den 4. Biegeschwingungsfall (Abb. 4 links).
    a) Schreiben Sie die vier zugehörigen Randbedingungen auf.
    b) Stellen Sie Gleichungen für die Koeffizienten C_1, C_2, C_3, C_4 auf.
    c) Geben Sie einen Ausdruck für die n-te Eigenfrequenz f_n an.

Abb. 4: Skizzen zu den Übungen 13 und 15

    d) Berechnen Sie die ersten drei Eigenfrequenzen für $l = 1\,\mathrm{m}$, $\rho = 7{,}8 \cdot 10^3\,\frac{\mathrm{kg}}{\mathrm{m}^3}$, $E = 2{,}1 \cdot 10^{11}\,\frac{\mathrm{N}}{\mathrm{m}^2}$, $I = \frac{1}{12}Ah^2$, $h = 0{,}05\,\mathrm{m}$.

    e) Wie lauten die Eigenformen?

14. Um das Schwingungsverhalten der 2006 eröffneten Dreiländer-Fußgängerhängebrücke zu testen, wurde diese in einem Experiment mit 800 Personen mutwillig unter anderem in seitliche Schwingungen versetzt. Die technischen Daten sind: Größte Spannweite $l = 230\,\mathrm{m}$, $\rho = 2{,}5 \cdot 10^3\,\frac{\mathrm{kg}}{\mathrm{m}^3}$, $E = 5{,}0 \cdot 10^{10}\,\frac{\mathrm{N}}{\mathrm{m}^2}$, $I = \frac{1}{12}Ah^2$, $h = 0{,}8\,\mathrm{m}$, $b = 6\,\mathrm{m}$.
    a) Berechnen Sie die ersten drei Eigenfrequenzen bezüglich vertikaler Schwingung.
    b) Berechnen Sie die ersten drei Eigenfrequenzen bezüglich horizontal seitlicher Schwingung.
    c) Berechnen Sie die ersten drei Eigenfrequenzen bezüglich horizontal vorwärts gerichteter Schwingung.

15. Betrachten Sie den beidseitig gelenkig gelagerten Balken unter Normalkraft (Abb. 4 rechts). Die Eigenfrequenzen ergaben

$$f_n = \frac{n}{2l\sqrt{\rho A}}\sqrt{\left(\frac{n\pi}{l}\right)^2 EI + N}.$$

    a) Zeigen Sie, dass für $N = 0$ die Eigenfrequenzen mit denen desselben Balkens ohne Normalkraft übereinstimmen.

    b) Welches Ergebnis erhält man für $EI = 0$?

    c) Für welche Kraft N wird die niedrigste Frequenz Null und wie groß ist diese Kraft?

16. Zeigen Sie, dass die Reihenlösung

$$u(x) = \frac{4q_0 l^4}{EI\pi^5}\sum_{n=1}^{\infty}\frac{1}{(2n-1)^5}\sin\left(\frac{(2n-1)\pi}{l}x\right)$$

    für einen beidseits gelenkig gelagerten Balken bei gleichmäßiger Belastung q_0 mit der Biegelinie

$$u(x) = -\frac{q_0}{24EI}(x^4 - 2lx^3 + l^3 x)$$

    übereinstimmt. Entwickeln Sie dazu die Potenzen x, x^3 und x^4 nach den Eigenfunktionen.

17. Längsschwingung des beidseitig festen Stabes. Die genauen Eigenformen sind $y_n(x) = \sin(\frac{n\pi}{l}x)$ und die Frequenzen lauten $f_n = \frac{n}{2l}\sqrt{\frac{E}{\rho}}$. Um die Güte des Rayleigh-Quotienten abzuschätzen, nehmen wir absichtlich eine ungenauere Eigenform an, und zwar für den Fall $n = 1$ eine quadratische Funktion der Form $y_1(x) = ax(x - l)$.
   a) Nehmen Sie als Kontrollpunkt $x = \frac{l}{2}$ und bestimmen Sie $y_1(x)$.
   b) Berechnen Sie die ersten Eigenfrequenz f_1 mit Hilfe des Rayleigh-Quotienten

   $$\omega_1^2 = \frac{EA \int_0^l (y_1')^2 \, dx}{\rho A \int_0^l y_1^2 \, dx}$$

   und vergleichen Sie das Ergebnis mit dem genauen Wert.

18. Berechnen Sie die modale Masse m^* und die modale Steifigkeit D_1^* für die ersten drei Eigenfrequenzen beim
    a) einseitig fest eingespannten Balken mit Einzelkraft am freien Ende.
    b) beidseitig fest eingespannten Balken und mittiger Einzelkraft.
    Schätzen Sie die MM mit Hilfe der jeweiligen Biegelinie ab. Berechnen Sie dann die MST über $D_n^* = m^* \omega_n^2$.

19. Eine Brücke sei beidseitig gelenkig gelagert und besitze folgende spezifischen Werte: $l = 39{,}6\,\text{m}$, $b = 5\,\text{m}$, $h = 0{,}5\,\text{m}$, $I = \frac{1}{12}Ah^2$, $E = 3{,}0 \cdot 10^{10}\,\frac{N}{m^2}$, $\rho = 2{,}5 \cdot 10^3\,\frac{kg}{m^3}$. Wir nehmen die konzentrierte Masse in der Mitte der Brücke an. Wie groß muss diese sein, damit die 2. Eigenfrequenz 2 Hz beträgt?

20. Gleiche Brücke wie in Übung 19. Wie groß muss die Länge l der Brücke sein, damit bei einer konzentrierten Masse von 70 kg in der Mitte die 1. Eigenfrequenz 2 Hz beträgt?

21. Eine beidseitig gelenkig gelagerte Brücke besitze folgende spezifischen Werte: $l = 30{,}7\,\text{m}$, $b = 3\,\text{m}$, $h = 0{,}3\,\text{m}$, $I = \frac{1}{12}Ah^2$, $E = 3{,}0 \cdot 10^{10}\,\frac{N}{m^2}$, $\rho = 2{,}5 \cdot 10^3\,\frac{kg}{m^3}$.
    a) Welche Eigenfrequenz ist gegenüber einer Fußgängerschrittfrequenz von 2 Hz gefährdet im Hinblick auf Anregung?
    b) Berechnen Sie die MM und die MST der Brücke für diesen Fall.
    c) Für das Dämpfungsmaß nehmen wir den üblichen Wert für Stahlbeton: 0,017. Berechnen Sie zuerst die statische Auslenkung und dann die maximale dynamische Auslenkung, falls die Brücke in Resonanz mit der 2. Eigenfrequenz gerät und eine Person mit der Masse 75 kg in der Mitte der Brücke steht.
    d) Nach den Richtlinien der Komfortklasse CL1 dürfte die maximale Beschleunigung $0{,}5\,\frac{m}{s^2}$ betragen, ansonsten müsste man die Brücke mit einem Tilger versehen. Entscheiden Sie!

22. Eine beidseitig gelenkig gelagerte Brücke besitze folgende spezifischen Werte: $l = 60$ m, $b = 2{,}5$ m, $h = 0{,}55$ m, $I = \frac{1}{12}Ah^2$, $E = 2{,}5 \cdot 10^{10}\,\frac{N}{m^2}$, $\rho = 2{,}5 \cdot 10^3\,\frac{kg}{m^3}$.
   a) Welche Eigenfrequenz ist gegenüber einer Fußgängerschrittfrequenz von 2 Hz gefährdet im Hinblick auf vertikale Anregung?
   b) Als extreme dynamische Belastung wählen wir das Hüpfen mit $F = 1{,}8G$ für eine Masse von 75 kg. Bestimmen Sie die MM m^* und die MST D^*.
   c) Berechnen Sie die maximale Auslenkung und die maximale Beschleunigung des Brückendecks, falls die Person in der Mitte hüpft.
   d) Für den Tilger nehmen wir das Massenverhältnis $\gamma = 0{,}05$.
      I) Berechnen Sie die Tilgermasse.
      II) Bestimmen Sie die optimale Tilgerfrequenz.
      III) Wie groß ist die optimale Federkonstante des Tilgers?
      IV) Berechnen Sie das optimale Dämpfungsmaß des Tilgers.
      V) Bestimmen Sie die optimale Dämpfung des Tilgers.
   e) Welche Eigenfrequenz ist gegenüber einer Fußgängerschrittfrequenz von 2 Hz gefährdet im Hinblick auf seitliche Anregung?
   f) Für den Fourierkoeffizienten für die seitliche Kraft nehmen wir gesamthaft 0,05, also $F = 0{,}05G$ für eine Masse von 75 kg. Bestimmen Sie die MM m^* und die MST D^*.
   g) Berechnen Sie die maximale Auslenkung und Beschleunigung des Brückendecks.
   h) Bestimmen Sie die kritische Zahl der Personen auf der Brücke bezüglich dem „Lock-In-Effekt". Wie groß wäre dann die maximale Beschleunigung in diesem Fall?
   i) Für den Tilger nehmen wir das Massenverhältnis $\gamma = 0{,}05$.
      I) Berechnen Sie die Tilgermasse.
      II) Bestimmen Sie die optimale Tilgerfrequenz.
      III) Wie groß ist die optimale Federkonstante des Tilgers?
      IV) Berechnen Sie das optimale Dämpfungsmaß des Tilgers.
      V) Bestimmen Sie die optimale Dämpfung des Tilgers.

23. Eine Eisenbahnbrücke hat die Spannweite $l = 50$ m. Weitere Daten der Brücke sind $EI = 10^{10}\,\mathrm{Nm^2}$, $\rho A = 4500\,\frac{kg}{m}$, $\xi = 0{,}015$. Die Brücke wird durch eine vorüberfahrende Lokomotive der Masse $M = 80$ t belastet.
   a) Berechnen Sie die ersten beiden Eigenfrequenzen der Brücke unter Berücksichtigung der Masse der Lokomotive.
   b) Welche Frequenz würde bei der Überfahrt mit der Geschwindigkeit $v = 230\,\frac{km}{h}$ angeregt werden?
   c) Wie groß ist die größtmögliche dynamische Auslenkung der Brücke bei Überfahrt?

24. Gegeben sind die acht Abtastwerte einer periodischen Funktion: $y_0 = \frac{5}{2}$, $y_1 = \frac{\sqrt{2}}{4}$, $y_2 = 0$, $y_3 = \frac{-3\sqrt{2}}{4}$, $y_4 = \frac{1}{2}$, $y_5 = -\frac{\sqrt{2}}{4}$, $y_6 = 5$, $y_7 = \frac{3\sqrt{2}}{4}$ an den Stützstellen $x_0 = 0$, $x_1 = \frac{\pi}{4}$, $x_2 = \frac{\pi}{2}$, $x_3 = \frac{3\pi}{4}$, $x_4 = \pi$, $x_5 = \frac{5\pi}{4}$, $x_6 = \frac{3\pi}{2}$, $x_7 = \frac{7\pi}{4}$. Berechnen Sie mit Hilfe der diskreten Fouriertransformation die eindeutig bestimmte trigonometrische Funktion, die durch die acht Punkte verläuft.

25. Skizzieren Sie die Mode für $m = 3$, $n = 2$ der freien Schwingung einer quadratischen Membran der Seitenlänge a wie im Beispiel (Kapitel 23.1). Geben Sie auch die Eigenfunktionen $X_m(x)$, $Y_n(y)$ und die Frequenz ω_{22} als Vielfaches der Grundfrequenz ω_{22} an.

26. Eine rechteckige Membran wird in den beiden Punkten $P_1(\frac{a}{4}, \frac{b}{4})$ und $P_2(\frac{3a}{4}, \frac{3b}{4})$ mit derselben Kraft $\vec{F} = \vec{F}_0 \cdot \cos(\varphi t)$ periodisch angeregt.
    a) Vereinfachen Sie die Lösung der erzwungenen Schwingung
    $$u(x, y, t) = \frac{4}{\rho ab} \sum_{i=1}^{k} F_i \sum_{m=1}^{\infty} \sum_{n=1}^{\infty} \frac{\sin\left(\frac{m\pi}{a} x_i\right) \cdot \sin\left(\frac{n\pi}{b} y_i\right)}{c^2 \pi^2 \left(\frac{m^2}{a^2} + \frac{n^2}{b^2}\right) - \varphi^2} \sin\left(\frac{m\pi}{a} x\right) \cdot \sin\left(\frac{n\pi}{b} y\right) \cos(\varphi t).$$
    b) Wählen Sie $a = b = 1$, $c = 1$ und $\varphi = \frac{\pi}{2}$. Stellen Sie die Auslenkung der Membran
    $$u^*(x, y, t) = \frac{u(x, y, t)}{\frac{8F_0}{\rho ab}}$$
    im tiefsten Punkt dar, und zwar als Schnitt entlang der einen Diagonalen mit $y = x$ und als Schnitt entlang der anderen Diagonalen mit $y = 1 - x$. Wählen Sie bei der Summation m und n von 1 bis 20.

27. Skizzieren Sie die Mode mit den Frequenzen ω_{12} und ω_{23} der freien Schwingung einer Kreismembran mit dem Radius a wie in den Beispielen am Ende von Kapitel 23.3. Geben Sie auch die Eigenfunktionen $v_{12}(r, \theta)$, $v_{23}(r, \theta)$ und die Knotenlinien an.

28. Eine unendlich lange Platte der Breite l wird mit der Last $p(x, y) = g(x) + h(x) \cdot y$ belastet. Bestimmen Sie für eine beidseitig gelenkig gelagerte Platte die zugehörige Biegefläche der Form $u(x, y) = v(x) + w(x) \cdot y$.
    a) $g(x) = p_0 \frac{x}{l}$, $h(x) = 0$ b) $g(x) = 0$, $h(x) = p_0 \frac{x}{l^2}$.

29. Die Biegefläche des beidseitig gelenkig gestützten Plattenstreifens unter konstanter Linienlast F lautet als Sinusreihe
    $$u_p(x) = \frac{2a^3 F}{K\pi^4} \sum_{n=1}^{\infty} \frac{1}{n^4} \sin\left(\frac{n\pi}{a} c\right) \sin\left(\frac{n\pi}{a} x\right).$$
    a) Nehmen Sie speziell $c = \frac{a}{2}$ und berechnen Sie den Koeffizienten $\sin(\frac{n\pi}{a} c)$.

b) Zeigen Sie, dass $u_p(x)$ der Biegefläche

$$v_1(x) = -\frac{Fa^3}{48K}\left(4\left(\frac{x}{a}\right)^3 - 3\left(\frac{x}{a}\right)\right), \quad 0 \le x \le \frac{a}{2},$$

entspricht. Benutzen Sie dabei

i) $\displaystyle\int_0^{\frac{a}{2}} \sin\left(\frac{m\pi}{a}x\right) \frac{x}{a}\, dx = (-1)^{\frac{n+1}{2}+1} \frac{a}{m^2\pi^2}$ für $m = 1, 3, 5 \ldots,$

ii) $\displaystyle\int_0^{\frac{a}{2}} \sin\left(\frac{m\pi}{a}x\right)\left(\frac{x}{a}\right)^3 dx = (-1)^{\frac{n+1}{2}+1} \frac{3a(m^2\pi^2 - 8)}{4m^4\pi^4}$ für $m = 1, 3, 5, \ldots,$

iii) $\displaystyle\int_0^{\frac{a}{2}} \sin\left(\frac{r\pi}{a}x\right)\sin\left(\frac{m\pi}{a}x\right) dx = \begin{cases} \frac{a}{4}, & \text{für } r = m \\ 0, & \text{sonst.} \end{cases}$

30. Die Biegefläche des beidseitig gelenkig gestützten Plattenstreifens unter Gleichlast lautet als Sinusreihe

$$u_p(x) = \frac{4a^4 p_0}{K\pi^5} \sum_{n=1,3,5,\ldots}^{\infty} \frac{1}{n^5} \sin\left(\frac{n\pi}{a}x\right).$$

Zeigen Sie, dass $u_p(x)$ der Biegefläche

$$v(x) = \frac{a^4 p_0}{24K}\left(\left(\frac{x}{a}\right)^4 - 2\left(\frac{x}{a}\right)^3 + \frac{x}{a}\right)$$

entspricht.
Benutzen Sie dabei

i) $\displaystyle\int_0^a \sin\left(\frac{m\pi}{a}x\right) \frac{x}{a}\, dx = \frac{a}{m\pi}$ für $m = 1, 3, 5, \ldots,$

ii) $\displaystyle\int_0^a \sin\left(\frac{m\pi}{a}x\right)\left(\frac{x}{a}\right)^3 dx = \frac{a(m^2\pi^2 - 6)}{m^3\pi^3}$ für $m = 1, 3, 5, \ldots,$

iii) $\displaystyle\int_0^a \sin\left(\frac{m\pi}{a}x\right)\left(\frac{x}{a}\right)^4 dx = \frac{a(m^4\pi^4 - 12m^2\pi^2 + 48)}{m^5\pi^5}$ für $m = 1, 3, 5, \ldots,$

iv) $\displaystyle\int_0^a \sin\left(\frac{r\pi}{a}x\right)\sin\left(\frac{m\pi}{a}x\right) dx = \begin{cases} \frac{a}{2}, & \text{für } r = m \\ 0, & \text{sonst.} \end{cases}$

31. Eine rechteckige Platte wird in den vier Punkten $P_1(\frac{a}{4}, \frac{b}{4})$, $P_2(\frac{a}{4}, \frac{3b}{4})$, $P_3(\frac{3a}{4}, \frac{b}{4})$, $P_4(\frac{3a}{4}, \frac{3b}{4})$ mit derselben Kraft $\vec{F} = \vec{F}_0$ belastet. Vereinfachen Sie die zugehörige Lösung der Biegefläche

$$u(x, y, t) = \frac{4}{Kab\pi^2} \sum_{i=1}^{k} F_i \sum_{m=1}^{\infty} \sum_{n=1}^{\infty} \frac{\sin\left(\frac{m\pi}{a}x_i\right)\cdot\sin\left(\frac{n\pi}{b}y_i\right)}{\left(\frac{m^2}{a^2} + \frac{n^2}{b^2}\right)^2} \sin\left(\frac{m\pi}{a}x\right)\sin\left(\frac{n\pi}{b}y\right).$$

32. Eine allseitig gelenkig gestützte Rechtecksplatte besitzt die Seitenlängen $a = 3$, $b = 2$.
    Bestimmen Sie zwei Moden mit derselben Eigenfrequenz und stellen Sie die beiden Moden dar.

33. Die zugehörige Eigenfunktion der Chladni-Figur mit $m = 3$, $n = 2$ lautet

$$v(x, y) = \cos\left(\frac{3\pi}{l}x\right)\cos\left(\frac{2\pi}{l}y\right) - \cos\left(\frac{2\pi}{l}x\right)\cos\left(\frac{3\pi}{l}y\right).$$

Bestimmen Sie die Knotenlinien und skizzieren Sie die Chladni-Figur.

Weiterführende Literatur

J. Berger. *Technische Mechanik für Ingenieure*, Band 3. Vieweg, 1998. ISBN 879-3-528-04931-7.

D. Ferus. Differentialgleichungen für Ingenieure. Vorlesungsskript, Technische Universität Berlin, 2007.

D. Gross, W. Hauger und P. Wriggers. *Technische Mechanik 4*. Springer, 10. Auflage, 2018. ISBN 978-3-662-55693-1.

M. Groves. Partielle Differentialgleichungen 1. Vorlesungsskript, Uni München, Wintersemester 2008/2009.

D. S. Iguchi. *Eine Lösung für die Berechnung der biegsamen rechteckigen Platten*. Springer, 1933. Universität Sapporo.

F. U. Mathiak. Ebene Flächentragwerke II. Vorlesungsskript, 1. Auflage, Hochschule Neubrandenburg, 2008.

G. Mehlhorn. *Handbuch Brücken*. Springer, 2. Auflage, 2010. ISBN 978-3-642-04422-9.

M. Mitschke und H. Wallentowitz. *Dynamik der Kraftfahrzeuge*. Springer, 2004. ISBN 978-3-662-06803-8.

C. Petersen und H. Werkle. *Dynamik der Baukonstruktionen*. Springer, 2. Auflage, 2018. ISBN 978-3-8348-1459-3.

M. Reissig. Partielle Differentialgleichungen für Ingenieure und Naturwissenschaftler. Vorlesungsskript, Universität Freiburg, Wintersemester 2018/2019.

M. Spengler. *Dynamik von Eisenbahnbrücken unter Hochgeschwindigkeitsverkehr*. Dissertation, Universität Darmstadt, 2010.

G. Sweers. Partielle Differentialgleichungen. Vorlesungsskript, Uni Köln, Sommersemester 2009.

C. Timm. Partielle Differentialgleichungen. Vorlesungsskript, TU Dresden, Sommersemester 2003.

https://www.bau.uni-siegen.de/subdomains/baustatik/lehre/master/baudyn/arbeitsblaetter/schwingungen_kontinuierlicher_systeme.pdf.

https://www.bau.uni-siegen.de/subdomains/baustatik/lehre/bachelor/bstunterlagen/skript/skript_bst_(unv.)_kapitel_8.3.pdf.

http://www.peter-junglas.de/fh/vorlesungen/skripte/schwingungslehre2.pdf.

http://wandinger.userweb.mwn.de/LA_Elastodynamik_2/v2_4.pdf.

http://wandinger.userweb.mwn.de/LA_Elastodynamik_2/v3_3.pdf.

http://wandinger.userweb.mwn.de/LA_Elastodynamik_2/v3_5.pdf.

http://wandinger.userweb.mwn.de/LA_Elastodynamik_2/v4_2.pdf.

http://wandinger.userweb.mwn.de/LA_Elastodynamik_2/kap_4_platte.pdf.

http://wandinger.userweb.mwn.de/LA_Elastodynamik_2/kap_3_balken.pdf.

http://wandinger.userweb.mwn.de/LA_TMET/v2_4.pdf.

http://wandinger.userweb.mwn.de/TM2/v6_2.pdf.

Stichwortverzeichnis

Abtastwerte 128
Adiabatisch 41
Ausbreitungsgeschwindigkeit 1, 2, 12, 37, 196

Bachmann 99
Bernoulli 151
Besselfunktion 140–143, 146, 149, 150

Charakteristische Gleichung 46, 53, 75, 189

Daillard 108
D'Alembert 5, 6, 13
Dämpfungsmaß 103, 111, 199, 200
Dehnung 36, 154
Diskrete Fouriertransformation 132
Drehmoment 34
Dreiländerbrücke 1, 28, 91, 95, 108, 123, 156, 190
Drillmoment 156
Dynamisch 30, 71, 72, 74, 76, 80, 95, 104, 105, 108, 116–119, 121, 137, 186, 187, 196, 199, 200

Effektivwert 124
Eingespannter Rand 22, 44, 50, 157
Einmasseschwinger 73, 80, 97
Einschwingzeit 28, 73, 105, 137
Einzelkraft 72, 75, 87, 88, 137, 170, 199
Elastizitätsmodul 22, 78, 152
Energiesatz 16

Freier Rand 22, 44, 50

Gelenkig gestützter Rand 44, 50, 157
Gitarre 15

Hammer 26
Harmonische 7, 98, 99, 107
Hauptsystem 110
Homogen 28, 43, 49, 64, 65, 69, 160, 163
Hooke 22, 151, 152

Iguchi 171
Inhomogen 28, 69
Isobar 39–41
Isochor 39, 41
Isotherm 39, 41

Kármán 112, 113
Kinetische Energie 16, 81
Klangspektrum 15
Knoten 19, 89
Knotenlinien 135, 146, 147, 193, 194, 201, 203
Komfortklasse 98, 109, 199
Kontrollpunkt 81, 82, 85, 88, 199
Kugelwelle 1, 8
Kupplung 38

Laminar 112
Laplace 5, 8, 138, 139
Lastmodell UIC 71 121
Leistungsdichte 125
Lock-In-Effekt 108, 200

Matsumoto 107
Melan 116
Millennium-Brücke 108
Modalanalyse 80
Modale Masse 81, 103, 199
Modale Steifigkeit 81, 199
Modendichte 186

Newton 4, 22, 36, 41, 42, 60
Normalkraft 16, 42, 43, 49, 58, 59, 62, 67, 78, 90, 198

Obertöne 7, 15
Ortsbild 2

Partikulär 28, 69, 160
Plattenelement 152
Plattensteifigkeit 133, 156
Poisson 39, 40, 155
Polares Flächenmoment 34, 78
Polarkoordinaten 8, 138, 139, 188
Potenzielle Energie 16, 18, 49, 78, 81, 88, 90, 91
Punktlast 175, 176

Quarzuhr 28
Querkraft 37, 42, 69, 71, 72, 151, 157, 159

Rayleigh 81, 85, 90, 118, 199
Resonanz 29
Reynolds 112–114

Schallwelle 1
Scherung 36, 152, 154
Scherwellen 37, 196
Schrittfrequenz 94, 97, 104
Schwache Formulierung 31, 70
Schwingungsfaktor 116, 118, 119, 121
Separationsansatz 6, 49, 58, 60, 63, 65
Statisch 29–31, 67, 71, 72, 74–76, 80, 100,
    102–105, 108, 116, 118, 119, 121, 186, 199
Stokes 112
Strouhal-Zahl 114, 115
Synchronisation 95
Systemantwort 104, 116

Tacoma-Narrows 56, 94, 112, 115
Taylor 16
Teillast 175, 180, 182, 191
Tilgerfrequenz 110, 200
Tilgermasse 110, 200
Torsionsträgheitsmoment 34
Trägheitsmoment 91, 196, 197
Turbulent 112, 113

Unebenheitsdichte 123
Unebenheitsmaß 126

Vergrößerungsfaktor 31, 97, 136

Wärmeausdehnungskoeffizient 47
Wegkreisfrequenz 123, 124, 132
Wellenzahl 2
Welligkeit 127
Widerstandsbeiwert 113, 114

Zeitbild 2, 3
Zeitkreisfrequenz 123
Zupfen 12